Abkürzungsverzeichnis

APA	Lektin aus Abrus precatorius
ADCC	antikörperabhängige Zytotoxizität
Anti-B_{VA}	frühere Bezeichnung für das Lektin aus Viscum album
A, B, 0 ... Erythrozyten	Blutgruppenmerkmale
B-Zellen	B-Lymphozyten (Bursa-äquivalente-Lymphozyten)
cGMP	zyklisches Guanosinmonophosphat
Con A	Lektin aus Canavalia ensiformis
DBA	Lektin aus Dolichos biflorus (Prunkbohne)
D-Gal-NAc	N-Acetyl-Galaktosamin (Kohlenhydratrezeptor auf Zellen)
D-Gal-β1–3:	Galaktose in spezieller Verbindung zum nächsten Zucker
DNA	Desoxyribonucleinsäure
EATC	Ehrlich-Aszites-Tumorzellinie
EATM	Ehrlich-Aszites-Tumorzellen der Maus
Eb	wenig metastasierende Tumorzellinie
Esb	stark metastasierende Tumorzellinie
EIA, ELISA	Enzym Immunoassay, enzyme linked immuno sorbent assay
FITC	fluoreszierender Farbstoff
Fc	kohlenhydrattragender Teil eines Immunglobulins
$F(ab)_2$	reagibler Teil des Immunglobulins
F_1–F_4	Sephadex-Fraktionierung von Viscum-album-Extrakt
GLC	Gasflüssigkeitschromatographie
HA	Hämagglutinin von Influenzaviren
H_1, H_2	Histaminrezeptoren auf menschlichen Zellen
HBP	Lektin auf Leberzellen
HeLa-Zellen	Tumorzellinie
HF	Histaminfreisetzung
HFI	Hemmung der Histaminfreisetzung
HPA	Lektin aus Helix pomatia
HTC	Lebertumorzellinie
IgE, IgG ...	Immunglobuline
IAT	inhalativer Allergentest
LCA	Lektin aus Lens culinaris (Linse)
LD_{50}	50%ige letale Dosis
LAA	Lektin aus Laburnum alpinum (Goldregen)
LTT	Lymphozyten-Transformations-Test
LGL	„large granular lymphocytes"

LNT	Lektin-Neuraminidase-Test
MDCK	permanente Zellkultur aus Hundenieren
β-ME	β-Mercaptoethanol
Man	Mannose
MNZ	mononukleare Zellen
MG	Molekulargewicht, angegeben in Dalton (D)
ML	Mistellektine (Synonyma für VAA)
NA	Neuraminidase von Influenzaviren
NMRI-Mäuse	Spezielle Inzuchtlinie von Mäusen
NK-Zellen	natürliche Killerzellen (Lymphozyten)
NKE	Nekroseeinheiten
NANA	N-Acetylneuraminsäure
M (0,1 M)	0,1molare Lösung (Konzentrationsangabe)
pI	isoelektrischer Punkt
PAGE	Polyacrylamidgelelektrophorese
PHA	Lektin aus Phaseolus vulgaris
P (P_1, P_2)	Blutgruppenmerkmal auf menschlichen Erythrozyten
PNA	Lektin aus Arachis hypogaea (Erdnuß)
PBS	mit Phosphaten gepufferte Salzlösung entsprechend den Verhältnissen (ähnlich) im menschlichen Blut
RDE	„rezeptor destroying enzyme“ (Neuraminidase)
RNA	Ribonukleinsäuren
RP-HPLC	Umkehrphasen-Hochdruckflüssigkeitschromatographie
RCA	Lektin aus Ricinus communis (Wunderbaum)
SDS	Natrium dodecylsulfat
SBA	Lektin aus Glycine max. (Sojabohnen)
TF-Rezeptor	Kohlenhydratrezeptor, benannt nach TOMSEN und FRIEDENREICH
T-Zellen	T-Lymphozyten (Thymus-geprägte Lymphoz.)
Viscum-A	wenige Verunreinigungen enthaltender Lektinanteil aus Viscum-album-Extrakten
Viscum-R	Rohextrakt aus Viscum album
VAA	Lektin aus Viscum album (Viscum album agglutinin)
VVA	Lektin aus Vicia villosa (Wicke)
Viscum-Ü	lektinfreier Überstand aus Viscum-album-Extrakten
WGA	Lektin aus Weizenkeimlingen (Triticum vulgaris)

Peter Luther Hans Becker

Die Mistel

Botanik, Lektine, medizinische Anwendung

Unter Mitarbeit von R. Leroi, G. Sallé, R. Samtleben,
H. Schmoll gen. Eisenwerth, I. Sehrt

Mit 95 Abbildungen und 56 Tabellen

Springer-Verlag
Berlin Heidelberg New York
London Paris Tokyo

Dr. sc. nat. Peter Luther
Forschungsinstitut für Lungenkrankheiten und Tuberkulose
Abteilung Klinische Immunologie
Karower Straße 11
DDR - 1115 Berlin-Buch

Prof. Dr. rer. nat. Hans Becker
Universität Heidelberg
Pharmazeutische Biologie
Im Neuenheimer Feld 364
D - 6900 Heidelberg

Lizenzausgabe und Vertrieb für die DDR
und die sozialistischen Länder:
VEB Verlag Volk und Gesundheit Berlin

ISBN-13:978-3-642-71258-6 e-ISBN-13:978-3-642-71257-9
DOI: 10.1007/978-3-642-71257-9

CIP-Kurztitelaufnahme der Deutschen Bibliothek
Luther, Peter:
Die Mistel : Botanik, Lektine, med. Anwendung/Peter Luther; Hans Becker. Unter Mitarb.von R. Leroi ... – Berlin; Heidelberg; New York; London; Paris; Tokyo: Springer, 1987.
ISBN-13:978-3-642-71258-6

NE: Becker, Hans:

Softcover reprint of the hardcover 1st edition 1987

2131/3140–543210

Inhaltsverzeichnis

Vorwort

Die Mistel (Viscum album) erfreut sich einer intensiven Bearbeitung unterschiedlicher Forschungszweige (z. B. Systematik, Physiologie, Phytochemie, Pharmakologie).
Dieses bevorzugte Interesse seit über 2000 Jahren hat seine Ursachen vor allem in zwei Besonderheiten der Mistel selbst: Es ist einmal die biologische Sonderstellung der Pflanze hinsichtlich ihrer Keimung, Ernährung, Photosynthese usw. (von Tubeuf: „nichts ist bei dieser Pflanze normal") und zum anderen die pharmazeutisch/medizinische Bedeutung der Mistel. Beides hat die Menschen fasziniert. So wird verständlich, daß die Zahl der Bearbeiter und damit die Zahl der Publikationen über Viscum ständig steigt.
Der Ausspruch des Römers Plautus: „Trudus exitium sibi cacat", der auf den Vogelleim der Mistel-„Beeren" gemünzt war, läßt sich nach unseren Beobachtungen auch auf die Bearbeiter der Mistel übertragen: „Wer die Mistel berührt, bleibt an ihr kleben".
Das Buch behandelt umfassend Viscum album L. (Europäische Mistel), wobei bemerkt werden muß, daß Viscum album nur eine von vielen der weltweit verbreiteten Misteln ist; wahrscheinlich die am besten untersuchte.
Die erste zusammenfassende Bearbeitung der Mistel wurde von Freiherr K. von Tubeuf 1923 herausgegeben. Danach erschienen Monographien zu bestimmten Schwerpunkten so von Stopp (1961) zur Botanik, von Kuijt (1973) zur Botanik im Vergleich mit anderen Misteln, von Luther (1982) zu Lektinen und deren medizinischer Anwendung, und schließlich erschien von Calder und Bernhard (1983) eine umfassende Darstellung der Biologie der Misteln im weiteren Sinn, einschließlich Viscum album L. Unser Ziel ist es, erstmals nach Tubeuf zu versuchen, alle Forschungsrichtungen zu Viscum album von der Botanik über Chemie und Pharmakologie bis zur Medizin einschließlich experimenteller, diagnostischer und therapeutischer Ergebnisse zusammenzustellen. Lediglich da, wo es interessante Parallelen oder Unterschiede zu anderen Misteln (im weiteren Sinne) aufzuzeigen gab, wurden diese angeführt. Im übrigen sei auf die Bücher von Kuijt (1973), von Calder und Bernhard (1983) sowie Luther (1982) verwiesen.
Gemäß derzeitiger internationaler Forschungsintensitäten gilt dabei das Hauptinteresse den Lektinen. Im Hinblick auf die wachsende Bedeutung der klinischen Anwendung bei Krebs wurde ein Kapitel über „Iscador", einem Handelspräparat mit dieser Indikation, aufgenommen. Das Buch schließt mit einer Betrachtung zur Mistel in der Kunst und gibt dem Leser im Anhang noch einen Überblick über die Zeitfolge der Entdeckung wichtiger Eigenschaften von Viscum album.
Um eine einheitliche Darstellung zu gewährleisten, haben wir darauf verzichtet, viele Kapitel von vielen Autoren zusammenzufügen, mußten dafür allerdings darauf verzichten, die jeweiligen Spezialisten selbst zu Wort kommen zu lassen.
Zahlreichen Kollegen gilt unser Dank für wertvolle Hinweise und Hilfe:
Herrn Dr. Grazi und Dr. Urech, Arlesheim (Schweiz),
Herrn Dr. Hawksworth, Fort Collins (USA),
Herrn Prof. Dr. Weber, Marburg.

Für die Überlassung von Abbildungen danken wir Herrn Dr. D. Hokley (London, U. K.), Herrn Dr. G. Ribéreau-Gayon (Straßbourg, Frankreich) und Herrn Prof. Dr. Mechelke, Stuttgart-Hohenheim.
Herrn Prof. Schill und Frau Dannenbaum, Heidelberg, gilt unser Dank für die Präparation und Aufnahme zweier rasterelektronenmikroskopischer Abbildungen.
Herrn Hollatz, Heidelberg, danken wir für die Aufnahme der Abbildungen in Kapitel E.
Für die Mitwirkung bei der Ausarbeitung einzelner Kapitel danken wir: Prof. Prokop (Berlin), Prof. Uhlenbruck (Köln), Prof. Brossmer (Heidelberg), Dr. Reutgen (Berlin).
Für die redaktionelle Bearbeitung des Manuskriptes danken wir Frau Hamann recht herzlich.
Nicht zuletzt danken wir Frau Selg, Frau Galle und Frau Stein für das Schreiben der Manuskripte, Herrn Seeger für die Korrektur sowie den beteiligten Mitarbeitern der Verlage Volk und Gesundheit und Springer für eine vertrauensvolle Zusammenarbeit.

A. Botanische Betrachtung von Viscum album L. (Mistel)

A. I. Systematische Stellung und Verbreitung

Viscum album L. gehört hinsichtlich der Lebensweise zu den **parasitischen Blütenpflanzen.** Je nach dem Grad der Abhängigkeit vom jeweiligen Wirt unterscheidet man bei Parasiten noch Halb- und Vollparasiten. Zwischen beiden gibt es fließende Übergänge. Da die Mistel in der Lage ist, organische Substanzen durch Photosynthese selbst herzustellen (s. Kap. A. IX.), rechnet man sie zu den Halbparasiten. WEBER (pers. Mitt.) unterteilt neuerdings die parasitischen Pflanzen folgendermaßen:

- Terrestrischer Wurzelparasitismus (z. B. bei einigen Scrophulariaceae)
- Terrestrischer Sproßparasitismus (z. B. einige Orobanchaceae)
- Epiphytischer Sproßparasitismus (z. B. einige Loranthaceae; Viscaceae)
- Epiphytischer Wurzelparasitismus (z. B. einige Loranthaceae)
- Blattparasitismus (z. B. einige Orobanchaceae)

Demnach würde man Viscum album L. unter die Gruppe der „Epiphytischen Sproßparasiten" einordnen. Parasitische Blütenpflanzen kommen in unterschiedlichen Verwandtschaftskreisen vor; sie fehlen bei den Monokotylen, bei den Gymnospermen ist nur eine Art bekannt. Neuere Untersuchungen deuten allerdings darauf hin (WEBER, pers. Mitt.), daß es sich bei dem letztgenannten Vertreter nicht um einen Parasiten handelt, sondern daß lediglich Verwachsungen (Symphysen) vorliegen. Innerhalb der Dikotyledonen findet man die größte Häufung bei den Santalales und bei den Tubiflorae. Eine Übersicht über die Verbreitung parasitischer Blütenpflanzen ist in Abbildung 1 wiedergegeben.

Nach der **systematischen Stellung** wird Viscum album L. zur Familie der Viscaceae innerhalb der Ordnung der Santalales gerechnet. Allerdings findet man häufig noch Systematik-Lehrbücher, auch neueren Datums, in denen die Mistel weiterhin in die Familie der Loranthaceae eingeordnet ist. Zur Ordnung der Santalales gehören neben Loranthaceae und Viscaceae u. a. Olacaceae und Santalaceae. Die Santalales sind zum überwiegenden Teil Halbparasiten. Sie befallen, mit Ausnahme der zu den Loranthaceae gehörenden Wurzelparasiten Nuytsia floribunda, Atkinsonia ligustrina und Gaiadendron spec., die oberirdischen Sproßachsen der jeweiligen Wirtspflanzen. Neben der Neigung zum Parasitismus ist innerhalb der Ordnung eine Reduktionstendenz im Bau des Gynöziums und der Samenanlagen zu beobachten. Im Perianth erfolgt ebenfalls eine starke Reduktion der Kelchblätter und der Kronblätter, wobei letztere bei den Viscaceae derb und klappig als Hüllorgane ausgebildet sind. Vorwiegend im angelsächsischen Sprachgebrauch wird der Begriff „mistletoe" (= Misteln) als Überbegriff für die parasitischen Loranthaceae und Viscaceae gebraucht. Falls nichts anderes vermerkt, soll im folgenden der Begriff Mistel auf Viscum album L. beschränkt werden und Misteln (im Plural) für Viscum album L. auf mehreren Wirtsbäumen gelten.

Die Trennung der Misteln (im weiteren Sinn) in die beiden Familien Loranthaceae und Viscaceae wurde bereits Mitte des vorigen Jahrhunderts von verschiedenen Autoren vorgeschlagen (u. a. MIGUEL, 1856). Vor allem BARLOW (1964) und andere Autoren nahmen das Zweifamilienkonzept wieder auf, das heute auch von anderen Bearbeitern (KUIJT, 1969) und in neueren

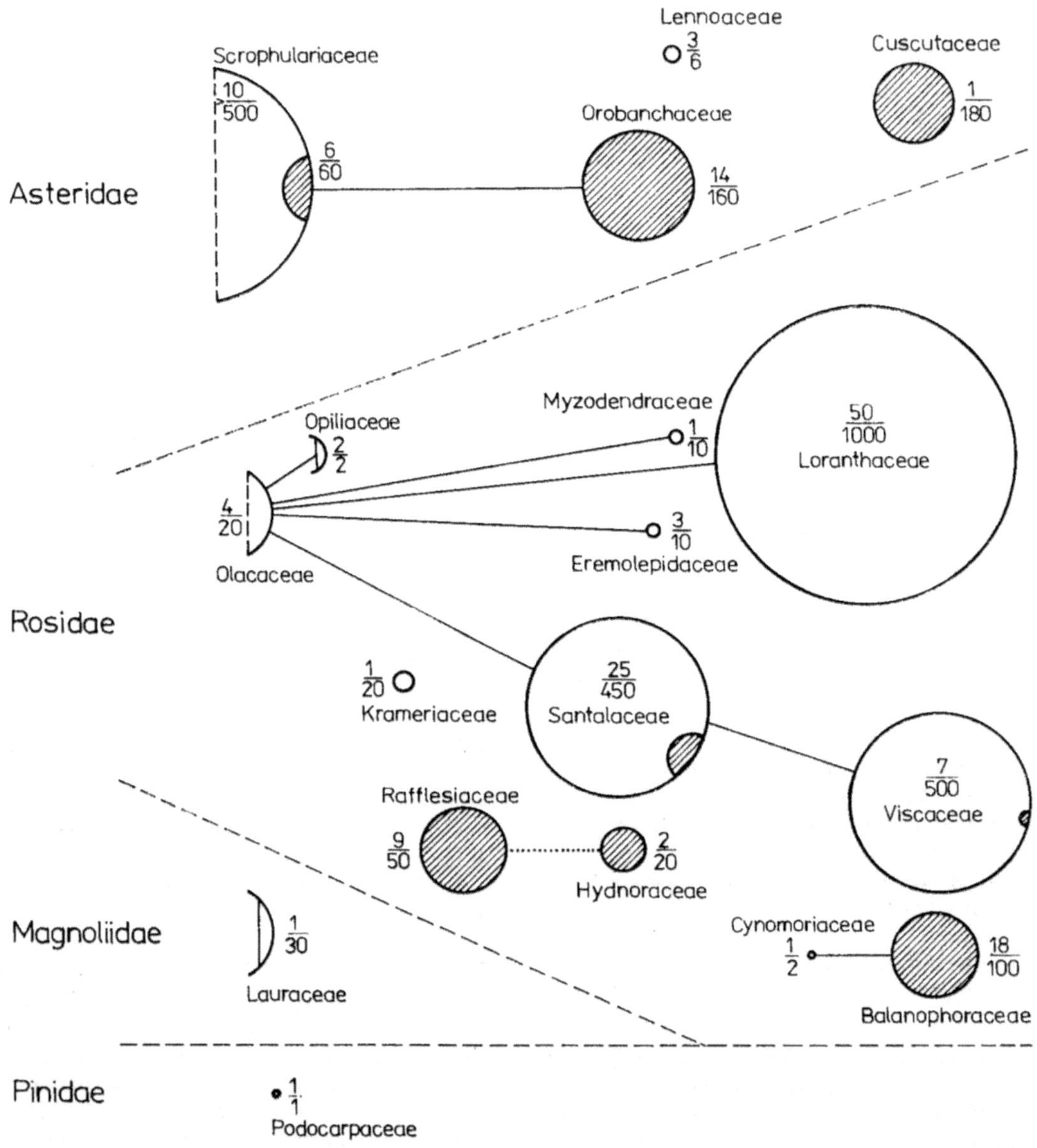

Abb. 1 Zahlenmäßige Verbreitung der parasitischen Blütenpflanzen.
Die Zahlen im Zähler geben die Anzahl der Gattungen an, die Zahlen im Nenner die der Arten. Die Familien, die nur aus parasitischen Pflanzen bestehen, sind durch einen Vollkreis gezeichnet, dessen Fläche der Anzahl der Arten proportional ist. Die Familien, die nur teilweise aus parasitischen Pflanzen bestehen, sind durch ein Kreissegment gekennzeichnet, das ebenfalls der Artenzahl proportional ist. Die gestrichelten Kreise bzw. Teile der Kreise repräsentieren Vollparasiten (nach Ozenda und Capdepon, 1979)

Büchern zur Systematik der Pflanzen allgemein akzeptiert wird (Dahlgren. 1980; Cronquist, 1981). In der Zusammenfassung zu seinem Aufsatz „Classification of the Loranthaceae and Viscaceae" schreibt Barlow 1964 (übersetzt): „Die allgemein anerkannten Unterfamilien Loranthoideae und Viscoideae der Loranthaceae sens. lat. werden als getrennte Familien Loranthaceae und Viscaceae geführt. Die zwei Familien

Tabelle 1 Hauptunterscheidungsmerkmale zwischen Loranthaceae und Viscaceae (nach BARLOW, 1964, 1981 und KUIJT, 1969; zum Teil aus CALDER, 1983)

Merkmal	Loranthaceae	Viscaceae
Blüte	Blüten größer als 5 mm, leuchtend gefärbt. Blütenhülle doppelt. Blüten in der Regel zwittrig	Blüten unter 2 mm, nicht auffallend gefärbt. Blütenhülle einfach. Blüten eingeschlechtlich, monözisch oder diözisch
	Tepalen 4 oder mehr Calyculus vorhanden Antherenöffnung schlitzförmig	Tepalen 4 oder weniger Calyculus meist fehlend Antherenöffnung durch Poren
Pollen	Pollen sphärisch	Pollen trilobat, selten triangulär oder sphärisch
Perikarp	Schleimschicht der Frucht normalerweise außerhalb der Leitbündel (s. Text)	Schleimschicht der Frucht normalerweise innerhalb der Leitbündel
Embryosack und Embryo	Mehrere Embryosäcke vom Polygonum-Typ pro Blüte Suspensor lang und vielreihig	Ein oder zwei Embryosäcke vom Allium-Typ pro Blüte Suspensor kurz oder fehlend
Endosperm	Endosperm zusammengesetzt, durch die Fusion verschiedener Endospermgewebe entstanden, das sich im selben Ovar entwickelt hat; chlorophyllfrei	Endosperm einfach; chlorophyllhaltig
Chromosomen	Mittelgroße Chromosomen mit einer Grundzahl von x = 12, bei den abgeleiteten Taxa reduziert auf x = 8 und x = 9	Große Chromosomen mit Grundzahlen von x = 10, 11, 12, 13 oder 14

unterscheiden sich in vielen Merkmalen der Blütenmorphologie, der Blütenanatomie und Embryologie. Die Merkmale, die die beiden Familien gemeinsam haben, sind solche, die auch an anderer Stelle der Santalales, insbesondere in der Familie der Santalaceae auftreten. Die Loranthaceae und Viscaceae sind das Ergebnis einer unabhängigen konvergenten Evolution vom terrestrischen zum epiphytischen Parasitismus."

Nach den Angaben von BARLOW (1964, 1981) und KUIJT (1969) hat CALDER (1983) die Unterscheidungsmerkmale zwischen Loranthaceae und Viscaceae in tabellarischer Form zusammengefaßt (s. Tab. 1). Das Merkmal Schleimschicht der Frucht innerhalb bzw. außerhalb der Leitgefäße, das BARLOW (1964) an erster Stelle seines Bestimmungsschlüssels angibt, wird von KUIJT (1969) allerdings nicht akzeptiert, da nach seiner Meinung der Calyculus in die Betrachtung mit einbezogen werden müßte.

Während die Trennung der beiden Familien, Loranthaceae und Viscaceae, allgemein akzeptiert wird, herrscht jedoch noch keine Einigkeit über die weitere Gliederung innerhalb der Familien. So gliedert BARLOW (1964) die Viscaceae in die Triben Eremolepideae, Phoradendreae, Arceuthobieae und Visceae. Dagegen plädiert KUIJT (1969), Phoradendron und Arceuthobium in einem Tribus zu vereinigen und eine eigene Familie der Eremolepidaceae zu schaffen; gegen letztere Einordnung sprechen sich BHANDARI und VOHRA (1983) aus.

Zum Tribus Visceae v. Tiegh. stellt BARLOW (1964) die Gattung Notothixos. KUIJT (1969) möchte zudem die Gattung Ginalloa, die BARLOW bei den Phoradendreae einordnet, zu den Visceae stellen. Zur Gattung Viscum selbst gehören etwa neunzig Arten, wovon ungefähr zwei Drittel in Afrika (südlich der Sahara) und Madagaskar, der Rest in Eurasia und Australien beheimatet ist (FEUER und KUIJT, 1982). Nach FEUER und KUIJT (1982) gibt es noch keine zusammenfassende taxonomische oder systematische Bearbeitung der Gattung Viscum. Lediglich von einigen geographischen Regionen liegen entsprechende Untersuchungen vor: Indo-Malaysia und Australien (Danser, 1941; Rao, 1957), Madagaskar (Humbert, 1959; Ballé, 1960) und Süd-Afrika (Wiens und Tölken, 1979).

Barlow (1983) nimmt aufgrund der Chromosomenzahlen und der Verteilung der monözischen und diözischen Arten von Viscum an, daß der Ursprung der Gattung im tropischen Südostasien lag.

Nach Hegi (1981) ergibt sich für Viscum album folgende Verbreitung: Von Südskandinavien (nördlich bis 59° 30′ n. Br.) und Mittel- bzw. Südengland (nördlich bis 55° n. Br.), südwärts bis Nordwestafrika und ostwärts durch Südwest- und Zentralasien (Anatolien, Persien, Afghanistan, Himalaja, Tibet) bis in die Mandschurei (Amurgebiet) und nach Japan (boreo-meridional-eurasisch-ozeanisch). Zur Frage der Standortökologie der Mistel bemerkt Wallden (1961), daß als „Standort" im topographischen wie im ökologischen Sinne stets der besiedelte Wirtsbaum anzusehen sei. Dadurch wird eine beträchtliche Verschiebung der Grundlagen gegenüber den sonst bei standortsökologischen Fragestellungen gewohnten Verhältnissen herbeigeführt. Ein Teil der Faktoren, in erster Linie der gesamte edaphische Komplex, daneben aber auch die Niederschlagsmenge und -verteilung wirkt sich nur indirekt durch eine Beeinflussung der Wirtspflanze auf die Mistel aus. Dazu kommt ferner noch der völlige Wegfall eines bei fast allen anderen Pflanzen bedeutungsvollen Faktors, nämlich der Wettbewerb mit anderen Besiedlern des gleichen Standorts. Trotz dieser offensichtlichen Unabhängigkeit der Mistel vom Standort wird häufig in der Literatur die Frage diskutiert, ob nicht doch etwa die Wasserführung oder die Beschaffenheit des Bodens den Mistelbefall beeinflussen. Hierzu bemerkt Wangerin (1937): „Die Einzelheiten dieser Erörterung bieten indessen hier nur ein geringes Interesse, denn es ist auch ohne ein Eingehen auf sie leicht ersichtlich, daß man den mehr oder minder zahlreichen positiven Beispielen in nicht geringer Zahl solche gegenüberstellen kann, in denen von einer derartigen Beziehung nicht die Rede sein kann."

Hofstetter (1985) zitiert einige neuere Literaturstellen über die Verbreitung der Mistel und erstellt selbst neue, auf einer Fragebogenaktion beruhende Verbreitungsareale, getrennt nach Wirtsbäumen für die Schweiz. Nach Hofstetter (1985) existieren folgende neuere regionale Angaben über die Verbreitung:

- Nordwestdeutschland; am häufigsten auf Pappeln, Sorbus mit stärkstem Befall (Harms, 1973a)
- Oberes Weserbergland; auf 14 Wirtsgattungen, am häufigsten auf Pappel (Harms, 1973b)
- Landkreis Fulda; auf 12 Wirtsgattungen (Jost und Kling, 1974)
- Skandinavien; in Zusammenhang mit dem Klima (Skre, 1979)
- Schweden (Kraft, 1972, 1977)
- Holland; nur Laubholzmisteln, bei denen eine Abnahme der Häufigkeit festgestellt wurde (Graaf, 1980, zit. bei Hofstetter, 1985). Auf Hasel (Felder, 1979)
- England; auf 15 Wirtsgattungen, insbesondere auf Malus und Tilia (Perring, 1973)
- Spanien (Diaz Celayeta, 1974)
- Polen (Bojarczuk, 1971; Markowska u. Szmajda, 1971; Szymanowsky, 1973)
- ČSSR (Houfek, 1973; Skalicky, 1974); Böhmisches Mittelgebirge (Kubat, 1974)
- UdSSR (Chikow, 1979)
- Frankreich; Weißtannenmistel (Plagnat, 1950); Elsaß (Keiff, 1956)

Bei der Auswertung der Erhebungen, die bei Kreisforstämtern in der Schweiz durchgeführt wurden, kommt Hofstetter (1985) zu dem Schluß, daß der Befall der Weißtanne durch die Mistel in den letzten 10–20 Jahren vielerorts stark zugenommen hat. Andere befallene Wirtsgattungen sind eher seltener geworden, was mit der zunehmenden Veränderung der Landschaft durch den Menschen zusammenhängen kann. Im gleichen Sinne äußerte sich auch Wallden (1961), der den Rückgang der Mistel im 19. und 20. Jahrhundert in Südschweden mit der Ausrottung ihrer Wirtspflanzen, vor allem der Linde, infolge der Urbarmachung in Zusammenhang bringt. Trägt man die mittlere Juli- (als Ordinate) und Januar-Temperatur (als Abszisse) für Orte, an denen Mistel gefunden wurde, gegeneinander auf, so erhält man einen durch eine Kurve begrenzten Bereich, die Temperatursphäre (Troels-Smith, 1960; s. Abb. 2).

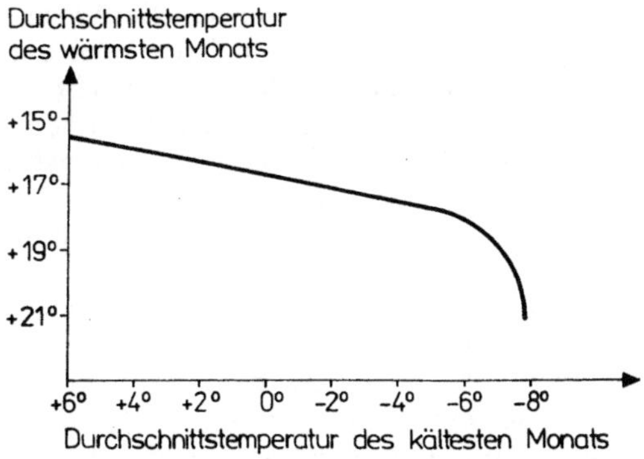

Abb. 2 Temperatursphäre der Mistel. Unterhalb der eingezeichneten Linie kann die Mistel gedeihen (nach TROELS-SMITH, 1960)

Diese Sphäre stimmt für Skandinavien (SKRE, 1979) und die Schweiz weitgehend miteinander überein, das bedeutet, daß das Klima der begrenzende Faktor für die Mistelverbreitung ist. Für die Verbreitung der Mistel in Schweden diskutiert WALLDEN (1961) das Vorkommen von Klimarassen. Diese Annahme geht auf Beobachtungen nach extrem kalten Wintern zu Beginn der 40er Jahre dieses Jahrhunderts zurück. Der viel südlichere Mistelbestand bei Berga in Smaland hatte die kalten Winter viel schlechter überstanden als die Misteln am nördlichen Mälarsee.

Für Loranthus europaeus nimmt GLATZEL (1982) an, daß die Länge der für die Fruchtausreifung erforderlichen Vegetationszeit die Verbreitungsgrenze gegen kühlere Gebiete hin bestimmt. Dafür spreche, daß die Beeren von Loranthus (wie die von V. album) sehr spät ausreifen und bis in den November Photosynthetate zunächst aus den länger grünen Blättern der weiblichen Blüten und später wahrscheinlich aus Reservestoffen der älteren Loranthus-Zweige in die reifenden Beeren investierten. Spätfröste, die an Eichen zu schweren Frostschäden führten, konnten bereits belaubte Loranthus-Zweige nicht schädigen, so daß Frostempfindlichkeit als verbreitungsbegrenzender Faktor ausscheiden dürfte.

In manchen Gegenden der Schweiz ist eine verstärkte Zunahme des Mistelbefalls von Weißtannen in Gebieten mit hohen Waldschäden festzustellen. Ob hier jedoch ein ursächlicher Zusammenhang besteht, ist noch zweifelhaft. Allerdings kommt auch WEBER (1985) unabhängig von HOFSTETTER zu einer ähnlichen Feststellung hinsichtlich der Verbreitung von V. album in der Bundesrepublik Deutschland.

Innerhalb der Art V. album unterscheidet man nach der Wirtsspezifität 3 Unterarten (u. a. TUBEUF, 1923; GÄUMANN, 1951; HEGI, 1981; BALL, 1964).

Es gibt zahlreiche Versuche, diese Unterarten durch morphologische Merkmale zu charakterisieren. Stellvertretend sei die Beschreibung nach GÄUMANN (1951) angeführt.

a) Viscum album L. ssp. platyspermum KELL. (= ssp. album), Laubholzmistel
Beeren rundlich, weiß oder gelblich; Samen breit-herz-förmig, in entschleimtem Zustand weiß-glänzend.

b) Viscum album L. ssp. abietis BECK, Tannenmistel
Beeren weiß, groß; Samen länger als breit, in trockenem Zustand Durchschimmern des Endokarps.

c) Viscum album L. ssp. laxum FIEK (= ssp. austriacum (WIESB.) VOLLMANN), Kiefernmistel
Beeren klein, gelblich; Samen wie bei ssp. abietis, Zeichnung des Endokarps auch in feuchtem Zustand.

Als Kuriosum sei erwähnt, daß GANDOGER (1885) V. album in nicht weniger als 37 „Arten" aufgeteilt hat, deren Charakterisierung er hauptsächlich nach der Länge und Breite der Blätter vorgenommen hat.

TUBEUF (1923) hat jedoch eindringlich darauf hingewiesen, daß, mit Ausnahme der Wirtsspezifität, in jeder Unterart auch Exemplare mit Merkmalen gefunden werden können, die auch auf eine andere Unterart zutreffen. Die Merkmale können sehr stark nach dem Ernährungszustand des Wirtes und nach der Exposition innerhalb des Wirtsbaumes variieren (s. auch Kap. C. IV.). Dagegen scheinen nach Untersuchungen von GRAZI und URECH (1981) die Eigenschaften der Schleimschicht sowie die Form der Hypokotylspitze Merkmale zu sein, die invariabel an die einzelnen Unterarten gebunden sind (Abb. 3).

Schon bei TUBEUF (1923) finden sich erste Hinweise auf die unterschiedliche Beschaffenheit des Beerenschleims bei den einzelnen Unterarten: „Die Samen der Nadelholz-

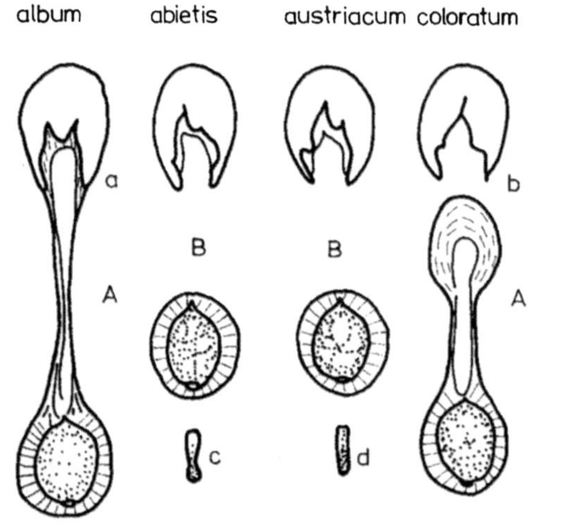

Abb. 3 Schematische Darstellung der Merkmale der Mistelbeeren, die zur Charakterisierung der einzelnen Unterarten herangezogen werden können.
Erklärung s. Text. album bedeutet Viscum album L. ssp. album usw. (nach GRAZI und URECH, 1981)

misteln (Kiefern- und Tannenmistel) lösen sich glatt von der Beerenschale ab, ohne das schleimige Fadenziehen, wie es die Laubholzmistel zeigt". Nach Beobachtungen an mehr als 200 000 Mistelbeeren der ssp. album, 25 000 Beeren der ssp. abietis und 80 000 Beeren der ssp. austriacum werden von GRAZI und URECH (1981) zunächst die Laubholzmisteln von den Nadelholzmisteln getrennt. Bei ersteren bilden sich – wenn man frische Beeren zwischen Daumen und Zeigefinger vorsichtig zerdrückt – lange Fäden zwischen dem Schleim, der mit dem „Samen" verbunden bleibt, und dem Schleim der „Beerenhaut". Der Samen bleibt sozusagen an der Haut hängen. Im Gegensatz dazu lassen sich die „Samen" der Nadelholzmisteln gut von der „Beerenhaut" lösen, ohne daß Fäden gebildet werden. Bei Viscum album aus Japan ist eine dritte Form verwirklicht: Das Exokarp löst sich leicht als dünne Haut von der anliegenden äußeren Schleimschicht des Mesokarps, ansonsten bleiben aber innere und äußere Schleimschicht wie bei den einheimischen Laubholzmisteln verbunden.

Die beiden Nadelholzmisteln – ssp. abietis und ssp. austriacum lassen sich leicht durch die Form der freien Hypokotylspitze des Samens unterscheiden. In der ssp. abietis erscheint die Hypokotylspitze durch eine Einschnürung zwischen Kotyledonen und Spitze köpfchenartig verdickt. Bei der Hypokotylspitze der ssp. austriacum fehlt diese Einschnürung, der Embryo erscheint deshalb zylindrisch.

GRAZI und URECH (1981) diskutierten die aufgezeigten Unterschiede im Aufbau der Schleimschicht und des Embryos als ökologische Anpassung an die jeweilige Wirtspflanze. Danach verhindern die Schleimfäden der ssp. album, daß die Samen während der Regenperioden des Winters und Frühlings vom glatten Periderm junger Zweige der Laubhölzer abgewaschen werden. Auf Koniferen dagegen hat ein Gleiten entlang der Nadeln den Vorteil, daß die Samen den Sproß erreichen und nicht in den Nadeln hängenbleiben. In diesem Sinne deuten die Autoren auch die elliptische Form monoembryonaler Samen, die bei Koniferenmisteln häufiger auftritt, im Vergleich mit der Form di- und triembryonaler Samen der Laubholzmisteln. WANGERIN (1937) hat Literaturdaten über die Anzahl der Embryonen bei den Mistelsamen der drei Unterarten zusammengestellt (s. Tab.2). Daraus geht hervor, daß diembryonale Samen bei Laubholzmisteln zu etwa 58 % vorkommen, bei Kiefernmisteln zu etwa 16 % und bei Tannenmisteln zu etwa 11 %.

Tabelle 2 Prozentualer Anteil mono-, di- und triembryonaler Samen der drei Mistelunterarten, aus Literaturdaten zusammengestellt von WANGERIN (1937)

	Gesamt-anzahl	Mono-embryonal	Di-embryonal	Tri-embryonal
Laubholzmistel[1]	670	39	58	3
Kiefernmistel	705	84	16	–
Tannenmistel	328	89	11	–

[1] Apfel, Ahorn und Pappel.

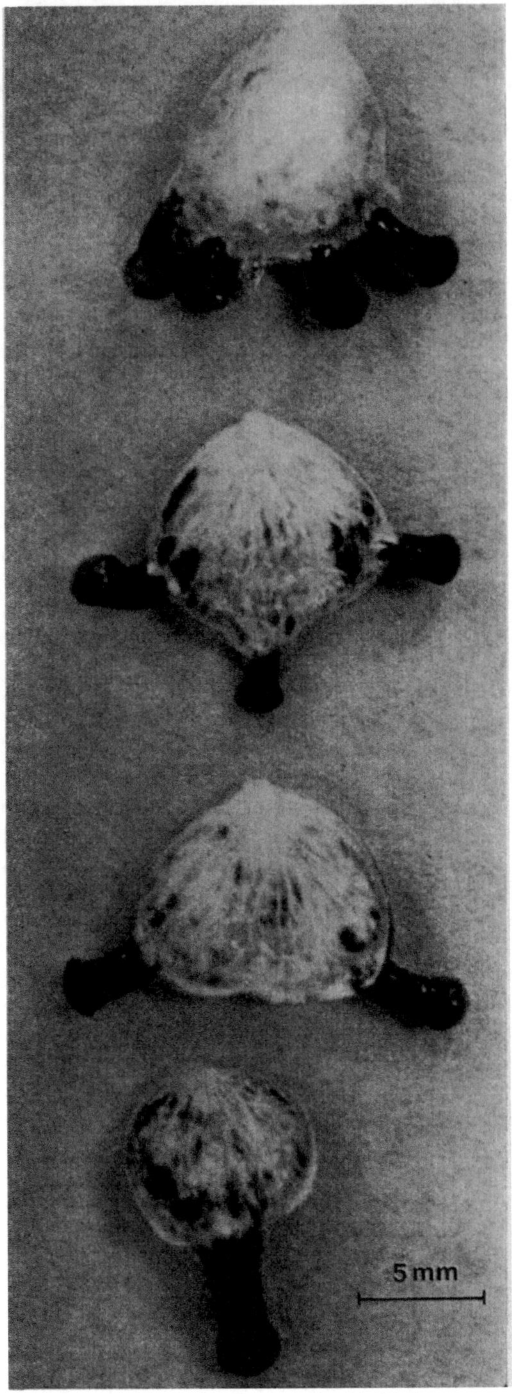

Abb. 4 Mono-, di-, tri- und tetraembryonale Samen von Apfelmistel
(etwa 20 Tage nach der Keimung)

Darüber hinaus werden gelegentlich von Laubholzmisteln auch vereinzelt tetraembryonale Samen gefunden (s. Abb. 4). Die flach gerundete, größere Hypokotylspitze der ssp. abietis soll vorteilhaft sein für das Anheften auf dem Periderm des Hauptwirtes Abies pectinata. Andererseits ermöglicht die schlanke, dünne Hypokotylspitze der ssp. austriacum ein leichteres Vordringen durch die Lamellen von Pinus silvestris.

Die drei Unterarten zeigen eine strenge Wirtsrestriktion, die nur von wenigen Ausnahmen, z. T. erst nach künstlicher Infektion, durchbrochen wird. Viscum album ssp. platysperum kommt auf einheimischen und ausländischen Laubhölzern vor. STOPP (1961) gibt eine Übersicht, welche einheimischen Laubgehölze mistelfrei sind und welche, geordnet nach Häufigkeit, Misteln tragen; ausländische Gehölze teilt er ein in mistelfrei und mistelhold (s. Tab. 3). Demnach kann die Laubholzmistel auf etwa 40 Arten parasitieren. Nach WANGERIN (1937) sind es sogar 214 verschiedene Wirtspflanzen (davon 74 in Europa heimische), die natürlich von der Mistel befallen werden oder bei denen eine künstliche Infektion geglückt ist. Die ohnehin unscharf gebrauchte Einteilung: selten, mitunter befallen oder bevorzugte Mistelwirte, hängt nicht nur von ökologischen und physiologischen Faktoren ab, sondern weitgehend auch von Kulturmaßnahmen. So stellt HOFSTETTER (1985) fest, daß der Rückgang der Apfelmistel in der Schweiz im Verlauf unseres Jahrhunderts auf Bestimmungen zurückzuführen ist, die das Dulden von Misteln auf Apfelbäumen untersagten. Wo keine solche Bestimmungen vorlagen oder wie in Frankreich offensichtlich kaum befolgt wurden, tritt die Apfelmistel noch massenhaft auf.

Für ein gut abgrenzbares Gebiet, dem Mälar-Gebiet in Schweden, hat WALLDEN (1961) festgestellt, daß sich die Mistel in starker Expansion befindet, was sowohl das Verbreitungsareal als auch die Individuenzahl betrifft. Von 1946 bis 1951 stieg die Zahl der Misteln von 11047 auf 17869 und die der angegriffenen Bäume von 618 auf 838. Wie den Ausführungen WALLDENS (1961) zu entnehmen ist, bestehen für die Mistel sowohl in Norwegen als auch in Schweden (seit 1910) Schutzverordnungen.

Tabelle 3 Wirte der Laubholzmistel (nach STOPP, 1961)

Einheimische Arten[1]	mistelfrei	Berberis vulgaris, Fagus, Buxus, Rhamnus, Prunus padus, Lonicera, Sambucus, Viburnum, Rhododendron, Calluna und Erica, Ledum, Ligustrum, Daphne, Ulmus[2], Juglans, Vitis, Populus nigra L. ssp. pyramidalis (Roz.) Calak.
	sehr selten	Quercus, Fraxinus
	selten	Pyrus, Castanea, Alnus, Syringa, Carpinus, Prunus avium domestica, Evonymus
	mitunter befallen	Sarothamus, Caragana, Amelanchier, Cornus, Corylus, Prunus amygdalus, P. spinosa, P. mahaleb, Mespilus, Viscum, Loranthus, Rosa, Cotoneaster
	bevorzugte Mistelwirte	Malus, Populus[3], Betula, Sorbus, Tilia, Robinia, Salix, Crataegus
Ausländische Arten	mistelfrei	Pieris, Pterocaryo, Ptelea, Phellodendron, Magnolia, Morus, Platanus, Symphoricarpus, Catalpa, Liriodendron, Weigelie
	mistelhold	Acer (insbes. Acer dasycarpum), Quercus rubra, Aesculus, Juglans

[1] Die Zuordnung einheimisch-ausländisch ist z. T. subjektiv (z. B. Robinia oder Castanea).
[2] Ulmus muß aufgrund neuerer Befunde (Wallden, 1961; Perring, 1973; Grazi und Urech, 1983) bei der Rubrik sehr selten eingetragen werden.
[3] Von Populus gibt es verschiedene Kulturrassen, die unterschiedlich sensibel sind (Frochot et al., 1978).

Die beiden anderen Mistelrassen sind in ihrem Wirtsspektrum wesentlich beschränkter. Viscum album L. ssp. abietis kommt nur auf Abies-Arten vor. Durch künstliche Infektion ist es TUBEUF (1923) gelungen, auch Larix leptolepis und Acer saccharinum mit Samen der ssp. abietis zu infizieren.

Viscum album ssp. laxum kommt hauptsächlich auf der Föhre (Pinus silvestris L.), aber auch auf anderen zweinadeligen Kiefern, Pinus montana und P. nigra vor. Seltener geht sie auch auf Fichten, Picea excelsa, über. Durch künstliche Infektion ist es gelungen, „Samen" der Kiefernmistel auf Larix leptolepis sowie „Samen" von V. album ssp. abietis (s. o.) auf Salix caprea zu übertragen.

In neuester Zeit wurde der erste natürliche Sammelwirt für Laubholz- und Kiefernmistel entdeckt. Es handelt sich um Genista cinerea aus Südfrankreich, eine Ginsterart, auf die sowohl Viscum album ssp. album von Mandelbäumen (Prunus amygdalus) als auch Viscum album ssp. austriacum von Waldkiefern (Pinus silvestris) übergehen und dort üppiges vegetatives Wachstum sowie reiche Beerenbildung zeigen (GRAZI und ZEMP, 1985). Eine Klärung der Frage, ob es sich bei den Misteln um Rassen oder gar um Arten handelt, müßte insbesondere auch durch Kreuzungsversuche geklärt werden. Einen solchen Versuch hat HEINRICHER (1919) durchgeführt. Er bestäubte die Blüten eines auf Crataegus oxyacantha wachsenden weiblichen Mistelbusches mit dem Pollen einer männlichen Tannenmistel und setzte im Dezember von den geernteten 44 Beeren 30 auf eine Tanne und die restlichen 14 auf einen Apfelbaum. Zwar keimten die Samen zum großen Teil, jedoch entwickelten sich keine Pflanzen. HEINRICHER nimmt an, daß durch die Hybridisierung eine Störung eingetreten sei, welche die Keimlinge im ungünstigen Sinne beeinflusse. Wie schon WANGERIN (1937) bedauernd feststellte, sind die Versuche nicht in größerem Maßstab wiederholt worden, und bis heute sind neuere Versuche dieser Art nicht bekannt geworden.

A. II.
Morphologie und Anatomie der Sproßachsen

(nach TUBEUF, 1923 und WANGERIN, 1937; falls nicht anders angegeben)

Viscum album L. ist ein immergrüner Strauch, der als Halbschmarotzer auf verschiedenen Wirtsbäumen parasitiert. Der

Sproß wächst zunächst unverzweigt bis zur Entwicklung von 3–4 Sproßgliedern mit dekussierten Laubblattpaaren heran. Dann beginnt die Entwicklung von dichasialen Seitensprossen in den Achseln von 2 Schuppenblättern, die alternierend zu den Laubblättern stehen; es entsteht dadurch ein fächerförmiger Sproß. Aus der Achsel der Schuppenblätter können sich weitere Seitensprosse bilden, so daß die fächerförmige Gestalt in eine kugelförmige übergeht. Diese Kugeln erreichen einen Durchmesser bis zu 1,4 Meter, wobei der Stammdurchmesser an der dicksten Stelle 13 cm betrug (Micker, 1923).

Neben der aufrechten Kugelform treten zuweilen auch schlaff herabhängende Mistelbüsche auf. Weiterhin sind eine Reihe von Anomalien wie Fasziationen und Längsverwachsungen von Zweigen beobachtet worden.

Die oben geschilderte Entwicklung eines Mistelbusches erleidet nicht selten dadurch eine Abänderung, daß das hypokotyle Glied frühzeitig zugrunde geht. Falls der primäre Senker bereits Kontakt zum Wirtsxylem hat, können sich aus dem Gewebe unter der basalen Haftscheibe Adventivknospen bilden, die zu beblätterten Sprossen auswachsen. Es kann auf diese Weise zur Ausbildung eines aus zwei bis mehreren Pflanzen zusammengesetzten Busches kommen. Bis zu vier Einzelpflanzen können auch dann einen Mistelbusch bilden, wenn sie aus einem polyembryonalen Samen entstanden sind.

Erfolgt das Absterben oder das Entfernen der primär entstandenen Mistel zu einem späteren Zeitpunkt, so können sich neue Sprosse auch an den Rindensaugsträngen entwickeln. Da dem neugebildeten Sproßsystem geringer Größe ein ausgedehntes Haustorialsystem gegenübersteht, entwickeln sich häufig besonders große und fleischige Blätter. Die Adventivknospenbildung ist jedoch nicht nur auf das Zugrundegehen der Mutterpflanze beschränkt, sondern kann auch spontan erfolgen.

Auf dem Querschnitt durch einen einjährigen Sproß erkennt man von außen nach innen folgende Zellagen. Die einschichtige Epidermis besteht aus nach außen papillenartig vorgewölbten Zellen mit einer dicken, intensiv gelb gefärbten Kutikula. Spaltöffnungen, die in ihrem Aufbau denen der Blätter gleichen, liegen mit ihrem Spalt quer zur Längsachse. Das Rindenparenchym besteht aus etwa 8–10 Zellagen. Über den Querschnitt verteilt erkennt man 8 kollaterale Leitbündel, getrennt durch 5 bis 7 Zellen breite Markstrahlen. Dem Leitbündel vorgelagert sind innen und außen jeweils Sklerenchymbündel mit englumigen Zellen. Das Xylem, das etwa die Hälfte des ganzen Gefäßbündelquerschnitts ausmacht, besteht aus engen Gefäßen und polygonalen Parenchymzellen. Zwischen dem Xylem und den nur 4–5 Zellreihen des Phloems liegt ein bis zu sechs Zellen breiter Kambiumstreifen. Die rundlich-polygonalen Zellen des Marks zeigen deutliche, dreieckige Interzellularen. In den parenchymatischen Zellen der äußeren Rindenschichten sind reichlich Chlorophyllkörner vorhanden, vereinzelt findet man jedoch Chlorophyllkörner auch noch im Mark. Außerdem kommen – in einjährigen Rinden noch spärlich – in älteren Sprossen häufiger Oxalatdrusen vor.

Beim Dickenwachstum strecken sich die Kutikularzellen zunächst in tangentialer Richtung, später passen sie sich dem vergrößerten Umfang durch tangentiale Teilung an. Durch Absterben von Epidermiszellen verdickt sich die Kutikularschicht in älteren Sprossen; Periderm wird nicht ausgebildet. Von einem geschlossenen Kambiumring geht das sekundäre Dickenwachstum aus, das dem anderer dikotyler Pflanzen entspricht. Im Gegensatz zu dikotylen Sprossen sind Jahresringe nicht oder nur sehr schlecht zu erkennen.

Die ledrigen **Blätter** sind lanzettlich bis spatelig, sitzend. Ihre Größe variiert nach Alter, Ernährung des Wirtsbaumes und möglicherweise auch nach Mistelrasse. Die Blätter werden bis zu 3 Jahre alt und wachsen in dieser Zeit ständig weiter. Als maximale Länge hat Tubeuf 10,7 cm ermittelt, geringste Länge 1,5 cm; die Breite schwankt von 4,3 bis zu 0,3 cm. Wie andere morphologische Merkmale (s. o.) wurden gelegentlich die absolute Größe der Blätter sowie des Längen/Breiten-Verhältnisses als Merkmal zur Unterscheidung der Mistelunterarten herangezogen (u. a. Ball, 1964; Singer, 1958). Während Tubeuf (1923) die unterschiedliche Ernährungslage des Wirtsbaumes, die Abhängigkeit von der Exposition innerhalb eines Baumes, die Abhängigkeit von der Art der Anheftungsstelle (dicker oder dünner Wirtsast) und das Alter der Blätter für die von ihm beobachteten Größenschwankungen verantwortlich macht, verweisen MONTFORT und MÜLLER (1951) auf die sogenannte Lebensrhythmik. Auf die Mistel angewandt, bedeutet dies, daß im Durchschnitt die Größe der Mistelblätter parallel zur Internodienlänge bis zum fünften Vegetationsjahr relativ stark zunimmt, um danach allmählich, aber kontinuierlich, wieder abzunehmen. Für die Droge Visci herba gibt der Deutsche Arzneimittelcodex (DAC, 1979) eine Länge von 2–6 cm, eine Breite von 1–2 cm und eine Dicke von 2–4 mm an. Dem Blattrand etwa parallel verlaufen in der Regel 3 derbere und 2 schwächere Blattrippen, von denen kleinere Netznervaturen abzweigen.

Das Mistelblatt ist äquifazial gebaut. Die Epidermiszellen sind in Flächenansicht polygonal, wie die Epidermiszellen des Sprosses. Sie enthalten im Gegensatz zu anderen Laubblättern reichlich Chlorophyll. Die Kutikula ist etwa 9 μm dick. Diese wird von Wachsen unterschiedlicher Art überzogen (WEBER, pers. Mitt.), jedoch ist dies kein taxonomisch signifikantes Merkmal, auch nicht für die Unterarten von V. album. Parazytische Spaltöffnungen finden sich in etwa gleicher Anzahl (etwa 100/mm^2 bei einjährigen und 60/mm^2 bei zweijährigen Blättern) auf der Blattober- und Unterseite. Das Mesophyll besteht in den einjährigen Blättern aus 9–13 Lagen gleichartiger, annähernd isodiametrischer Zellenkomplexe mit sehr kleinen Zellen, deren Wände verdickt sind. Im zweiten Jahr erfolgt ein Streckungswachstum, das am stärksten in Richtung senkrecht zur Oberfläche ist, so daß die Mesophyllzellen jetzt ein palisadenartiges Aussehen haben. Die Zellen enthalten zahlreiche Oxalatdrusen mit grauem, scharf begrenztem Hof im Innern (Abb. bei WICHTL, 1984). Im Mesophyll eingebettet liegen die Leitbündel, von denen die größeren beiderseits von kollenchymatisch verdickten Zellen begleitet werden. Die netzförmig verdickten Tracheiden laufen nicht nur parallel zur Blattoberfläche, sondern verzweigen sich teilweise nach oben und unten und können blind im Gewebe enden. Diese Enden sind häufig durch keulige Anschwellungen vergrößert, von denen angenommen wird, daß sie der Wasserspeicherung dienen. Im Mesophyll des oberen Blattdrittels liegen vor den Tracheiden Einzelzellen oder Zellgruppen, deren Wände stark verkieselt sind.

Die Misteln sind diözisch, ein Mistelbusch trägt entweder nur männliche oder nur weibliche Blüten. Von zusammen 1958 untersuchten Misteln waren 28,4 % männlichen und 71,6 % weiblichen Geschlechts (WALLDEN, 1961). Misteln von verschiedenen schwedischen Fundorten und auch deutsche Misteln sowohl der Laubholz- als auch der Föhrenunterart zeigten ungefähr die gleichen Geschlechtsproportionen. Nach WALLDEN (1961) kann man sich zur Unterscheidung der Geschlechter der gelben Farbe bedienen, die besonders der Sonne ausgesetzte männliche Misteln im Winter annehmen. Falls gelegentlich monözische Mistelbüsche beobachtet werden, so beruht dies darauf, daß die Mistel (z. B. männliche) auf Mistel (z. B. weibliche) schmarotzen kann.

Wie aus Tab. 1 hervorgeht, besitzen die Viscaceae eine Chromosomengrundzahl von x = 10. Für Viscum album beträgt 2n = 20 (s. Abb. 5).

Die Geschlechtsausprägung wird auf chromosomaler Ebene durch eine Translokations-Heterozygotie hervorgerufen (MECHELKE, 1976). Die **Chromosomen** der weiblichen Pflanzen sind strukturell homozygot. Bei der Meiose bilden sich 10 reguläre Bivalente mit einer zufallsbedingten Orientierung der Zentromere (s. Abb. 6). Bei den männlichen Pflanzen sind 4 Chromosomenpaare komplex-heterozygot als Folge einer Serien-

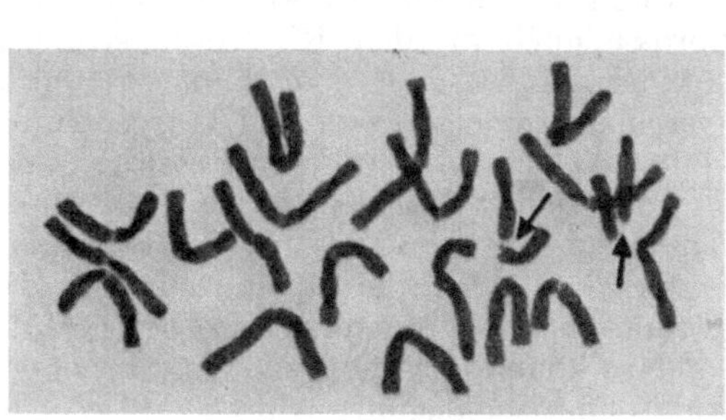

Abb. 5 Chromosomen (2n = 20) von Viscum album in der mitotischen Metaphase.
Die beiden Nucleolus-Organisator-Regionen sind an der deutlich ausgeprägten Kommissur zu erkennen. 600 × (Aufnahme MECHELKE)

translokation. Die beteiligten Chromosomen bilden ein Oktavalent mit zickzackförmiger Anordnung. Während der ersten meiotischen Teilung werden 2 strukturell verschiedene Komplexe gebildet (X, X, X, X und Y, Y, Y, Y). Die daraus resultierenden Gameten

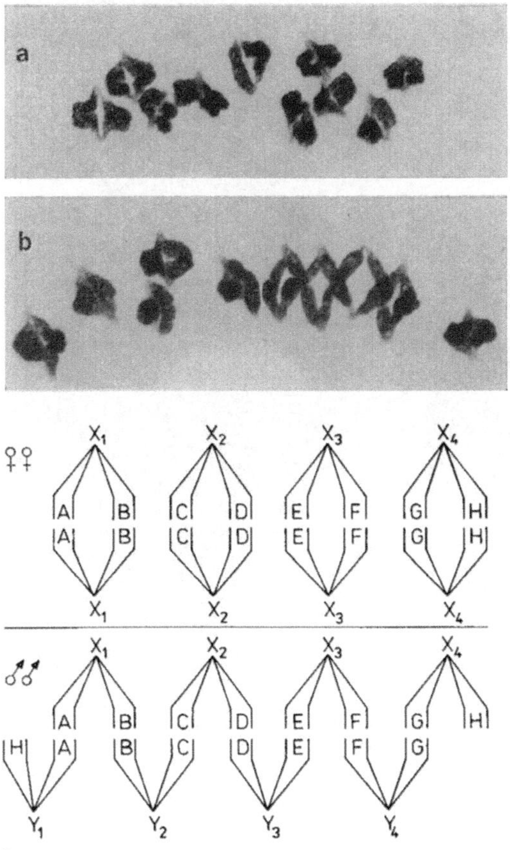

Abb. 6 Chromosomen in der ersten meiotischen Metaphase
a) ♀♀
b) ♂♂
c) Schematische Darstellung von 4 Chromosomenpaaren (die restlichen 6 Chromosomen nicht gezeichnet). Bei den weiblichen Pflanzen (♀♀) haben die Chromosomen nur Bivalente ausgebildet; zwei Standardkomplexe (AB + CD + EF + GH) werden geteilt; bei den männlichen Pflanzen (♂♂) haben die Chromosomen ein Oktovalent ausgebildet, das schematisch als Zickzacklinie dargestellt ist. Es wird ein Standardkomplex (AB + CD + EF + GH) und ein Translokationskomplex (HA + BC + DE + FG) geteilt. 600× (Aufnahmen Mechelke, Schema nach Mechelke, 1976)

gehören entweder dem Standard- oder dem Komplex-Typ an. Im Hinblick auf die Chromosomen können die weiblichen Pflanzen als homogametisch und die männlichen als heterogametisch bezeichnet werden.

Die **Blüten** sind stark reduziert und unscheinbar. Sie werden bereits im Frühsommer angelegt. Sie öffnen sich je nach Witterung Ende Februar bis Anfang April. Der Blühtermin ist unabhängig von der Blütezeit der jeweiligen Wirtspflanzen (Wallden, 1961). Die Bestäubung erfolgt durch Insekten. Zwar fehlt den Mistelblüten ein auffälliger Schauapparat, der für Insektenbestäubung vorteilhaft wäre, jedoch stimmen andere Blütenmerkmale, wie Duft, Vorhandensein von Nektar und Stacheligkeit der Pollen mit diesem Bestäubungsmechanismus überein (Wallden, 1961). Sammelt man zahlreiche männliche Mistelblüten, so kann man einen angenehmen fruchtigen Geruch wahrnehmen. Geruchlich lassen sich dabei Laubholzmistel und Tannenmistel unterscheiden. Stellt man ein Wasserdampfdestillat der Blüten der beiden Mistelunterarten her und analysiert dieses durch Gaschromatographie und Massenspektroskopie, so stimmen die beiden Gaschromatogramme jedoch überein. Der Hauptpeak des Gaschromatogramms zeigt im Massenspektrum die Molmasse 204; es dürfte sich aufgrund der Massenbruchstücke um einen Sesquiterpenkohlenwasserstoff handeln (Becker, 1985; unveröffentlicht). Beide Blüten enthalten Nektar, die weiblichen mehr als die männlichen. Schon Tubeuf hat diesen Nektar mikrochemisch untersucht und eine positive Zuckerreaktion gefunden. Von einer Mistel (Arceuthobium abietinum, Viscaceae) liegt eine Analyse des Nektars vor (Brewer et al., 1974). Danach besteht letzterer zu 48% aus Glukose, 39% Fruktose und 11% Saccharose.

Unter den Insekten sollen insbesondere Fliegen die **Bestäubung** bewerkstelligen; Honigbienen würden zwar häufig die intensiver riechenden männlichen – nicht aber die weiblichen Blüten besuchen (Tubeuf). Wallden (1961) erklärt dies damit, daß der Geruchssinn der Bienen nicht so gut entwickelt sei wie der der Fliegen, und sie deshalb den schwachen Geruch der weiblichen Blüten nicht wahrnehmen würden.

Abb. 7 a) Männlicher Blütenstand der Apfelmistel, man erkennt deutlich die wabenförmig angeordneten Pollenfächer.
b) Weiblicher Blütenstand
20fach

Eine Bestätigung dieser Hypothese sah er darin, daß an einem sehr warmen Tag im März die weiblichen Blüten ebenso oft wie die männlichen Blüten besucht wurden.
Insekten, die auf Misteln parasitieren, wurden von SCHUMACHER (1918) beschrieben. Er teilt dabei ein in misteltypische Parasiten und solche, die sowohl auf dem Wirt als auch auf den Misteln vorkommen. Zu den ersteren stellt er zwei Käferarten, den Rüsselkäfer (Apion variegatum Wenck.) und einen Rindenkäfer (Liparthrum bartschi Mühl.) sowie vier Hemiferen, zwei Krautwanzen (Lygus viscicola Put. und Hypseloecus visci Put.), eine Raubwanze (Anthocoris visci Dgl.) und einen Blattfloh (Psylla visci Curt.). All diese Arten finden sich, wenn sie einmal auftreten, in Mengen und sind oft miteinander vergesellschaftet.
Die kleinen, ungestielten, gelbgrünen Blüten stehen zu 3–5 in Trugdolden, in den Achsen kleiner Hochblätter.

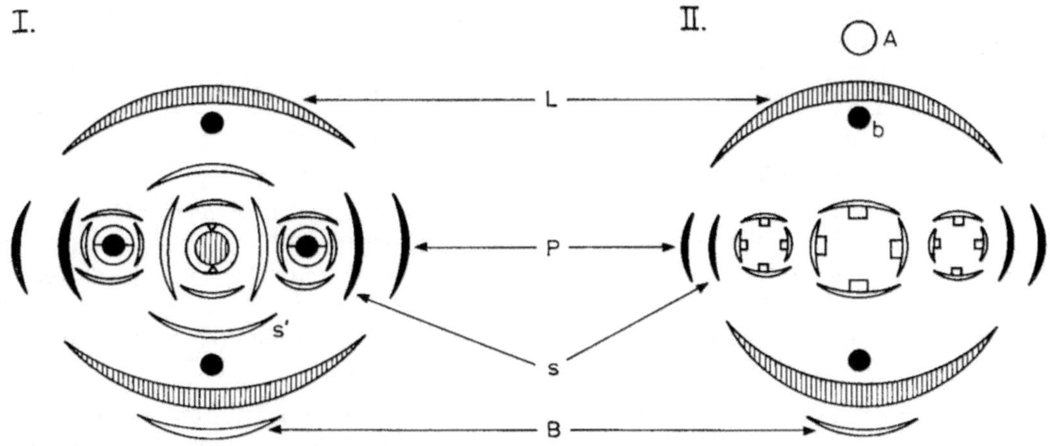
I.
II.
A
L
b
P
s'
s
B

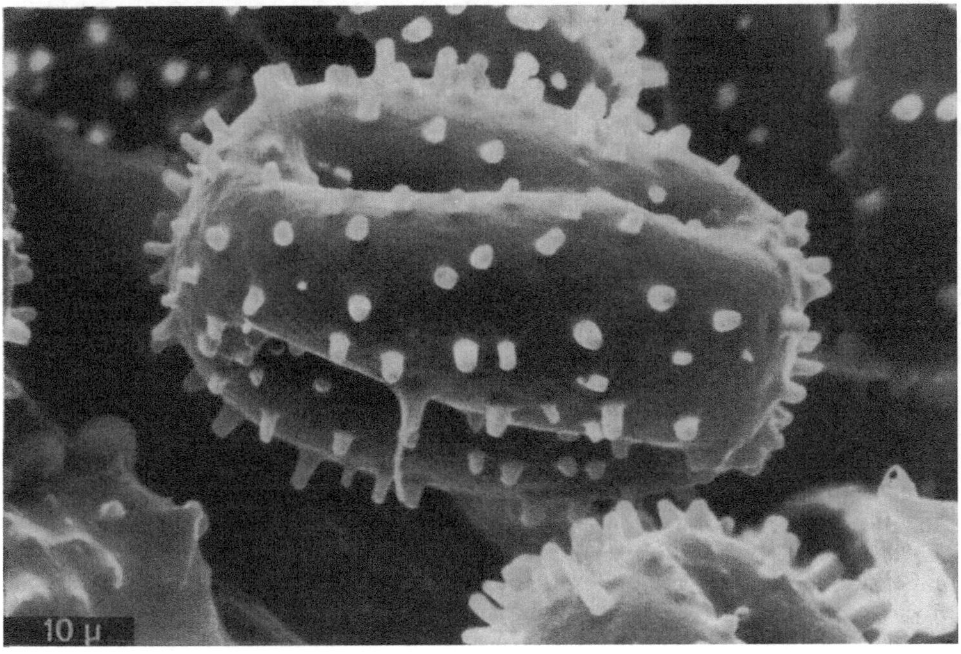
10 μ

Tabelle 4 Allgemeine morphologische Unterscheidungsmerkmale von Viscum album L. und Loranthus europaeus (nach STOPP 1961)

	Viscum album	Loranthus europaeus
Rinde	gelbgrün	schwärzlich
Jahresringe	undeutlich	gut kenntlich
Blätter	wintergrün, länglich, spatelig, sitzend, derb ledrig	sommergrün, länglich, eiförmig, gestielt, zart
Blüten	vierzählig, unscheinbar, in endständigen Knäueln	meist sechszählig in lockeren Ähren bzw. Trauben
Früchte	kugelig, derb, weiß bis gelblich	ei- bis birnenförmig, weich, gelb

(1982) und STRAKA (1981). Die Pollenkörner sind etwa 35×60 μm groß und oval. Der Pollen ist tricolporat, die Colpi sind breit mit spitz zulaufenden Enden (s. Abb. 9), Ora rund, etwa 9 μm Durchmesser, Exine ohne Processus 3 μm dick, mit zahlreichen kleinen und vereinzelt doppelt so großen Spinulae (1–3 μm lang). FEUER und KUIJT (1982) ordnen Viscum album L. aufgrund der Pollenstruktur zusammen mit V. alniformosanae HAY. in eine gemeinsame Gruppe ein. IVERSEN (1944) zieht die Mistelpollen zusammen mit denen von Hedera helix und Ilex aquifolium als Klimaanzeiger heran.

Die männlichen Blüten fallen bald nach dem Verblühen ab; dabei hinterlassen von den 3 üblicherweise einem Blütenstand angehörenden Blüten die mittlere eine schmale, linienförmige Narbe, die zwei seitlichen Blüten runde Narben. Das Internodium, auf dem die Blüten saßen, fällt erst später ab.

Wie bereits erwähnt, sind die *weiblichen Blüten* (TUBEUF, 1923; HEGI, 1981) kleiner als die männlichen. Die Anzahl der Perigonblätter beträgt ebenfalls in der Regel vier, jedoch kommen – wie im übrigen auch bei den männlichen Blüten – Abweichungen (z. B. 3) vor. Der aus zwei Carpellen gebildete Fruchtknoten ist unterständig; der Griffel kurz oder fehlend, die Narbe dick, polsterförmig. Ovula werden nicht ausgebildet (BHANDARI und VOHRA, 1983), an deren Stelle bildet sich der Embryosack im Ovarboden. Die Entwicklung des Embryosacks entspricht dem Allium-Typ. Der reife weibliche Gametophyt ist gerade und vertikal angeordnet.

Da Viscum album L. als Droge „Visci albi herba" in Form der getrockneten jüngeren Zweige mit Blättern, Blüten und Früchten als Teedroge und zur Bereitung zahlreicher Arzneispezialitäten verwendet wird, sei noch die Beschreibung der Schnittdroge nach DAC (1979) angefügt: „Die Schnittdroge ist gekennzeichnet durch Stengelstücke mit hellgrüner Rinde und weißem, strahligem Holzkörper, durch Blattstücke, einzelne Blütenteile und wenige unreife Früchte."

Sehr selten wächst Viscum album L. auf Eichen. Andererseits kommt Loranthus europaeus L. hauptsächlich auf Eichen vor. Da für manche Arzneispezialitäten Viscum von Eichen vorgeschrieben sind (z. B. Iscador) ist es sinnvoll, die hauptsächlichen morphologischen Merkmale der beiden Arten gegenüberzustellen (STOPP, 1961, s. Tab. 4).

A. III.
„Samen"- und Fruchtentwicklung

Die Embryologie der Viscaceae und damit auch der Gattung Viscum ist von KUIJT (1969) und von BHANDARI und VOHRA (1983) zusammenfassend dargestellt worden. Danach fehlen konventionelle Ovula; der Embryo entwickelt sich im Ovarboden. Der reife weibliche Gametophyt ist gerade und senkrecht orientiert. Der primäre Endospermkern teilt sich vor der Zygote und bildet eine transversale Wand aus. Nach der Endospermentwicklung teilt sich die Zygote transversal. Dem reifen Embryo fehlt ein Suspensor. In einem Ovarboden entwickeln sich 1–4 Embryonen, die vom jeweiligen Endosperm umgeben sind. Gelegentlich wird die Anzahl der Embryonen pro Samen zur Unterscheidung der Unterarten herangezogen. BALL (1964) gibt für die ssp. album 2–3 an und für die beiden übrigen Unterarten 1–2. Daraus geht jedoch schon hervor, daß sich die Zahlen überschneiden. Hinzu kommt, daß bei der ssp. album auch nur 1 Embryo entwickelt sein kann. Da der Embryo mit dem Nährgewebe nicht in einem Ovulum gebildet wurde, kann man im strengen botanischen Sinne auch nicht von Samen sprechen, sondern nur von Embryonen, die frei im Gewebe liegen. Dem allgemeinen Sprachgebrauch folgend, wollen wir jedoch den vom Endokarp umschlossenen Kern als Samen bezeichnen.

Die Anatomie, Zytologie und Histologie des Samens wird eingehend von SALLÉ (1975) beschrieben. Danach erkennt man am Embryo zwei reduzierte Kotyledonen, die im mittleren Teil getrennt und im oberen Teil verwachsen sind. Die Kotyledonen, die je von einem gut ausgebildeten Leitbündel durchzogen werden, umgeben den Vegetationspunkt. Die Leitbündel setzen sich im Hypokotyl fort und enden etwa im Abstand von 320–360 μm vom Hypokotylende. Sie bestehen aus einer zentralen Prokambiumzone, von der sich nach innen Tracheiden und nach außen Phloem mit Sieb- und Begleitzellen differenzieren. Als Besonderheit gegenüber Begleitzellen autotropher Pflanzen weisen die Begleitzellen im Hypokotyl von Viscum album stärkehaltige Plastiden auf. Dort, wo die beiden Leitbündel in der Hypokotylspitze enden, finden sich zahlreiche Tracheiden. Ihre Anzahl deutet schon darauf hin, daß es sich nicht um eine Vereinigung der beiden Leitbündel handelt, zudem fehlen Sieb- und Begleitzellen.

Während die Kotyledonen, der Sproßvegetationspunkt und das Hypokotyl weitgehend mit dem Bau anderer dikotyler Pflanzen übereinstimmen, fehlt eine entsprechende Wurzelanlage. Das basale Ende wird, wie der gesamte Embryo von einer mit einer Kutikula überzogenen einzelligen Schicht umgeben (s. Abb. 10). Unterhalb der Zone der Tracheiden nimmt die Dicke der Kutikula von 7 μm auf 2 μm ab. In ihrem Aufbau entspricht sie der Kutikula epidermaler Zellen der meisten höheren Pflanzen. Da die Abschlußschicht frei von Stomata ist, kann sie nicht wie bei Arceuthobium als Epidermis (COHEN, 1963) bezeichnet werden.

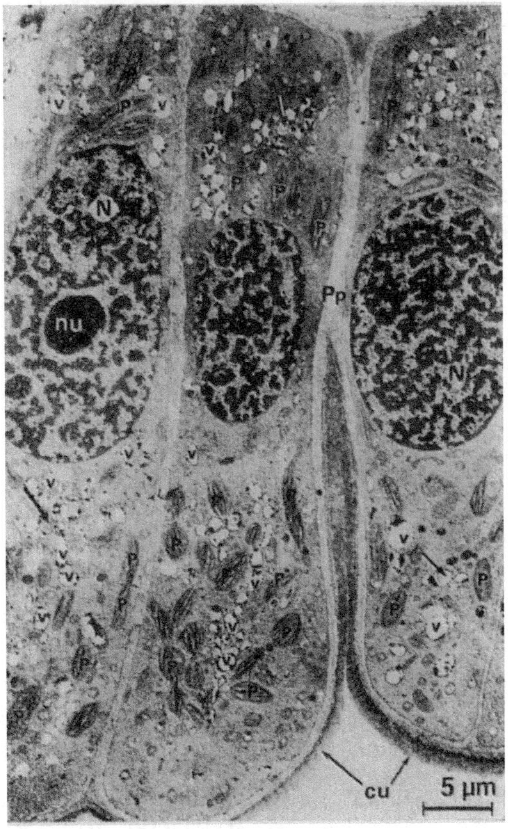

Abb. 10 Elektronenmikroskopische Aufnahme der Zellen „Superficielles axiales“ (nach SALLÉ, s. Text), die von einer Kutikula (cu) umgeben sind. Die Vakuolen (v) enthalten osmiophile Globuli, die den Tonoplasten anliegen.
cu = Kutikula, N = Kern, nu = Nukleolus- P = Chloroplast, Pp = Zellwand, V = Va, kuole (Aufnahme SALLÉ)

SALLÉ (1975) schlägt deshalb den Ausdruck „assise superficielles“ vor und unterscheidet nochmals zwischen „cellules superficielles axiales“, die den basalen Teil des zukünftigen Haftorgans umgeben, und den „cellules superficielles laterales“, die seitlich dem Hypokotyl anliegen. Die Anzahl der „cellules superficielles axiales“ beträgt im Querschnitt etwa 60; Länge und Breite etwa 20 μm und Höhe etwa 60 μm. Die axialen Zellen haben einen voluminösen Kern, eine hohe Dichte der Ribosomen, die Vakuolen sind klein und über das Zytoplasma verteilt.

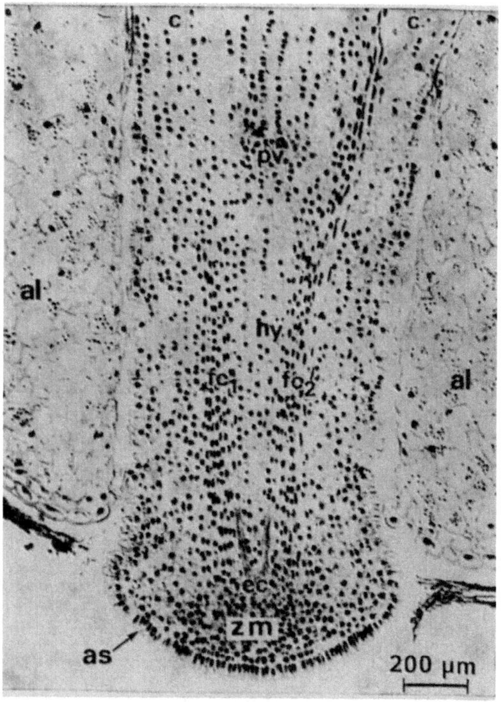

Abb. 11 Längsschnitt durch den basalen Teil des Embryos mit Nährgewebe.
al = stärkehaltiges Endosperm; as = „assises superficielles"; c = Kotyledonen; ec = zentrale Tracheiden der Hypokotylspitze; fc_1, fc_2 = Leitbündel des Hypokotyls (hy), zm = meristematische Zone (Aufnahme SALLÉ)

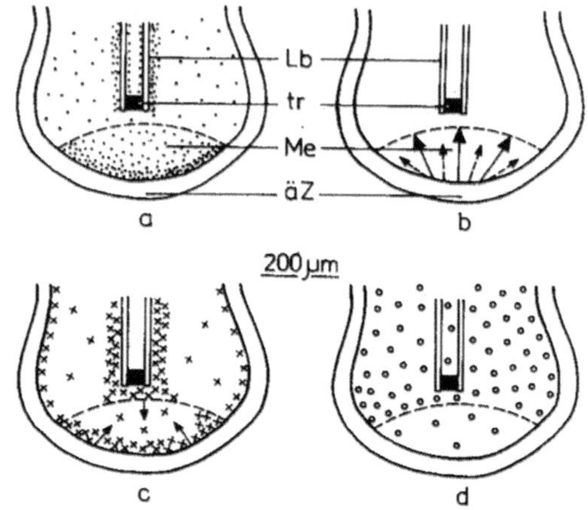

Abb. 12 Schematische Darstellung des basalen Teils des Hypokotyls.
a) Intensität der Pyroninfärbung.
b) Die ausgezogenen Pfeile geben die Zunahme der Vakuolisierung an, die unterbrochenen Pfeile zeigen eine Verringerung des Kern-Zytoplasma-Verhältnisses an.
c) Gehalt an Lipidtropfen (am geringsten innerhalb der meristematischen Zone).
d) Abrupter Übergang zwischen der stärkearmen, meristematischen Zone und der stärkereichen anschließenden Zone des Hypokotyls.
äZ = äußere Zellen („assises superficielles", n. SALLÉ, 1975), Lb = Leitbündel; Me = meristematische Zone, tr = Tracheiden

Die lateralen Zellen haben ein geringeres Kern-Plasma-Verhältnis und sind stärker vakuolisiert. Beide Zellarten enthalten in den Vakuolen Lipoproteide.
Zwischen den axialen Zellen und den zentralen Zellen sowie seitlich davon befindet sich eine meristematische Zone (s. Abb. 11). Innerhalb dieser meristematischen Zone kann man verschiedene zytologische und zytochemische Gradienten (s. Abb. 12) ausmachen. Dies betrifft zum einen das Kern-Plasma-Verhältnis, das in der Zellschicht über den „cellules superficielles axiales" etwa 1 : 10 beträgt und kontinuierlich in den darauffolgenden 3 Zellagen auf etwa 1 : 20 abnimmt; die Vakuolisierung nimmt in dieser Richtung stetig zu; die Anzahl der Lipidtropfen im Zytoplasma nimmt von 10 pro Querschnitt auf 6 ab. Was die Stärkekörner betrifft, so kann man einen ziemlich abrupten Übergang von der meristematischen Zone zum Hypokotyl feststellen.
Das Endosperm wird von einer etwa 8 μm dicken Kutikula umschlossen. Darunter folgt eine Schicht kleiner Zellen von etwa 50 μm Länge und 35 μm Höhe und Breite. Die Zellen enthalten 20–25 eiförmige Amyloplasten von 5–7 μm Durchmesser. Die darunterliegenden Zellen sind größer und stark vakuolisiert. Die Anzahl der Amyloplasten pro Zelle nimmt ab, ihre mittlere Größe nimmt zu (12–14 μm). Beide Zellschichten enthalten Granula von 2,5–5 μm Durchmesser mit Neutrallipiden. Die vakuolisierten Zellen der tieferen Schichten enthalten relativ wenige Mikrosomen und wenige Dictypsomen, rauhes endoplasmatisches Retikulum ist wenig vorhanden. Die Mitochondrien enthalten ein dichtes Stroma und gut ausgebildete Cristae.
In den Amyloplasten mit großen Stärkekörnern erkennt man am Rande einige

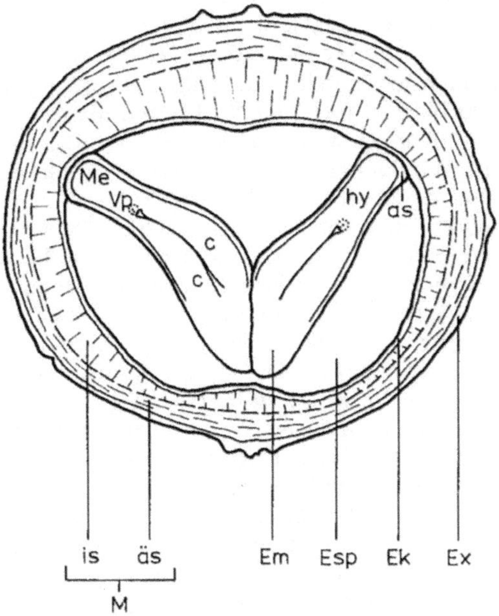

Abb. 13 Schematische Darstellung der „Frucht" und des Samens mit zwei Embryonen.
as = „assise superficielle"; äS = äußere Schleimschicht; c = Kotyledonen; Ek = Endokarp; Em = Embryo; Esp = stärkehaltiges Endosperm; Ex = Exokarp; hy = Hypokotyl; iS = innere Schleimschicht; M = Mesokarp; Me = meristematische Zone; Vp = Vegetationspunkt

Thylakoide und osmiophile Globuli. In den Endospermzellen, die in Kontakt mit den Kotyledonen sind, hat SALLÉ (1975) noch einen zweiten Typ von Plastiden beschrieben. Es handelt sich um langgestreckte Plastiden mit einem gut ausgebildeten Lamellarsystem mit Grana- und Stromathylakoiden und sehr kleinen Stärkekörnern.

Da am Aufbau der Mistel„beere" auch Achsengewebe mitbeteiligt ist, handelt es sich im botanischen Sinne um eine Scheinbeere. Auch hier wollen wir, wie bei den „Samen", dem allgemeinen Sprachgebrauch folgen und bei der weiteren Darstellung von Beeren sprechen. Die Beere (s. Abb. 13), die etwa im Dezember reif wird, wird von einem weißen Epikarp umgeben (TUBEUF, 1923; SALLÉ, 1983). An dessen Scheitel zeichnet sich als zentraler dunkler Punkt die ehemalige Narbe ab. Im Kreis darum erkennt man vier kurze dunkle Striche als Reste der vier abgefallenen Perigonblättchen.

Bei einem Querschnitt durch das Mesokarp erkennt man zwei Schichten. Die innere, dem Endokarp anliegende Schicht, besteht aus länglichen degenerierten Zellen, deren Wand im inneren schraubenförmig strukturiert ist. Sie läßt sich mit Kongorot und durch Jod-Schwefelsäure anfärben und be-

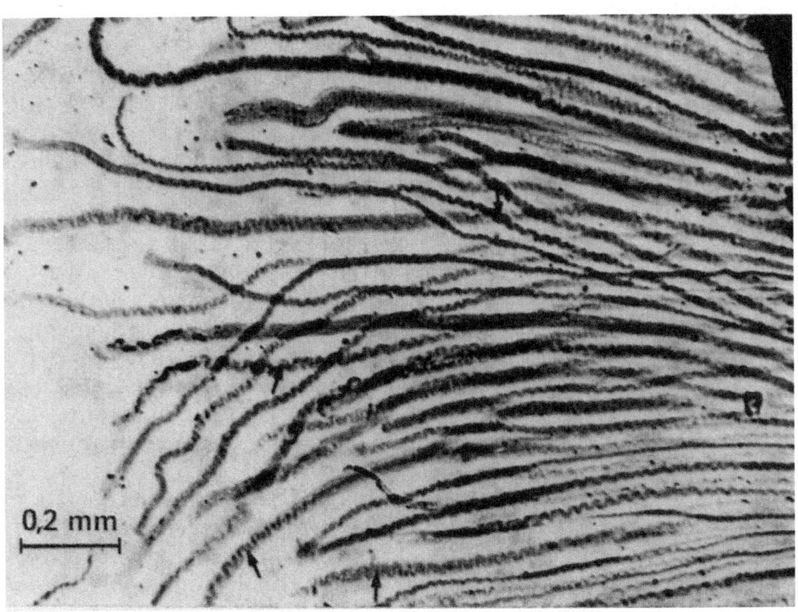

Abb. 14
Langgestreckte Zellen des inneren Teils des Mesokarps.
Die innere helikale Struktur (s. Pfeil) läßt sich durch Kongorot anfärben. Im rechten unteren Teil (dunkel) schließt sich das Endokarp an (Aufnahme SALLÉ)

steht demnach aus Zellulose (s. Abb. 14). Die Zelle wird von einer Pektinschicht umgeben, die sich durch Rutheniumrot anfärben läßt. Zwischen diesen langgestreckten Zellen und dem Exokarp liegt eine Zellschicht, die aus sphärischen, stark vakuolisierten, dünnwandigen Zellen besteht. Alle Mesokarpzellen sind in eine Polysaccharidmasse eingebettet (SALLÉ, 1983). Eine derbe Endokarpschicht umschließt das Endosperm mit den Embryonen. Nach TUBEUF (1923) besteht das Endokarp aus zwei verholzten Zellelementen: aus abgeplatteten kurzen Zellen mit netzförmig verdickten Wänden, welche in Wasser quellbar sind und dabei schleimig werden und aus Spiralgefäßen, welche in den Strängen des netzförmig ausgebreiteten Endokarps liegen.

A. IV. Entwicklung einer Mistelpflanze

Beim Befall einer Pflanze mit Misteln kann man zwei Phasen voneinander unterscheiden:

- Die Keimung
- Die parasitische Phase

Keimung

In der Natur erfolgt die Verbreitung der „Mistelsamen" durch verschiedene Vogelarten: Misteldrossel, Wacholderdrossel, Seidenschwanz und Mönchsgrasmücke (TUBEUF, 1923; WALLDEN, 1961; GRAZI, 1985; persönliche Mitteilung). Die drei erstgenannten Vögel fressen die Mistelbeeren und setzen die Samen mit einer Restschleimschicht, aber ohne Beerenhaut ab. Dies kann bereits im Spätherbst erfolgen, die Keimung beginnt jedoch im Frühjahr. Die Misteldrossel (Turdus viscivorus) verschlingt 6–10 Beeren pro „Mahlzeit" mit einer Darmpassage von etwa einer halben Stunde. Aus der Verweilzeit und der Fluggeschwindigkeit (35 bis 45 km/h) läßt sich so ein Verbreitungsradius von maximal 20 km errechnen (FROCHOT und SALLÉ, 1980). Die Mönchsgrasmücke (Sylvia atricapilla) verschluckt nicht, wie andere Vogelarten, z. B. die Misteldrossel, die ganzen Beeren und setzt die Samen ab, sondern sie frißt nur die Beerenhaut und läßt die Samen mit der Schleimschicht auf einem dem Mistelbusch benachbarten Ast zurück. Es wurde beobachtet (GRAZI, zit. von FROCHOT und SALLÉ, 1980), daß eine Mönchsgrasmücke auf diese Art etwa 100 Beeren pro Tag verbreiten kann. Die immer noch weit verbreitete Meinung, daß für die Keimung eine Passage durch den Darmtrakt der Vögel notwendig sei, wurde schon 1854 von SCHACHT widerlegt. Wahrscheinlich geht diese Annahme auf die Beobachtung zurück, daß intakte Beeren nicht oder nur selten keimen, was wir auch bei unseren eigenen Versuchen gesehen haben (BECKER, 1973). Die Vögel können nicht nur die Verbreitung der Misteln fördern, sondern auch negativ die Verbreitung beeinflussen. Nach PETER-CONTESSE (1930), WALLDEN (1961), und neueren Beobachtungen von GRAZI (zitiert n. FROCHOT und SALLÉ, 1980) fressen insbesondere Meisen, aber auch Kleiber und Ringeltauben, bereits angeheftete Beeren von den Ästen ab. So wurden alle 3200 von GRAZI auf Lärchen künstlich angeheftete Samen innerhalb von 2 Monaten von Meisen gefressen.

Die um etwa 1900 erfolgte Einführung von Viscum album L. in der Gegend von Sebastopol, nördlich von San Francisco, stellt eine einzigartige Gelegenheit dar, die Ausbreitung ausgehend von einem Punkt zu verfolgen (HAWKSWORTH und SCHARPF, 1984). 1984 betrug die Fläche mit Mistelbefall etwa 114 km^2. Der Abstand vom ursprünglichen Infektionsherd betrug 3,6 bis 10,7 km, im Mittel etwa 5,8 km. Die befallene Fläche hat sich im Beobachtungszeitraum von 1971 (etwa 27 km^2 und 2,5 km) bis 1984 etwa vervierfacht. Wie in Europa wird die Mistel in Amerika hauptsächlich von Vögeln verbreitet (Bombycilla cedrorum und Turdus migratorius). In Kalifornien wurde die Mistel bisher auf 22 verschiedenen Wirtsbäumen beobachtet; am meisten befallen sind: Acer saccharinum, Malus sylvestris, Robinia pseudoacacia, Alnus rubra, Populus fremontii und Salix lasiandra. Wegen der raschen Ausbreitung des eingeführten Parasiten wird vom Kalifornischen Staat ein Kontrollprogramm zum Schutze der Bäume erwogen.

WIESNER (1894, 1897) hat erstmals eine größere Anzahl von Keimversuchen durchgeführt und gefunden, daß die Ruheperiode der Samen durch Licht und höhere Temperaturen verkürzt werden kann. FUNKE (1939) hat sich eingehend mit der Mistelkeimung befaßt und neben den Ergebnissen WIESNERS gefunden, daß die Keimzeit u. a. durch Behandlung mit warmem Wasser, Ether und Entfernen des Endokarps herabgesetzt wird. Der Beerenschleim enthält einen Hemmstoff, der sich mit Ether extrahieren läßt. Demnach beruht die hemmende Wirkung des Schleims nicht auf osmotischen Vorgängen. Für die australische Loranthaceae Amyema preissii (Mig.) Tiegh. diskutiert LAMONT (1982), daß die Beerenhaut einen Gasaustausch verhindert. Dadurch wird eine hohe CO_2-Konzentration (27 %) und relativ niedrige O_2-Konzentration in den Beeren aufrecht erhalten.

Die Mistel ist ein obligater Lichtkeimer. Der Lichtgenuß läßt sich nicht durch Phytohormone (β-Indolylessigsäure, Kinetin oder Gibberellinsäure, BECKER, 1973) oder durch Kältebehandlung (FUNKE, 1939; BECKER, 1973) ersetzen. Samen, die im Dunkeln aufbewahrt werden, verlieren zunehmend ihre Keimfähigkeit. TUBEUF (1923) beobachtete einen Rückgang auf 84 % Keimfähigkeit nach 8 Tagen Dunkellagerung, auf 68 % (14 Tage), 36 % (3 Wochen) bzw. 2 % (nach 4 Wochen). Ab der 5. Woche keimten keine Samen mehr aus. β-Indolylessigsäure (IES) beschleunigt die Samenkeimung in vitro, hat aber keinen Einfluß auf die Keimungsrate (Tab. 5). Von je 12 Samen, die 50 Tage im Dunkeln gehalten worden waren, keimte nur einer auf Aqua dest. + IES am 3. Tag, was wohl auf eine entsprechende Disposition zurückgehen dürfte (Tab. 5). Wurden die übrigen Samen nach dieser Zeit ins Licht gebracht, so keimte keiner mehr aus. Nach TUBEUF (1923) sind die Hypokotyle der Mistelkeimlinge negativ heliotrop und positiv geotrop, wobei erstere Reaktion überwiegen soll. Damit ist gewährleistet, daß sich Mistelsamen auch an der Astunterseite ansiedeln können.

Tabelle 5 Anzahl der gekeimten Samen von Apfelmisteln in vitro. Am Tag 0 (Ende November) waren je 24 Beeren von der Beerenhaut und von der Schleimschicht befreit worden und einzeln in Röhren auf feuchtes Filterpapier aufgelegt worden. 12 h Tag, 3000 Lux Weißlicht/gemischt mit Osram Fluora L. (n. BECKER, 1973)

Tage	Anzahl der gekeimten Samen Phytohormone				
	Aqua dest.	Abscissinsäure 10^{-7}	KIN 10^{-6}	IES 10^{-6}	GA3 10^{-6}
4	–	1	–	1	–
6	–	1	–	3	–
9	–	1	–	3	–
11	–	1	–	3	–
13	–	1	–	3	–
15	1	1	–	3	–
18	2	1	–	4	1
20	3	1	–	6	1
22	5	2	–	6	2
26	7	2	–	7	2
31	9	3	1	9	3
35	12	4	1	10	4
39	13	4	2	10	5
43	13	4	3	11	5
49	13	6	4	11	5
53	13	6	6	12	5
58	13	6	7	12	6

KIN = Kinetin; IES = β-Indolylessigsäure; GA3 = Gibberellinsäure

Parasitische Phase

In der Natur vollzieht sich die Keimung und der Anschluß an die Leitungsbahnen über einen längeren Zeitraum. Nach dem äußeren Erscheinungsbild teilen FROCHOT und LANIER (1980) die dabei ablaufenden Vorgänge in 5 Stadien ein:

1. Der Samen, der durch den getrockneten Schleim an der Oberfläche des Wirts festklebt, beginnt zu keimen (= stade +).
2. Der Keimling entwickelt eine Haftscheibe, die dem Periderm des Wirts aufliegt (= stade a).
3. Das Nährgewebe ist ausgetrocknet oder verschwunden (= stade b).
4. Entwicklung der beiden ersten Blätter (= stade c).
5. Sukzessive Entwicklung der Sproßglieder (= stade d et suivants).

Die Entwicklung der beiden ersten Blätter erfolgt erst nach 10–12 Monaten. Es wurden aber auch Fälle beobachtet, in denen der Keim mehr als 2 Jahre im Stadium 3 verweilte, bevor er die beiden ersten Blätter entwickelte.

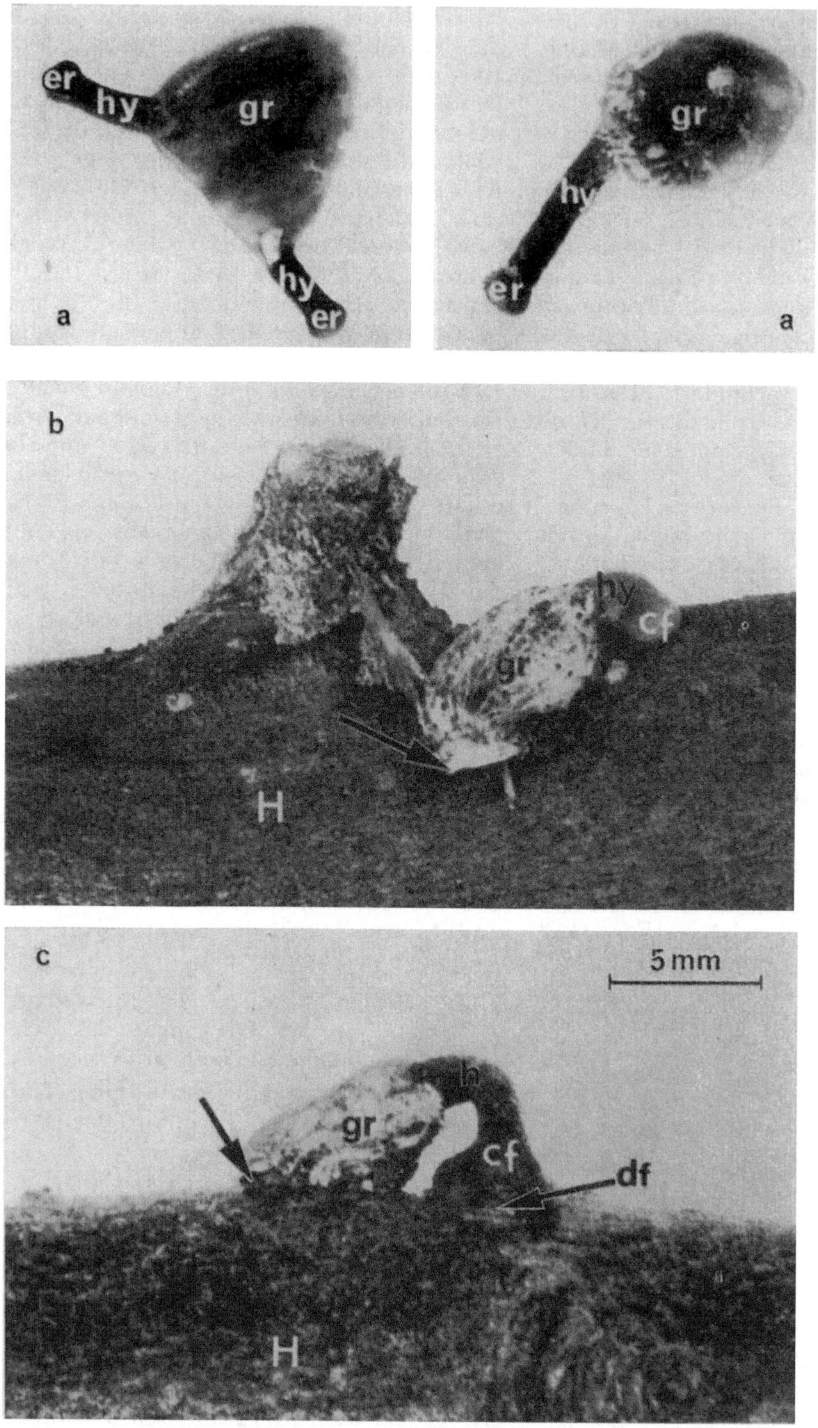

Abb. 15 Erste Stadien der Keimentwicklung (Aufnahmen SALLÉ)

a) In vitro gekeimter Samen ohne Schleimschicht mit zwei (links) bzw. mit einem (rechts) Embryo, nach 15 bzw. 20 Tagen.

Histologisch lassen sich folgende Phasen mit den entsprechenden Merkmalen unterscheiden (FROCHOT und SALLÉ, 1980):

1. Phase: Hypokotylende frei und geschwollen (s. Abb. 15a)
(= extremité libre renflée)

Dieses Stadium ist gekennzeichnet durch eine Streckung des Hypokotyls, die durch eine intensive Teilungsaktivität des apikalen Meristems und durch eine Streckung der dahinterliegenden Zellen bedingt ist. Der Vorgang dauert etwa 60 Tage, wobei das „Hypokotyl" eine Länge von durchschnittlich 5,6 mm erreicht (SALLÉ, 1975).

2. Phase: Anheftung (= simple adherence) (s. Abb. 15b)

Wenn die Hypokotylspitze das Periderm des Wirtes erreicht, flacht sie sich ab und bildet eine Haftscheibe aus. Im Querschnitt sieht man die verlängerten Zellen der äußersten Schicht an der Oberfläche des Wirtes anhaften und eine lipophile Flüssigkeit absondern. Darüber erkennt man eine zentrale meristematische Zone und eine sie umgebende Randzone mit stark differenzierten Zellen. Weiter einwärts folgen dann zentral Tracheiden, die von langgestreckten Zellen umgeben sind. In diesem Stadium kann die Haftscheibe noch vom Wirt ohne anhaftendes Periderm entfernt werden.
Zur Ausbildung der Haftscheibe ist ein enger Kontakt und ein fester Druck unter Luftabschluß notwendig. Dazu wölbt sich die Oberfläche und bildet Papillen aus. In Abwesenheit eines Kontaktstimulus, wie z. B. in Luft, auf Agar oder auf einer schlüpfrigen Glasfläche, wächst die Oberfläche aus und bildet keine Papillen (THODAY, 1951).

3. Phase: Durchdringung des Wirtsperiderms

Nach der Anheftung an den Wirt ändert sich das Aussehen des Mistelkeimlings zunächst über Monate hinweg nur wenig. Lediglich die Haftscheibe verbreitert sich noch leicht und erreicht mit etwa 1,8 mm Durchmesser ihre endgültige Größe. Der Rest des Nährgewebes wird aufgebraucht, und das Hypokotylende richtet sich auf.
Im axialen Längsschnitt durch die Haftscheibe (s. Abb. 16) erkennt man eine zentrale meristematische Zone im Kontakt mit dem Wirt, die einen Keil („coin de pénétration") bildet (SALLÉ, 1975). Durch die Zellteilungsaktivität wird ein Druck auf die peripheren Zellen ausgeübt, der zu deren Absterben führt. Gleichzeitig werden die Peridermzellen des Wirtes zerstört und anschließend vom Gewebe der Haftscheibe umschlossen.

4. Phase: Entwicklung des Primärhaustoriums

Zum Zeitpunkt der Entfaltung der beiden Primärblätter hat das Primärhaustorium das Periderm vollkommen durchdrungen und befindet sich mit seinem terminalen Vegetationspunkt im Rindengewebe. Diese meristematische Zone zeichnet sich durch eine hohe Teilungsaktivität aus, erkennbar daran, daß sich 11 % der Zellen in der Teilungsphase befinden. Unmittelbar im Anschluß an die meristematische Zone erfolgt eine Zellstreckung von 25 μm auf 53 μm. Im Zentrum des Haustoriums sind Tracheiden zu erkennen.

Nach SALLÉ (1979b) handelt es sich beim Eindringen des Primärsenkers ins Wirtsgewebe um eine Kombination von mechanischer und enzymatischer Aktivität. Danach soll erstere dafür verantwortlich sein, daß sich der Senker im sekundären Phloem „breit macht". Dagegen ist an der Spitze des Senkers stets eine helle Zone zu erkennen, die auf eine enzymatische Aktivität schließen läßt. Allerdings konnte diese mit

---

b) Frühes Stadium der Keimung auf einem Wirtsast (Apfel). Das Hypokotyl hat sich zum Wirt hin gekrümmt, das basale Ende beginnt sich abzuflachen, das Nährgewebe ist weitgehend noch intakt.
c) Das Nährgewebe ist weitgehend aufgebraucht, das Hypokotylende richtet sich auf. Zu diesem Zeitpunkt ist die Haftscheibe voll ausgebildet, die Mistel beginnt keilförmig in das Wirtsperiderm einzudringen.
hy = Hypokotyl; er = angeschwollener Basalteil der Keimpflanze; gr = Rest des Keimlings, vorwiegend Endosperm; cf = Konus; H = vollentwickelte Haftscheibe; df = Haftscheibe

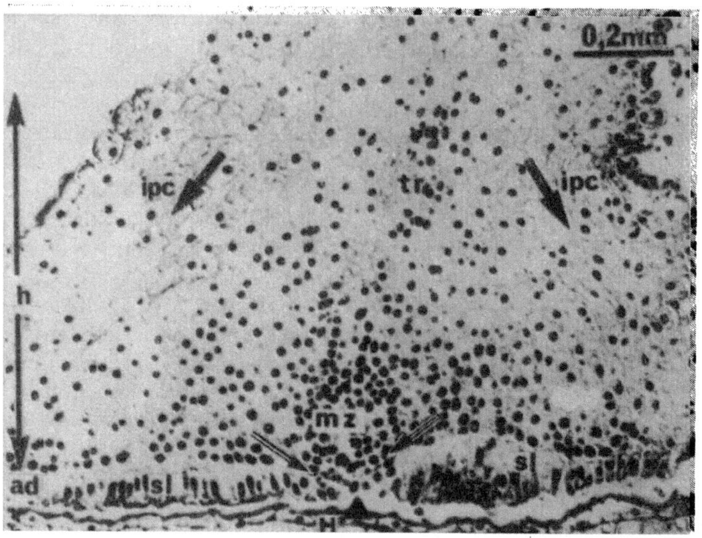

Abb. 16 Axialer Längsschnitt durch eine Haftscheibe des in Abb. 15c abgebildeten Stadiums. Die Zellteilungsaktivität der zentralen meristematischen Zone (mz) entwickelt einen Druck, der die seitlich gelegenen Zellen (offener Pfeil) zerdrückt. Die geschlossenen Pfeile geben die Streckungsrichtung der tiefer gelegenen Parenchymzellen (ipc) an.
ad = axiale Zellen der Haftscheibe; sl = seitlich gelegene Oberflächenzellen; tr = Tracheiden, angefärbt mit Methylgrün und Pyronin (Aufnahme Sallé)
h = Haftscheibe
H = Wirt

zytochemischen Methoden nicht nachgewiesen werden. Dagegen haben Helferich und Kleinschmidt (1959) über die Hemmung einer β-Glukosidase durch Mistelextrakte berichtet. Sie diskutierten, ob dieser Hemmstoff vielleicht die Verholzung des Wirtsgewebes vermindern könne und damit den Misteln erleichtern würde, ins Wirtsholz einzudringen. Hiergegen sprechen jedoch elektronen- und rasterelektronenmikroskopische Aufnahmen, die zeigen, daß das Gewebe beider Pflanzen in der Kontaktzone stark verholzt ist.
Wenn das Primärhaustorium das Wirtskambium erreicht, wird sein weiteres Wachstum von einem Sekundärmeristem fortgesetzt, das in der Höhe des Kambiums der Wirtspflanze liegt (Sallé, 1979b; Smith und Gledhill, 1983) (s. Abb. 17).
Die Teilungsaktivität dieses Kambiums ist, im Gegensatz zu der der meristematischen Zone der Rindenstränge, jahreszeitlich verschieden (Sallé, 1979b). Sie steigt von Februar bis Mai stetig an und fällt bis Mitte Oktober wieder auf 0 ab. Während des Winters verbleiben die Zellen in der G1-Phase. Diese Ruhephase stimmt mit der des Wirtsgewebes, z. B. Apfel, überein. Durch die koordinierte Entwicklung des Xylems des Parasiten und des Wirtes wird eine wachstumsinduzierte Trennung der beiden Gewebe vermieden.
In älteren Exemplaren haben Ozenda und Capdepon (1979) eine becherförmige Ausbreitung des Mistelhaustoriums beobachtet. Sie verglichen das dabei entstandene Gebilde mit den „Holzrosen“ wie sie insbesondere für tropische Phoradendron-Arten und für Struthantus (Loranthaceae) beschrieben sind.

5. Phase: Verbindung des Mistel- und Wirtsgewebes

Aus zahlreichen Untersuchungen (z. B. Härtel, 1937; Schulze et al., 1984) geht hervor, daß die Mistel eine wesentlich höhere Transpiration hat, als die entsprechenden Wirtsbäume. Dies setzt das Vorhandensein leistungsfähiger Strukturen zur Wasseraufnahme und Wasserleitung voraus. Melchior (1921) berichtet, daß sich die Misteltracheiden in die Tracheen und Tra-

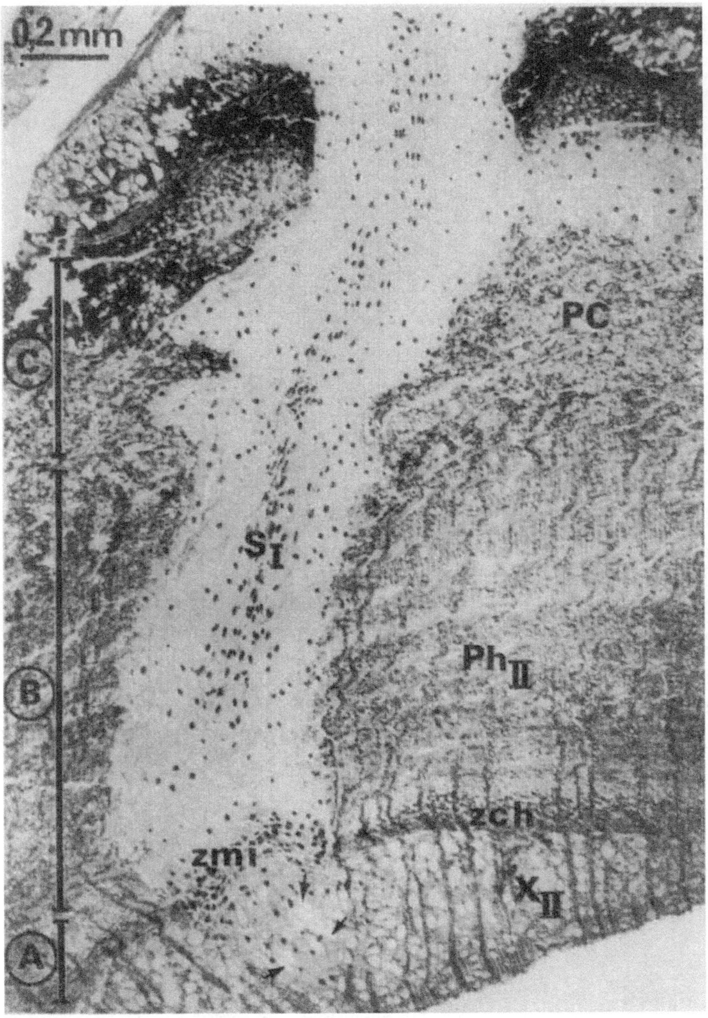

Abb. 17 Transversaler Querschnitt durch einen Apfelzweig mit einem primären Mistelhaustorium im Längsschnitt.
Das Haustorium hat das sekundäre Xylem (xII) erreicht; es bildet in Fortsetzung zum Wirtskambium (zch) ein interkalares Meristem (zmi), das sich synchron mit dem Wirtskambium teilt. A = Haustorium (s_I) im sekundären Xylem (xII); B = Haustorium im sekundären Phloem (Ph II); C = Haustorium im primären Rindenparenchym (PC) (Aufnahme SALLÉ)

cheiden des Wirtes vorwölben. Dabei werden die Wände von Senkertracheiden und Wasserleitungselementen des Wirtes mehr oder weniger stark resorbiert. Diese Erscheinung beschränkt sich bei Pinus auf die Schließhäute der Hoftüpfel der Fasertracheiden. Bis dieser direkte Kontakt zustande gekommen ist, dürfte die Aufnahme von Wasser und Nährsalze durch die Oberfläche des Keimlings dessen Bedarf decken. Nach MELCHIOR hat sich THODAY (1951, 1956, 1958) eingehend mit dem Haustorium der Mistel befaßt. Er bestätigte dabei den direkten Kontakt zwischen den Gefäßen des Wirtes und den peripheren Gefäßen der Senker. LAUNAY (1950) hat Farbstofflösungen (Eosin oder Fluorescein) Pappelästen appliziert, die von Misteln parasitiert waren. Nach einigen Tagen konnte er an Tangentialschnitten durch die Zweige den Weg der

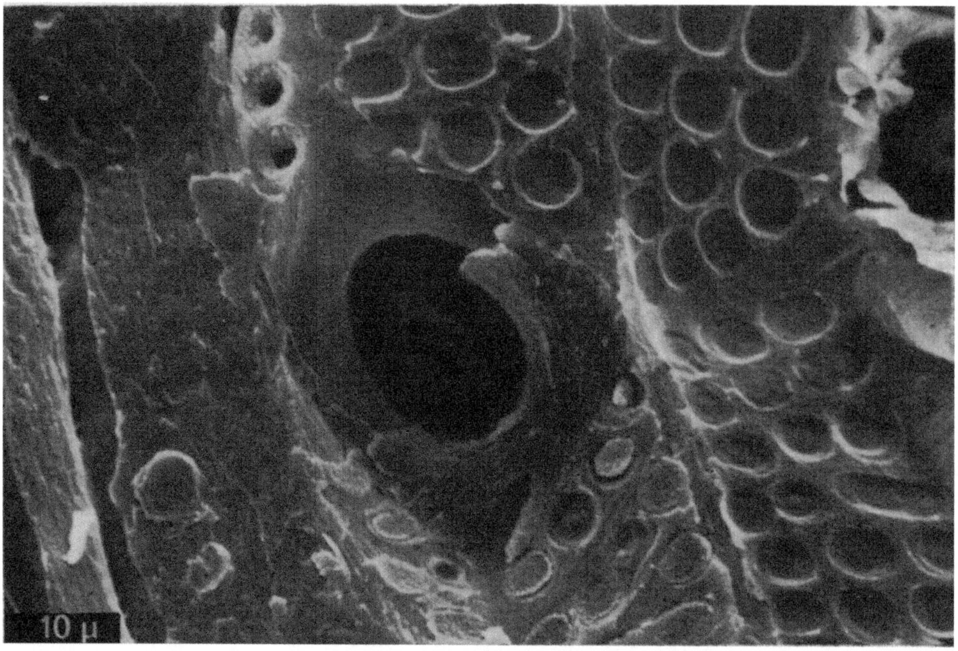

Abb. 18 REM-Aufnahme der Verbindung Mistel-Tannentracheide.
Die Querwand der Tannentracheide ist an der Kontaktstelle aufgelöst, wodurch eine direkte Verbindung der beiden Leitelemente entsteht. Außerdem sind an manchen Stellen die Tüpfel aufgelöst

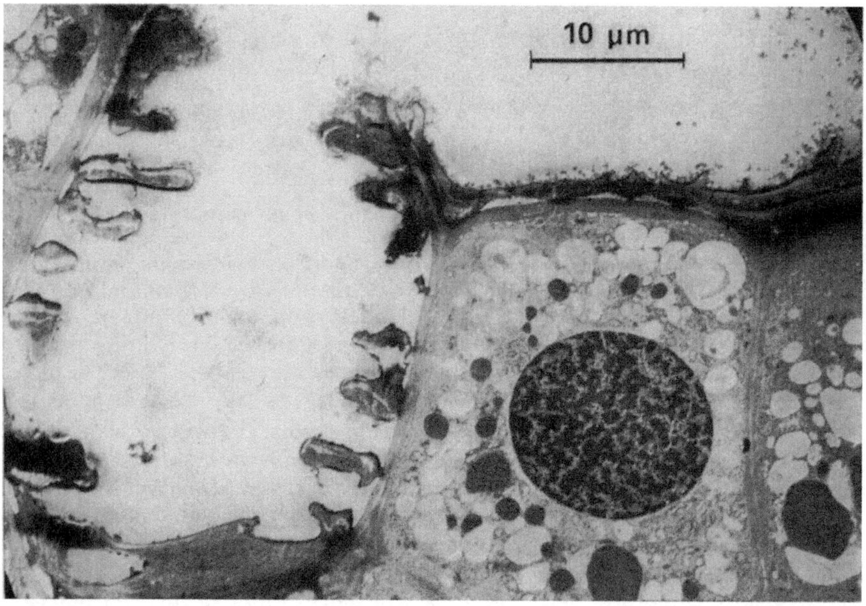

Abb. 19 Elektronenmikroskopische Aufnahme einer direkten Verbindung zwischen Wirtsgefäß (Apfel) und Gefäß des Mistelhaustoriums. Fixierung: Glutaraldehyd-OsO_4. Anfärbung $KMnO_4$ (Aufnahme SALLÉ)

Farblösungen verfolgen. Er fand, daß nicht nur die Wirtsgefäße, sondern auch die Gefäße („pseudo-vaisseaux") der Mistel angefärbt waren. Er schloß daraus, daß eine durchgehende Verbindung zwischen den Holzelementen der beiden Pflanzen bestehe. Der Transport innerhalb des Mistelholzes schien schneller vonstatten zu gehen als im Wirtsholz.

BECKER und JURZITZA (1972) untersuchten die Kontaktzone Mistel – Wirt erstmals mit Hilfe der Rasterelektronenmikroskopie (REM). Diese Untersuchungen ergaben, daß sich die Orientierung der Leitelemente der untersuchten Wirtspflanzen (Kiefer und Pappeln) in Nachbarschaft zum Mistelhaustorium ändern. Diese Änderung kann zum einen mechanisch bedingt sein, zum anderen scheint jedoch die Ausdifferenzierung vom Stofftransport Wirt – Parasit abhängig zu sein. Bei der Kiefer fanden sich z. B. in Nachbarschaft der Haustorien Tracheiden, die direkt auf das Parasitenholz zulaufen; ihr Verlauf weicht um ca. 90° von dem des übrigen Holzes ab. Durch die REM-Aufnahmen wurden die durch Lichtmikroskopie erhaltenen Ergebnisse MELCHIORS (1921) bestätigt. Bei der Verbindung Mistel – Nadelholz (Kiefer und Tanne) wölben sich die Viscumtracheiden in die des Wirtes vor. Neben einem direkten Anschluß durch Auflösen der Querwände der Tannentracheiden sind teilweise die Tüpfelwände aufgelöst, so daß auch darüber ein Stoffaustausch erfolgen kann (s. Abb. 18). Auch bei dem Kontakt mit dem Laubholz war diese Vorwölbung der Misteltracheiden in die Wirtstracheen zu beobachten. Durch Auflösen der Zellwände kommt es zu einer durchgehenden Verbindung der Leitelemente (s. Abb. 19).

SALLÉ (1979b) wies auf die Bedeutung eines „Radialen Systems" für die Wasserleitung zwischen Wirt und Parasit hin. Dieses Leitungssystem, das erstmals von THODAY (1958) beschrieben worden war, liegt peripher bei älteren Sekundärhaustorien in der Übergangszone zwischen Haustorium und Rindenstrang (s. Abb. 20).

Durch Serienschnitte und lichtmikroskopische, elektronenmikroskopische und REM-Untersuchungen an sekundären Haustorien – ausgehend von Rindensträngen – war es SALLÉ (1979a) möglich, ein Modell für die Verbindung Apfelbaum – Mistel aufzustellen und damit den Transport von Wasser und Mineralsalzen zu erklären. Das Modell zeigt (s. Abb. 21), daß einige isodiametrische Gefäße der Haustorien in das sekundäre Holz des Wirtes eindringen. Durch Perforationen der tangentialen Gefäßwände können Wasser und Mineralsalze leicht in die axiale Region der Haustorien transportiert werden. In der axialen Region der Haustorien befinden sich Perforationen an den longitudinalen Gefäßwänden. Dadurch erfolgt der Transport lateral zu den Tracheiden des radialen Systems, von da zu den Tracheiden der Rindenstränge.

6. Phase: Entwicklung der Rindenstränge

Ausgehend vom Primärhaustorium entwickeln sich in longitudinaler Richtung Rindenstränge, von denen Sekundärhaustorien in radialer Richtung zum sekundären Xylem des Wirtes vorgetrieben werden. Die Rindenstränge besitzen sowohl Phloem als auch Xylem (SALLÉ, 1976a). Das Phloem besteht wie bei anderen autotrophen Phanerogamen aus zellkernlosen Siebelementen und zellkernhaltigen Begleitzellen mit dichtem Zytoplasma (s. Abb. 22). Eine Verbindung zwischen Wirts- und Parasitensiebröhren konnte weder für Viscum album (SALLÉ, 1976b), noch für Phoradendron flavescens (CALVIN, 1967) beobachtet werden.

Die Rindenstränge besitzen eine subterminale meristematische Zone, die von langgestreckten Zellen umgeben ist. Letztere sezernieren eine schleimige polysaccharidhaltige Masse, die die meristematische Zone schützt und das Ausbreiten der Rindenstränge im Wirtsgewebe erleichtert (THODAY, 1951; SALLÉ, 1976b). Damit ist die langgestreckte Zellschicht vergleichbar mit der Wurzelhaube autotropher Pflanzen. Allerdings besitzen die Rindenstränge der Mistel weder einen Perizyzel noch eine Endodermis. Die kollaterale Anordnung von Phloem und Xylem (SALLÉ, 1976a) entspricht der Sproßanatomie autotropher Pflanzen. Demnach sind die Rindenstränge weder eindeutig mit Wurzeln noch mit Sprossen nichtparasitischer Pflanzen zu homologisieren.

Durch histoaudiographische und zytophotometrische Messungen wurden die Spitzen

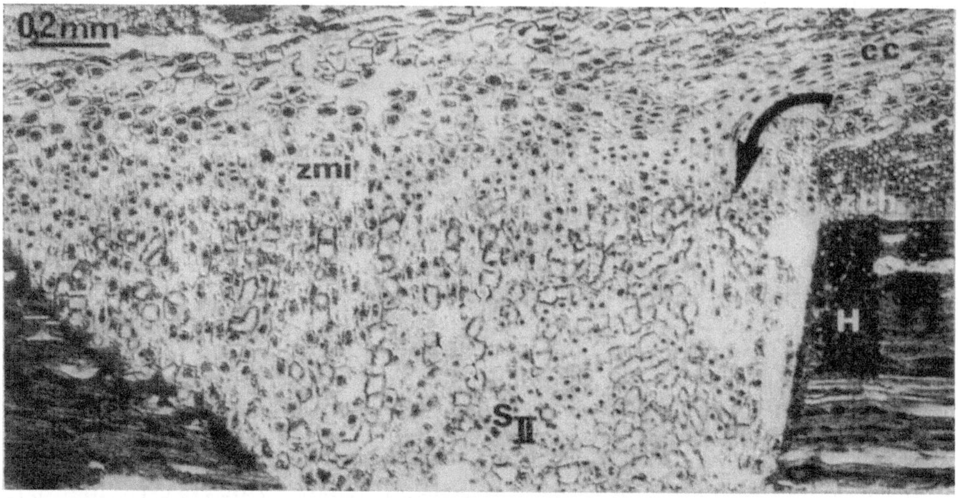
0,2 mm
cc
zmi
H
SII

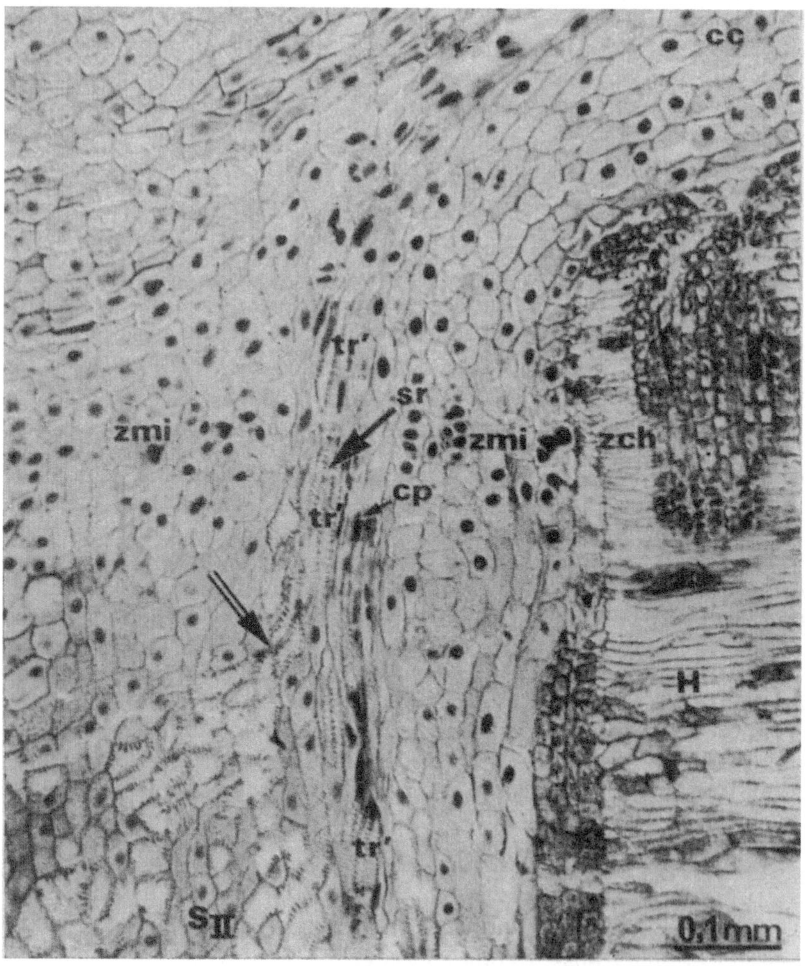
cc
tr'
sr
zmi
zmi
zch
cp
tr'
H
tr'
SII
0,1 mm

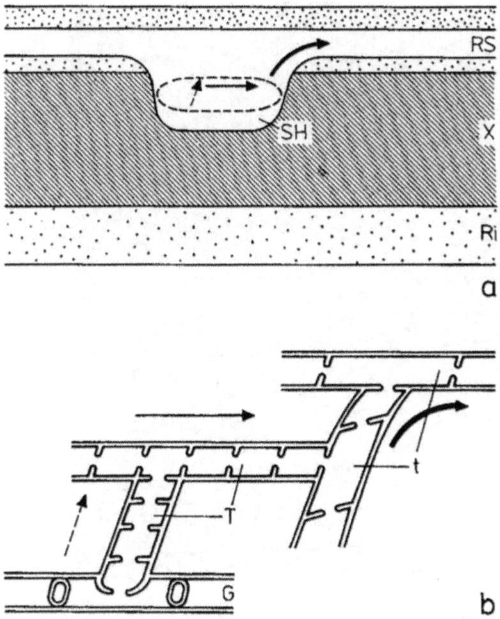

Abb. 21 Lage der Rindenstränge und Sekundärhaustorien im Wirtsgewebe (a) und Darstellung des Stofftransports vom Wirt zu den Rindensträngen (b) (nach SALLÉ, 1979a, b, verändert).

Ri = Rinde des Wirtes, RS = Rindenstrang, SH = Sekundärhaustorium, X = Wirtsxylem, G = Wirtsgefäß, T,t = Tracheen und Tracheiden der Mistel. Unterbrochener Pfeil: axialer Transport; dünner Pfeil: lateraler Transport; dicker Pfeil: Transport im „Radialen System" und in den Rindensträngen

der Rindenstränge auf ihre Zellteilungsaktivität untersucht (SALLÉ, 1978). Dabei zeigte sich, daß die DNA-Synthese und die mitotische Aktivität der subapikalen meristematischen Zellen während des ganzen Jahres konstant blieben. Ihr Kern-DNA-Gehalt schwankt von 2C bis 4 C Werten. Die verlängerten Zellen, die die meristematische Zone umgeben (SALLÉ, 1976b) teilen sich nicht mehr. Sie verbleiben in der G_1-Phase des Zellzyklus (SALLÉ, 1978). Im Gegensatz zu anderen Sekretzellen in Angiospermen (D'AMATO, 1952) bleiben die sekretierenden verlängerten Zellen der Rindenstränge von Viscum album diploid.

A. V. Viscum album als Schad- und Nutzpflanze

Loranthaceae und Viscaceae können an befallenen Wald-, Zier- und Obstbäumen auf vielfältige Art Schäden hervorrufen. HAWKSWORTH (1983) nennt folgende Möglichkeiten, die je nach Befallsstärke mehr oder minder deutlich auftreten können:

1. Sie beeinträchtigen die Höhe und den Durchmesser.
2. Sie setzen die Vitalität des Wirts herab.
3. Sie rufen eine vorzeitige Mortalität hervor.
4. Sie mindern die Qualität und die Quantität des produzierten Holzes.
5. Sie mindern den Fruchtansatz der infizierten Bäume.
6. Sie bereiten den Boden für den Angriff anderer Schädlinge, wie z. B. Insekten und Pilze.

All diese Punkte treffen auch für Viscum album zu (GUINIER, 1934; PETER-CONTESSE, 1937; PLAGNAT, 1950; POURTET, 1961). CERVERA und VILLAESCUSA (1977) schätzen, daß von Misteln befallene Tannen ein um 42% geringeres Dickenwachstum haben. In manchen Fällen, wenn die Mistel weite Bereiche der Baumkrone eingenommen hat, kommt es auch zum Absterben der Wirtsbäume, insbesondere dann, wenn ungünstige klimatische Faktoren, wie z. B. eine Trockenperiode eintreten (BROSSIER, 1969). Während es sich bei den oben zitierten Arbeiten

---

Abb. 20 Schnitt (longitudinal-radial) durch einen mistelbefallenen Apfelzweig. Zwischen Rindenstrang (cc) und Sekundärhaustorium (sII) verläuft das radiale System (dicker Pfeil oben). Zwischen dem radialen System und den Tracheiden des Sekundärhaustoriums (offener Pfeil unten) besteht Kontinuität.

H = Wirt, cc = Rindenstrang, zmi = sek. Kambium der Mistel, zch = Kambium des Wirtes, sr = radiales System, tr = Tracheiden, cp = parenchymatische Zelle des radialen Systems (Aufnahme SALLÉ)

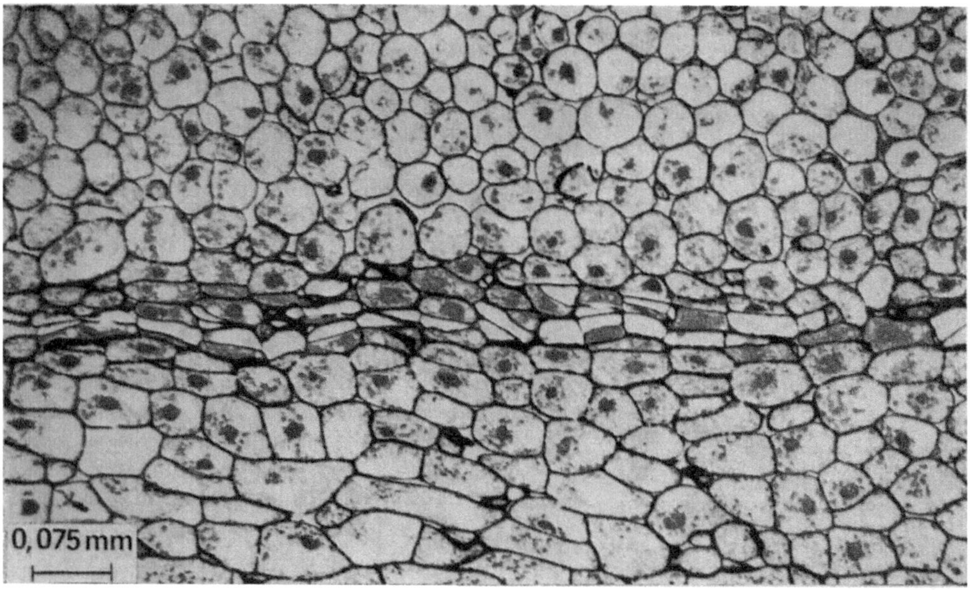

Abb. 22 Schnitt (longitudinal-tangential) durch einen Rindensaugstrang mit zwei zentralen Zellarten
Kernlose, plasmaarme Zellen (= Siebzellen) und kernhaltige, plasmareiche Zellen (= Begleitzellen) (Aufnahme SALLÉ)

um Beobachtungen und retrospektive Studien handelt, liegen experimentelle Daten zum Einfluß von Misteln auf das Wachstum und den Fruchtertrag von jungen Apfelbäumen vor (PRESTON, 1977). Dazu wurde die Sorte „Discovery", die auf verschieden gut wüchsigen Unterlagen aufgepfropft worden war, künstlich mit Misteln infiziert. Um vergleichbare Bedingungen zu haben, wurden zweijährige Pflanzen bis auf vier Äste zurückgeschnitten und mit je 10 Mistelsamen beimpft. Bei 11 Jahre alten Bäumen ergaben sich die in Tabelle 6 wiedergegebenen Veränderungen im Wachstum der infizierten Bäume gegenüber den Kontrollen. Daraus ist zu ersehen, daß der Stammdurchmesser und der Kronendurchmesser bei allen Unterlagen mit Ausnahme der sehr schnellwüchsigen Unterlage M.25 durch den Mistelbefall reduziert wurde. Am stärksten war diese Reduktion jeweils bei der geringwüchsigen Unterlage M.9 ausgeprägt. Auch der Fruchtertrag der Bäume wurde durch die Misteln stark vermindert, bei den beiden langsamwüchsigen Unterlagen um über 50 %, bei den schnellwüchsigen Unterlagen um 39 % (M.M.111) bzw. um 7 % (M.25). Der experimentelle Ansatz war andererseits dazu geeignet, den Einfluß des Wirtsbaumes auf das Mistelwachstum zu testen. Nimmt man als Maß für den Mistelbefall das Frisch-

Tabelle 6 Prozentuale Veränderung des Wachstums und des Fruchtertrags 11 Jahre alter Apfelbäume der Sorte „Discovery", die im Alter von 2 Jahren künstlich mit Mistelsamen infiziert worden waren, gegenüber unbehandelten Kontrollen

Unterlagen[1]	M. 9	M. 26	MM. 111	M. 25
Stammdurchmesser	—22	— 8	— 5	unverändert
Baumhöhe	—10	+10	unverändert	—5
Kronendurchmesser	—31	—20	—26	unverändert
Fruchtertrag[2]	—53	—56	—39	—7

[1] Verschiedene Unterlagen (M) geordnet nach steigender Wüchsigkeit (M 25 – größte Wüchsigkeit).
[2] Berechnet als Fruchtgewicht (nach PRESTON, 1977, verändert).

Tabelle 7 Frischgewicht von Misteln die auf Apfelbäumen der Sorte „Discovery" gewachsen waren. Alter der Bäume 11 Jahre, Alter der Misteln 9 Jahre

Unterlage[1]	M. 9	M. 26	MM. 111	M. 25
Mistelfrischgewicht pro Baum (kg)	2,85	3,82	3,32	1,67
Mistelfrischgewicht (g pro cm^2 Stammdurchmesser)	147	100	34	10

[1] Verschiedene Unterlagen geordnet nach steigender Wüchsigkeit (nach PRESTON, 1977).

gewicht pro Baum (Tab. 7), so ergibt sich ein uneinheitliches Bild. Zwar tragen die Bäume der langsamwüchsigen Unterlage M.9 mehr Misteln als die der schnellwüchsigen Unterlage M.25, jedoch lassen sich die beiden mittelwüchsigen Unterlagen nicht in diesen Trend einordnen. Bringt man jedoch das Mistelgewicht in Beziehung zum Stammdurchmesser, so ergibt sich eine fallende Linie von der langsamwüchsigen zur schnellwüchsigen Unterlage. Die vom Autor weiter vorgenommene Auswertung des Gewichts der Mistelbeeren pro Wirtsbaum ergibt zwar einen ähnlichen Trend, dürfte aber auch davon abhängen, wie die zufällige Verteilung der männlichen und weiblichen Büsche auf den Bäumen ist; sie wurde deshalb bei der Wiedergabe der Tabelle 7 weggelassen.

Wegen der eingangs zitierten Forstschäden wurden auch Versuche unternommen, die Mistel durch chemische Methoden zu zerstören, ohne die befallenen Wirtsbäume zu schädigen. DELABRAZE und LANIER (1972) sprühten verschiedene Wachstumsregulatoren und Herbizide (2,4-D; 2,4-MCPB; 2,4,5-T; Chloro-2-Ethylphosponsäure) auf Mistelbüsche oder in die Wirtssprosse. Sechs Monate später stellten sie ein Braunwerden oder gar das Absterben der Mistelbüsche fest. Nach 5 Jahren wurde erneut die Wirkung der Behandlung überprüft (FROCHOT und DELABRAZE, 1979). Das Ergebnis hing von der Art der Substanzen, der Methode und der Anwendungszeit ab. In einigen Fällen konnte ein dauerhafter Erfolg für 2,4-MCPB und 2,4,5-T beobachtet werden, wenn sie auf die Nadeln des Wirtsbaumes im Frühjahr (April) gesprüht worden waren oder wenn sie Ende des Sommers (September) in den Wirtssproß injiziert worden waren. In den anderen Fällen war die Behandlung weniger wirksam und die Misteln erholten sich im Verlauf von ein bis drei Jahren nach der Behandlung. Selbst wenn die Behandlungen aufgrund der Selektivität von 2,4-MCPB und 2,4,5-T gegenüber Tannen diese nicht geschädigt haben, verbietet sich eine flächige Anwendung, da im Gegensatz dazu Laubbäume geschädigt werden. Hier bleibt nur ein Besprühen der Mistelbüsche übrig, das einerseits zu aufwendig und andererseits nicht effektiv genug ist, denn es wird teilweise nur das Mistellaub zerstört. Rindenstränge und Haustorien überleben und können in den folgenden Jahren wieder ausschlagen. Vor einer chemischen Bekämpfung durch Herbizide müßte außerdem das Umweltrisiko gegenüber dem Nutzen der besseren Verwertbarkeit des Holzes sorgfältig abgewogen werden.

Einen zunächst eigenartig erscheinenden Weg zur Bekämpfung von Loranthus europaeus, der Riemenblume, die in Eichenwäldern große Schäden anrichten kann, ziehen GRAZI und URECH (1985) in Erwägung. Sie hatten den Hyperparasitismus von Viscum album auf Loranthus europaeus untersucht und gefunden, daß Loranthus europaeus ein sehr empfänglicher Wirt für Viscum album ist. Die Infektion muß nicht „von Hand" erfolgen. Es genügt, einen Mistelbusch mit Beeren in einen Baum zu hängen; die Beeren werden dann von der Mönchsgrasmücke verbreitet. Da die Eichen selbst resistent sind, wird nur Loranthus parasitiert. Langfristig wäre zu erwarten, daß die Vermehrung von Loranthus europaeus nachhaltig zugunsten von Viscum album gebremst wird, zumal die Beeren von Loranthus europaeus bitter adstringierend schmecken und deshalb als Vogelfutter und damit als Verbreitungsvektor „zweitklassig" würden.

Ebenfalls für Loranthus europaeus wird zur Bekämpfung eine einseitige, extrem hohe Kalidüngung diskutiert (GLATZEL, 1982), die – sollte sie erfolgreich sein – auch auf Viscum album angewandt werden könnte. Diese Bekämpfungsmethode geht auf Beob-

Tabelle 8 Keimung und Manifestation von Mistelsamen auf unterschiedlichen Cultivars von Pappeln (nach SALLÉ et al., 1984, verändert)

Cultivar	Prozentualer Anteil gekeimter Samen	Prozentualer Anteil an Samen, die mindestens das erste Blattpaar entfaltet haben[1]	
	nach 5 Monaten	nach 19 Monaten	nach 41 Monaten
Fritzi Pauley	70	11	24
I 214	60	0,7	2,2
Bergerac	71	0,8	1,5
Blanc de Garonne	81	0	0

[1] Entspricht histologisch der Entwicklung des Primärhaustoriums und der Herstellung des direkten Kontakts zwischen Wirts- und Mistelxylem.

achtungen zurück (s. Kap. A. VIII.), daß Misteln Kalium extrem anreichern können, ein Effekt, der möglicherweise auf passiver Aufnahme beruht. Durch Kalidüngung könnte, vorausgesetzt die entsprechenden Wirtspflanzen nehmen ausreichend hohe Kalimengen überhaupt auf und tolerieren diese, die Verträglichkeitsgrenze für die Misteln überschritten werden.

Eine bessere Möglichkeit, um den Forstschaden durch Mistelbefall zu begrenzen, ist das Anpflanzen von resistenten Sorten bzw. das Entfernen suszeptibeler Individuen. WALLDEN (1961) hatte beobachtet, daß z. B. Bäume wie Betula verrucosa und Ulmus glabra äußerst selten von Misteln befallen werden. Wenn es jedoch geschieht, tritt der Parasit oft in Massen auf einem einzelnen Baum auf. Von Ulmus, obwohl zahlreich in einem Mistelgebiet (vorwiegend auf Tilia) vertreten, war nur ein Individuum befallen, dafür aber von zwanzig Misteln im Alter von ein bis neunzehn Jahren.

Da über den Mechanismus der Resistenz und der Suszeptibilität wenig bekannt ist, untersuchten FROCHOT et al. (1978) und FROCHOT und SALLÉ (1980) verschiedene Pappelcultivars durch künstliche Infektion mit Mistelsamen. Die Ergebnisse wurden von SALLÉ et al. (1984) zusammenfassend dargestellt*. Wie aus Tabelle 8 hervorgeht, keimen die Mistelsamen auf allen Cultivars zumindest zu 60 %.

Aber bereits bei der Entwicklung der Haftscheibe (nicht in der Tabelle aufgeführt) zeigen sich deutliche Unterschiede der einzelnen Cultivars. Während auf den ersten beiden Cultivars Haftscheiben zu über 50 % gut ausgebildet werden, liegt der Prozentsatz bei den beiden anderen Cultivars unter 30 %. Nach 41 Monaten zeigte sich, daß nur Cultivar „Fritzi Pauley“ einen hohen Prozentsatz an Misteln aufwies, die mindestens das erste Laubblattpaar entwickelt hatten, was histologisch der Entwicklung des Primärhaustoriums und der Herstellung des direkten Kontakts zwischen Wirts- und Mistelxylem entspricht. Bei den Sorten „I 214“ und „Bergerac“ erreichten dieses Stadium weniger als ein Zehntel dessen von „Fritzi Pauley“. Auf der Sorte „Blanc de

* Eine auf den Ergebnissen aufbauende amüsante Comic-Darstellung der Lebensweise und Verbreitung der Mistel ist in „la ghulotte“, Imp. jean Felix-F08400 Vowziers, Heft 48, 1981 (le Gui) und Heft 49, 1981 (Viscoglut contre Fritzi Pauley) dargestellt.

Abb. 23 Unterschiedliche Reaktionen zweier Pappelcultivars auf eine künstliche Infektion mit Misteln
a) cv. Fritzi Pauley (empfindlich). Das Haustorium ist durch die Rinde gedrungen und ist in Kontakt mit dem Wirtsholz.
b) cv. Blanc de Garonne (resistent). Das Haustorium wird von einer Phellemschicht am Eindringen in das Wirtsgewebe gehindert.
PE = Periderm, ★ polyphenolreiche Gewebeschichten, ➡ polyphenolhaltige Zellen, → Bastfasern (Aufnahme SALLÉ)

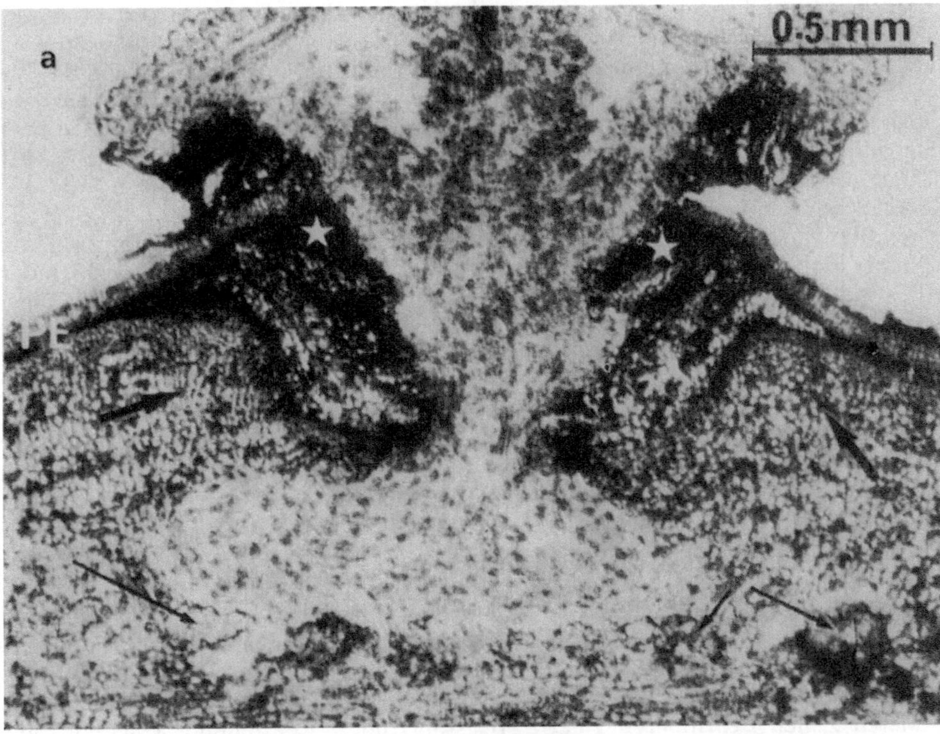
a
0.5mm
PE
E

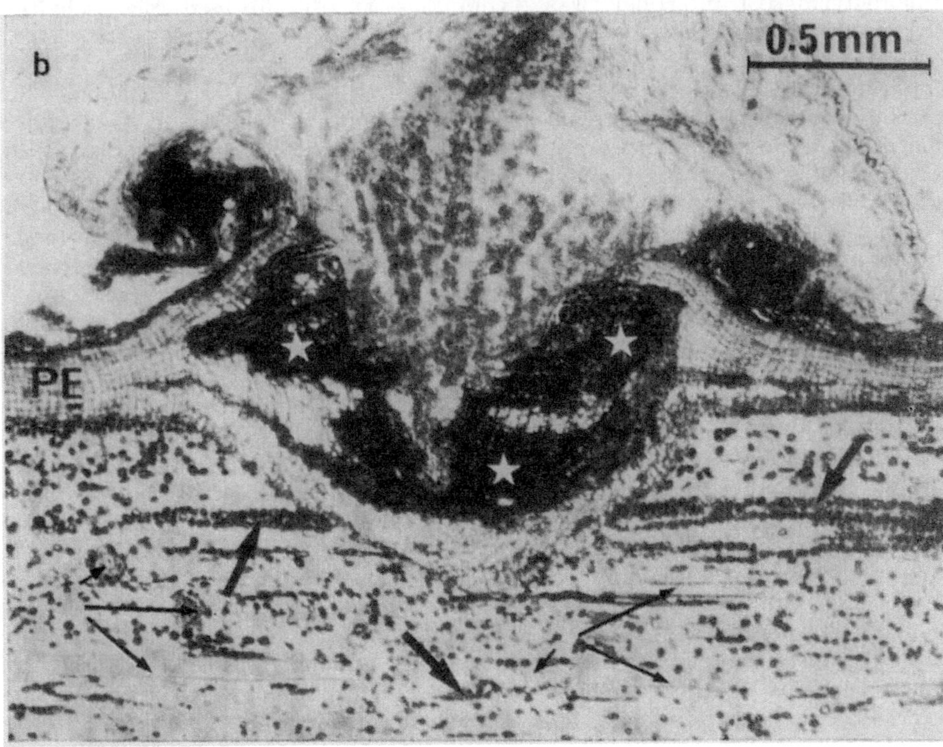
b
0.5mm
PE

Garonne“ war keine erfolgreiche Keimung bis zu diesem Stadium erfolgt; sie ist offensichtlich gegenüber Mistelinfektionen resistent.

Um Hinweise auf den Resistenzmechanismus zu bekommen, fertigten die Autoren Schnitte durch die Rinden der vier Cultivars an (s. Abb. 23). Dabei zeigte sich, daß in der Rinde von „Fritzi Pauley“ das Phellem geringer ausgebildet war als das von „Blanc de Garonne“. Des weiteren waren bei letzterem mehr Fasern vorhanden und die Zellen hatten einen bräunlichen Inhalt (Polyphenole). Die Cultivars „I 214“ und „Bergerac“ hatten ein intermediäres Verhalten. Bei Sprossen mit Mistelinfektion zeigten zunächst alle 3 Cultivars eine Trennung des Phellems durch den Mistelkeimling in eine äußere und innere Schicht. Um das junge Haustorium wurden jeweils Polyphenole im Phellem akkumuliert. Bei „Fritzi Pauley“ fand dann relativ rasch eine Durchdringung des Phellems und der polyphenolhaltigen Zone statt. Bei „Blanc de Garonne“ war die Polyphenolbildung stärker; außerdem waren die neugebildeten Zellen des inneren Phellems mit Phloroglycin/HCl anfärbbar, was auf eine Lignifizierung hinweist. Bei den beiden übrigen Cultivars, „I 214“ und „Bergerac“ variierte das histologische Bild je nachdem, ob die Infektion erfolgreich war oder nicht. Unterschiede in der Suszeptibilität einer Wirtspflanzenart hatte auch schon Paine (1950) bei künstlichen Infektionen von Birnbäumen festgestellt. Sie wurde auch bei anderen Viscaceae, z. B. bei Phoradendron tomentosum subsp. tomentosum auf Prosopis sp. festgestellt.

Interessant war in beiden Fällen, daß nicht nur Unterschiede in der Wirtssuszeptibilität zu beobachten waren, sondern daß offensichtlich auch unter den verwendeten Samen Rassen unterschiedlicher Infektiosität bestehen. Tainter (1970) und Tainter und French (1971) führen die hohe Resistenz verschiedener Koniferen gegenüber dem Befall von Arceuthobium pusillum und A. americanum auf eine Wundperidermbildung des jeweiligen Wirtes zurück. So wird z. B. beschrieben, daß Haustorien von A. pusillum, die von einer Knospe zum Wirtsholz von Larix laricina wachsen, am weiteren Wachstum durch tanninreiche Zellagen gehindert werden. In einem anderen Fall bildete die gleiche Larixart Korkgewebe um das Haustorium herum, obwohl sonst über den ganzen Querschnitt kein Kork zu erkennen war. Auch die Resistenz von Juniperus orientalis gegenüber Arceuthobium campylopodum (Jaramillo, 1980) wird auf eine Gewebsnekrose und die Ausbildung von Wundperiderm des Wirtes zurückgeführt. Der Parasit kann zwar auskeimen und dringt in die äußeren Rindenschichten ein, induziert dann aber die Wirtsreaktionen, die zur Isolierung des Parasitengewebes und schließlich zum Absterben führen. Bei suszeptibelen Pinus ponderosa Zweigen unterblieb die Ausbildung entsprechender Reaktionen. Welche der möglichen Mechanismen letztlich entscheidend für die Suszeptibilität oder Resistenz sind: a) Dicke des Phellems, b) Entwicklung des inneren Phellems, c) Sekretion von Polyphenolen oder d) Lignifizierung des inneren Phellems, müssen künftige Untersuchungen zeigen. Als Konsequenz für die Nutzholzgewinnung in Gegenden mit starkem Mistelbefall ergibt sich, nur solche Sorten anzupflanzen, die resistent oder weitgehend resistent sind, vorausgesetzt, die übrigen Eigenschaften, wie z. B. Wüchsigkeit und Holzqualität sind ebenfalls günstig.

Die Mistel ist nicht nur Schadpflanze. Für die Herstellung verschiedener Arzneimittel und Drogen wird in zunehmendem Maße pflanzliches Material benötigt (s. Kap. D.). Dieser Bedarf kann sicherlich, sofern nicht für die arzneiliche Verwendung Misteln bestimmter Wirtsbäume vorgeschrieben sind, auf absehbare Zeit durch Wildvorkommen gedeckt werden. Dagegen muß für Misteln von Wirtspflanzen, die äußerst selten befallen werden, wie z. B. Eiche, Ulme und Lärche, nach Möglichkeiten gesucht werden, den Bedarf durch Kulturmaßnahmen zu decken. Mit diesem Problem haben sich Grazi und Urech (1983) auseinandergesetzt. Im Falle der Eiche (Quercus robur und Qu. petraea), deren Misteln für gewisse Indikationsgebiete des Injektionspräparates Iscador vorgeschrieben sind, haben sie suszeptibele Eichenreiser von misteltragenden Eichen und mistelresistente Unterlagen aufgepfropft. Wurden die Pfropfreiser anschließend mit Mistelsamen infiziert, so war diese Infektion jeweils erfolgreich. Bei Eichenbäumchen, die unter einer suszeptibelen Eiche gewachsen waren, und damit höchstwahrscheinlich aus deren Samen hervorgegangen sind, betrug die Anwuchsrate der Mistel nach künstlicher Infektion mehr als 10 %. Während die beiden angeführten europäischen Eichenarten sehr resistent gegen Mistelbefall sind (Bellmann, zitiert bei Grazi und Urech, 1983, weit unter 1 %), sind etwa 10 % der amerikanischen Art Quercus rubra infizierbar. Ulmen, die aus Wurzelschößlingen von suszeptibelen Exemplaren gezogen worden waren, waren ebenfalls wieder suszeptibel. Wurden die Ulmen und Eichen in andere Gegenden verpflanzt, so behielten sie ihre Eigenschaft der Mistelsuszeptibilität bei. Daraus kann, wie auch aus den Versuchen von Sallé et al. (1984), geschlossen werden, daß es sich um genetisch fixierte Eigenschaften der jeweiligen Wirte handelt. Untersuchungen über strukturelle oder biochemische Unterschiede von suszeptibelen und resistenten Eichen und Ulmen liegen noch nicht vor.

Früher wurde verschiedentlich die Beteiligung eines „pflanzlichen Immunsystems" als Kriterium für die Duldung bzw. Abstoßung einer Mistelinfektion diskutiert. So hatte Madaus (1938) beobachtet, daß bei Keimversuchen auf Apfelbäumen im ersten Jahr nach dem Anwachsen des Mistelsamens der ganze Zweig abstirbt. Bei den folgenden angesetzten Mistelsamen und der Keimung an anderen Ästen starb nur noch der halbe Ast ab und bei einem dritten und vierten Versuch wurden alle Mistelkeime geduldet und kein Ast des Baumes starb ab. Madaus folgerte „. . . ist der Baum immun und trägt so viele Misteln als man aufimpft."

Paine (1950) beschrieb zwei gegenläufige Reaktionen bei der Infektion von Birnbäumen mit Mistelbeeren verschiedener Herkunft. Obwohl innerhalb einer Mistelart, z. B. Birne, die toxisch hypertrophen Reaktionen bei Infektionsversuchen in drei aufeinanderfolgenden Jahren von 15,6 % über 21,9 % bis zu 33 % zunahmen, stiegen gleichzeitig die Anwachsraten. Dies zeigt, daß die Annahme des Auftretens einer erworbenen Immunität gegenüber Infektionen und toxischen Schädigungen, wie sie u. a. durch Heinricher (1929) vertreten worden war, einer erneuten experimentellen Überprüfung nicht standhielt.

Häufig wurde beobachtet, daß Misteln auf ausländischen Arten einer Gattung, wie z. B. Quercus rubra oder Aesculus discolor, wesentlich verbreiteter sind als auf den entsprechenden einheimischen Arten (Stopp, 1961; Luther, 1982). Für Stopp (1961) „. . . wäre es bestechend anzunehmen, unsere Gattungsgenossen hätten ‚Erfahrungen' mit dem Schmarotzer hinter sich, die zur Immunität führen".

Inwieweit Lektine eine Rolle bei solchen scheinbaren Immunreaktionen bei Pflanzen spielen, ist noch unklar. Interessant scheinen dazu Arbeiten von Jermyn (1975), der die lektinhaltigen Pflanzen Vicia faba und Cajanus cajan untersuchte und fand, daß die Lektine der entsprechenden Pflanzen mit Extrakten der Mutterpflanze anders reagierten als mit anderen Pflanzen der gleichen Art. Jermyn vermutet, daß die untersuchten Pflanzen mit Hilfe des Lektins zwischen „selbst" und „nicht selbst" unterscheiden können.

Schließlich könnte die Mistel-Wirts-Reaktion physiologisch auf einer Elicitor-Phytoalexin-Reaktionsfolge beruhen (Übersicht z. B. Ebel, 1984). Danach wäre zu prüfen, ob auf einen stofflichen Reiz (Elicitor), der von der Mistel ausgeht, in der Wirtspflanze die Synthese von Substanzen (Phytoalexine) induziert wird, die das weitere Wachstum der Mistel hemmen. Der Unterschied resistent und suszeptibel läge darin, daß durch genetische Veränderungen entweder der Elicitor nicht mehr erkannt würde oder die Synthese des Phytoalexins gehemmt wäre.

A. VI.
In-vitro-Kultur von Viscum album

Pflanzliche Zellkulturen stellen geeignete Versuchsobjekte für zahlreiche Fragestellungen dar, bei denen differenzierte Pflanzen zu komplex sind. Aus pharmazeutischer Sicht ist insbesondere die mögliche Gewinnung von Arzneistoffen durch solche Kulturen interessant (z. B. Alfermann, 1983). Diese Art der Produktion bietet gegenüber dem herkömmlichen Verfahren, die Stoffe aus Pflanzen zu gewinnen, eine Reihe von Vorteilen: u. a. gute Steuerbarkeit, Unabhängigkeit von Klima, Abwesenheit von Schädlingen. Bei der Mistel kommen noch eine Reihe weiterer Faktoren dazu, die dafür sprechen, Zellkulturen davon anzulegen und sie auf entsprechende Inhaltsstoffe zu untersuchen.

Wegen ihrer parasitischen Lebensweise kann man die Mistel nicht im üblichen Sinne anpflanzen. Zwar sind künstliche Infektionen möglich und werden auch zur Sicherung eines Bedarfs vorwiegend seltener Herkünfte (z. B. Eiche, Ulme, s. Kap. D. II.) durchgeführt, jedoch dauert es von der „Aussaat" bis zur Ernte verwertbarer Mengen mindestens acht Jahre. Auch eine Hydrokultur ist nicht möglich, da die Mistel losgelöst vom Wirtsbaum sehr rasch welkt und ihre Blätter abwirft.

Dies veranlaßte uns (Becker und Schwarz, 1971; Becker, 1973), Versuche zur In-vitro-Induktion eines Callus (Wundgewebe) von der Mistel zu unternehmen, um daraus eine Zellkultur zu etablieren. Die Versuche schienen durchaus erfolgversprechend, zumal von anderen Parasiten In-vitro-Kulturen in der Literatur beschrieben waren, z. B. Cuscuta campestris (Loo, 1946), Santalum album (Rao und Rangaswamy, 1971). Selbst von Früchten, Samen, Embryonen und Endosperm verschiedener Loranthaceae und Viscaceae waren In-vitro-Kulturen beschrieben worden (u. a. Bajaj, 1970; Bhojwani und Johri, 1970; Nag und Johri, 1970; Bonga, 1971).

Als Ausgangsmaterial dienten zunächst frisch geerntete Zweige der Laubholzmistel (gewachsen auf Pappeln und Apfelbäumen) und der Kiefernmistel, unterteilt in 2 cm lange Stengelstücke mit und ohne Knospen und Blätter sowie Beeren unterschiedlichen Reifegrades. Die oberflächendesinfizierten Pflanzenteile wurden auf einen Nährboden nach Murashiga und Skoog (1962) mit unterschiedlichen Wuchsstoffen (α-Naphthylessigsäure, β-Indololylessigsäure, 2,4-Dichlorphenoxyessigsäure, Kinetin) gebracht.

Die Stengelstücke und Blätter zeigten auf dem Nährboden innerhalb von drei Monaten weder eine Wachstumsreaktion noch eine Callusbildung. Die ausgesetzten Beeren und Samen keimten normal aus. Bei unreifen Beeren, die Anfang Oktober ausgesetzt worden waren, bildete sich aus dem Mesokarp ein Callus, der nach 14 Tagen zu verschleimen begann.

Bei den Knospen zeigten sich deutliche Wachstumsreaktionen, die zunächst zu einem starken Anschwellen führten. Waren die jungen Blattanlagen zuvor entfernt worden, so bildete sich an der Trennfläche ein Wundgewebe aus. Die mit Wirtsholz ausgesetzten Rindenwurzeln bildeten einen gut sichtbaren Callus. Durch mikroskopische Beobachtungen von Handschnitten konnte eindeutig gesichert werden, daß dieser Callus dem Mistelgewebe entsprang. Das Wirtsholz selbst proliferierte nicht. Am deutlichsten war eine Callusbildung bei Primärsenkern der Kiefernmistel, die ohne Wirtsholz kultiviert worden waren. Somit war gezeigt worden, daß unter gewissen Voraussetzungen eine Callusinduktion erzielt werden konnte (Becker und Schwarz, 1971). Aus diesen Primärcalli konnte jedoch in keinem Fall eine permanente Zellkultur erhalten werden. Da vermutet wurde, daß für die Weiterkultivierung bestimmte, bisher nicht erkannte Stoffe im Medium fehlen, die bei parasitischer Lebensweise von der Wirtspflanze aufgenommen werden, wurde auch mit komplexen Medien und mit Ammengewebe gearbeitet (Becker, 1973). Als komplexer Zusatz wurde Kokosnußmilch allein oder mit Wuchsstoffen verwendet, da sich bei anderen Kulturen (z. B. Steward und Caplin, 1951) gezeigt hatte, daß dadurch das Calluswachstum gefördert wurde. Durch diesen Zusatz konnte zwar eine bessere Entwicklung der Mistelkeimlinge und gelegentlich Callusinduktion erreicht werden, aber ebenfalls kein fortgesetztes Wachstum.

Einzelzellen verschiedener Pflanzen können erfolgreich auf einem konditionierten Medium gehalten werden. Die Konditionierung wird erreicht, indem das Ammengewebe in Nachbarschaft der Zellen herangezogen wird oder indem das Gewebe für einige Zeit kultiviert und dann wieder entfernt wird. Für die Konditionierung war es bei den Untersuchungen von Benbadis (1968) unerheblich, ob das Ammengewebe der gleichen Pflanze oder einer anderen Pflanze entstammte. Entsprechende Versuche, bei denen Mistelkeimlinge alternierend auf wuchsstoffhaltigen Agar mit Aniscallus gesetzt wurden oder direkt auf den Callus aufgesetzt wurden, u. a. Apfelmistelsamen auf Apfelcallus, führten ebenfalls nicht zu einer permanenten Mistelzellkultur.

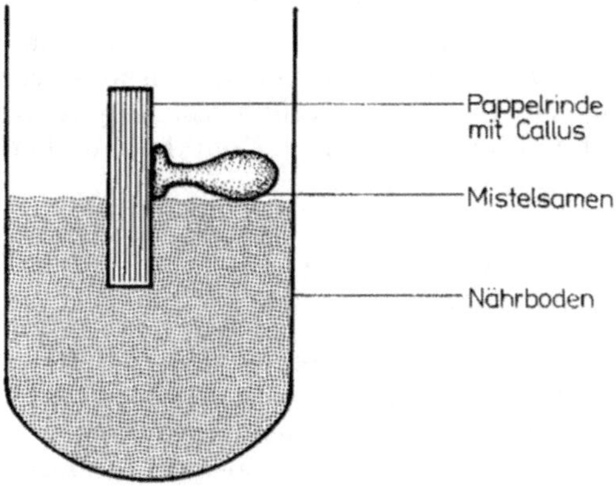

Abb. 24 Versuchsanordnung zur Kultur von Mistelkeimlingen mit Pappelrinde

In einem letzten Versuch wurde versucht, die natürlichen Verhältnisse dadurch nachzuahmen, daß Mistelkeimlinge in ihrer natürlichen Anordnung nachgeahmt wurden (s. Abb. 24). Dabei kam es nicht einmal zur Ausbildung von Haftscheiben, und es bildete sich trotz der Konditionierung mit dem Wirtsgewebe kein Callus aus.

A. VII.
Einfluß von Mistelextrakten auf das Wachstum von anderen Pflanzen und Pflanzenzellen

Zwar stehen experimentelle Modelle an tierischen und menschlichen Zellen zur Testung von Mistelextrakten wegen möglicher therapeutischer Relevanz im Vordergrund (s. Kap. C. V.–IX.), doch gibt es auch einige Untersuchungen zum Einfluß von Mistelextrakten und Mistelfraktionen auf Pflanzen und Pflanzenzellen. Madaus (1932) prüfte Mistelbrei (aus frischen Mistelzweigen und -blättern hergestellt) an pflanzlichen Wunden. Zu diesen Versuchen wurde er durch Beobachtungen veranlaßt, daß die Mistel selbst bei Verletzungen kein Wundkork bildet. Er kam dabei zu dem Ergebnis, daß der Brei aus frischer Mistel einen Stoff enthält, der die normale Wundheilung an den untersuchten Pflanzen und Pflanzenteilen dadurch verhindert, daß er auch in die nicht verletzten Zellen am Wundrand eindringt und diese zum Absterben bringt.

Havas (1936) hat den Einfluß von Mistelextrakten auf das Wachstum von Tumoren an Tomaten und Ricinus, welche mit Agrobacterium tumefaciens induziert worden waren, untersucht. Am wirksamsten war eine sogenannte Doppelbehandlung, zunächst wurden die Tumore mit einem Mistelbrei (hergestellt durch Verreiben der Mistel in einem Mörser) bestrichen und dann mehrmals mit einem 20%-Extrakt eingepinselt. Havas konnte damit bei beiden Pflanzen eine Reduktion des Tumorgewichts gegenüber den Kontrollen um mehr als 95% erreichen. Der gleiche Autor (Havas, 1937) hat dann den Einfluß von Mistelsaft und Colchicin auf die Keimung von Erbsen untersucht. Er fand dabei eine synergistische Wirkung hinsichtlich der durch Colchicin verursachten Hemmung des Wurzelwachstums nach 5–6 Tagen durch Mistelsaft. Akatrinei (1966, 1969) untersuchte die Wirkung von Mistelextrakten und Mistelfraktionen auf die Wurzelspitzen von Allium cepa und Pollenkornmutterzellen von Lilium candidum. Dabei stellte er u. a. für Viscotoxin, das nach der Methode von Winterfeld (1952) hergestellt worden war, Chromosomenaberration bei Allium cepa fest.

In jüngster Zeit wurden Untersuchungen an pflanzlichem Material mit Mistelextrakten und fermentierten Mistelextrakten bzw. Mistelpräparaten von Sallé (1980), Schröder (1982) und Baudino (1985) durchgeführt. Sallé (1980) fand, daß das Präparat Iscador (s. Kap. D.) dosisabhängig das Wachstum von Linsenwurzeln hemmt. Die Hemmwirkung stieg im Konzentrationsbereich von 1–10 mg/ml Iscador stark an und erreichte bei 20 mg/ml ein Maximum. Die toxische Dosis lag bei etwa 40 mg/ml. Die Hemmung war nach der Behandlung reversibel, falls Iscador (10 mg/ml) durch destilliertes Wasser ersetzt wurde.

Ein nicht durch Fermentation hergestelltes Handelspräparat (Helixor) hemmt das Wachstum von crown-gall-Tumoren bei Kalanchoe daigremontiana und Vicia faba (Schröder, 1982). Der Hemmeffekt war auch hier dosisabhängig (im Bereich von 1,4–17,4 mg/ml). Die maximale Hemmung auf das Tumorwachstum bei Kalanchoeblättern betrug 12 Tage nach Applikation von 17,4 mg/ml Helixor am Inokulum 34 bis 40%. Zwischen den Extrakten von Misteln verschiedener Wirtsbäume (Abies, Malus und Pinus) war kein Unterschied in der Hemmwirkung festzustellen. Die Mistelextrakte haben keinen Einfluß auf die induzierenden Bakterien. Im Gegensatz zu den Ergebnissen von MADAUS (1932) wurde bei Kalanchoe kein Einfluß des Mistelextrakts bis zu einer Konzentration von 23,5 mg/ml auf die normale Wundbildung beobachtet. Da die Hemmung durch Zugabe von D-Galaktose rückgängig gemacht werden kann, vermutet der Autor eine Lektinwirkung. Dafür spricht auch, daß durch Erhitzen des Mistelextraktes die Hemmwirkung verlorengeht (s. Kap. C. IV.).

BAUDINO (1985) fand, daß die bereits von SALLÉ (1980) beschriebene Wachstumshemmung von Iscador auf Linsenwurzeln stärker ist, als die eines entsprechenden frischen unfermentierten Mistelextrakts. Auf das Coleoptilenwachstum von Getreide hatte Iscador keinen Einfluß. Die von HAVAS (1936) beschriebene Wachstumshemmung auf crown-gall-Tumoren von intakten Pflanzen war zwar mit Iscador und Extrakt nachweisbar, jedoch sehr schwach. Eine 10%ige Iscador-Lösung hemmt sehr viel stärker das Wachstum von crown-gall-Gewebekulturen von Parthenocissus tricuspidata (90% Hemmung) als das von nicht tumoralen Gewebekulturen der gleichen Pflanze (32% Hemmung). Die Autorin (BAUDINO, 1985) diskutiert deshalb die Möglichkeit, auf diesen Ergebnissen einen Biotest für Iscador an crown-gall-Gewebekulturen aufzubauen. Nach ersten Versuchen über die stoffliche Grundlage der Wachstumshemmung muß mit mindestens zwei Hemmstoffen gerechnet werden, einem mit einem Molekulargewicht über 12000 und einem mit einem Molekulargewicht unter 1000.

A. VIII. Mineralstoff- und Wasserhaushalt der Misteln

In einer Übersicht über den Mineralstoff- und Wasserhaushalt mistelbefallener (Loranthus europaeus) Eichenbestände stellt GLATZEL (1982) folgende Arbeitshypothese auf, die auch für Viscum album zutrifft:

- Es besteht Xylemkontinuität zwischen Wirt und Mistel durch Anzapfung der Xylemelemente des Wirtes.
- Die Symplasten des Wirtes und der Mistel sind streng getrennt. Phloemelemente sind im Haustorium von Loranthus europaeus spärlich (V. album, s. Kap. A. I.) und stehen in keinem Kontakt mit dem Phloem des Wirtes.
- Zwischen Wirt und Mistel findet kein nennenswerter Austausch von Photosyntheseprodukten statt.

Damit ist bei der Untersuchung des Mineralstoff- und Wasserhaushaltes im Bereich des Haustoriums mit keiner aktiven Beeinflussung des Xylemtransportes durch lebende Membranen zu rechnen. Für die Mineralstoffversorgung der Mistel ist daher in erster Linie der Massenfluß der Mineralstoffe mit dem Xylemwasser, aber möglicherweise auch aktive Aufnahme aus dem „free space" der Verwachsungsschicht durch Mistelparenchymzellen in Betracht zu ziehen (LAMONT und SOUTHALL, 1982).

Neben GLATZEL (1982) haben FISCHER (1983) und LAMONT (1983) neuere Übersichten über den Wasserhaushalt und die mineralische Ernährung der Misteln (im weiteren Sinne) gegeben. In der Regel ist der Mineralstoffgehalt in den Misteln wesentlich höher als in den jeweiligen Wirtsorganen. Die entsprechenden Verhältniszahlen für Viscum album wurden den Tabellen von LAMONT (1983) entnommen, durch die Na-Werte von SCHULZE et al. (1984) ergänzt und in Tabelle 9 zusammengefaßt. Ein Vergleich der Verhältniszahlen und nicht etwa absoluter Zahlen erscheint deshalb sinnvoll, weil die verschiedenen Untersucher ihre Ergebnisse mit sehr unterschiedlichen Methoden erhalten haben. Die größten Unterschiede zwischen Mistel und Wirt wurden beim Kaliumgehalt bei infizierten Nadelbäumen beobachtet. Lediglich beim Calcium wurden gelegentlich Verhältniszahlen kleiner 1 gefunden, d. h., daß der Calciumgehalt der Mistelzweige bzw. -blätter geringer war als der der Wirte. Ähnliche Verhältnisse wurden auch für andere Viscaceae und Loranthaceae gefunden (z. B. GLATZEL, 1983; für Loranthus europaeus auf Quercus petraea). GLATZEL (1983) deutet die unterschiedlich starke Akkumulation von Calcium und Kalium in L. europaeus, die auch in V. album gefunden wurde, folgendermaßen: Calcium

Tabelle 9 Verhältnis einiger Mineralien zwischen Mistel und Wirtspflanze, bezogen auf das jeweilige Trockengewicht
a: Mistel/befallener Wirtszweig; b: befallener Wirtszweig/nicht befallener Zweig; c: Mistel/nicht befallener Zweig (Zusammenstellung nach LAMONT; ergänzt durch Daten von SCHULZ et al., 1984)

Wirtspflanzen	Pflanzenteil	Verhältnis			Literatur
		a	b	c	
Phosphor					
Juglans nigra	Blätter	2,52	0,85	2,14	MUNTEANU-DELIU (1974)
	Stengel	9,68	0,63	6,13	MUNTEANU-DELIU (1974)
Populus tremula	Blätter	2,62	0,92	2,41	MUNTEANU-DELIU (1974)
	Stengel	2,01	0,75	1,51	MUNTEANU-DELIU (1974)
Pyrus malus	Blätter	6,61	–	–	NICOLOFF (1923)
Stickstoff					
Pyrus malus	Blätter	5,65	–	–	NICOLOFF (1923)
Kalium					
Acacia spec.	Ast	–	–	7,20	BORESCH (1935)
Juglans nigra	Blätter	2,66	0,91	2,41	DELIU (1974)
Pyrus malus	Blätter	7,80	–	–	NICOLOFF (1923)
Pinus spec.	Ast	–	–	20,59	BORESCH (1935)
Populus nigra	Ast	2,55	1,38	3,52	HORAK (1974)
Populus tremula	Blätter	3,21	0,90	2,90	DELIU (1974)
	Stengel	2,59	0,82	2,12	DELIU (1974)
Populus spec.	Ast	–	–	2,74	BORESCH (1935)
Salix spec.	Ast	–	–	2,29	BORESCH (1935)
Abies alba	Ast	12,99	0,66	8,57	HORAK (1974)
Calcium					
Acacia spec.	Ast	–	–	0,68	BORESCH (1935)
Pyrus malus	Blätter	0,29	–	–	NICOLOFF (1923)
Pinus spec.	Ast	–	–	1,17	DELIU (1974)
Populus spec.	Ast	–	–	0,56	DELIU (1974)
Populus spec.	Ast	2,33	1,26	2,94	HORAK (1974)
Salix spec.	Ast	–	–	0,25	BORESCH (1935)
Abies alba	Ast	6,28	0,41	2,58	HORAK (1974)
Magnesium					
Acacia spec.	Ast	–	–	2,77	BORESCH (1935)
Pyrus malus	Blätter	–	–	2,48	NICOLOFF (1923)
Pinus spec.	Ast	–	–	1,81	BORESCH (1935)
Populus nigra	Ast	1,88	1,27	2,39	HORAK (1974)
Populus spec.	Ast	–	–	1,28	BORESCH (1935)
Salix spec.	Ast	–	–	1,07	BORESCH (1935)
Abies alba	Ast	1,90	1,37	2,60	HORAK (1974)
Natrium					
Populus nigra	Ast	3,00	1,00	3,00	HORAK (1974)
Abies alba	Ast	1,43	1,40	2,00	HORAK (1974)
Pinus sylvestris	Blätter	7,3	–	–	SCHULZE et al. (1984)
Abies pectinata	Stiel	–	–	1,23	JADIN und ASTRUC (1913)
Crataegus monogyna	Stiel	–	–	1,04	JADIN und ASTRUC (1913)
Pyrus malus	Stiel	–	–	4,13	JADIN und ASTRUC (1913)
Populus nigra	Stiel	–	–	3,35	JADIN und ASTRUC (1913)
Quercus palustris	Stiel	–	–	3,08	JADIN und ASTRUC (1913)
Robinia pseudo-acacia	Stiel	–	–	0,58	JADIN und ASTRUC (1913)
Sorbus aucuparia	Stiel	–	–	1,13	JADIN und ASTRUC (1913)

wird im Xylem transportiert, dagegen nicht im Phloem. Unterschiede zwischen Wirt und Mistel geben dann Unterschiede in der Transpirationsrate wieder. Kalium wird dagegen sowohl im Xylem als auch im Phloem transportiert. Für die Wirtspflanze bedeutet dies, daß Kalium, das mit dem Transpirationsstrom in das Wirtsgewebe gelangt ist, über das Phloem und die vom Phloem versorgten Gewebe wieder zurück zum Xylem transportiert wird. Damit erfolgt ein ständiger Kreislauf innerhalb des Wirtsgewebes. Da zwischen Wirt und Mistel jedoch nur Xylemverbindung besteht, verbleibt einmal in die Mistel gelangtes Kalium darin und wird nur innerhalb der Mistel umverteilt. Die Mistel würde demnach als eine passive Kaliumfalle dienen, die an den Xylem-Phloem-Kreislauf des Wirtes angeschlossen ist.

Die Entnahme von Mineralstoffen durch die Mistel aus dem Wirtsxylem macht sich auch dadurch bemerkbar, daß der befallene Ast des Wirtes häufig einen geringeren Mineralstoffgehalt hat als ein nicht befallener Ast des gleichen Baumes (Spalte b in Tab. 9).

Wahrscheinlich wird mit dem Transpirationsstrom auch organisch gebundener Stickstoff in Form der Amide Asparagin und Glutamin vom Wirt zur Mistel transportiert. Die Frage, ob die Mistel von dieser organisch gebundenen Stickstoffversorgung abhängig ist, etwa dadurch, daß entsprechende Enzyme zur Ammoniumassimilation fehlen, hat Kretovic et al. (1965) untersucht. In Mistelsprossen, die mit $^{15}NH_4H_2PO_4$ gefüttert worden waren, konnte gezeigt werden, daß diese in der Lage waren, NH_4 in Glutamin einzubauen. Damit muß die Mistel auch in dieser Beziehung als selbständige Einheit angesehen werden.

Aus den zuvor aufgeführten Fakten kann man schließen, daß die Mistel ein Wasser- und Nährsalzparasit ist. Es müßte also gelingen, einen Mistelzweig ebenso wie den Zweig eines Strauches oder Baumes in abgeschnittenem Zustand in Wasser oder Nährsalzlösung über einen Zeitraum von ein bis zwei Wochen am Leben zu erhalten. Dies gelingt jedoch nicht. Trennt man einen Mistelzweig von seiner Unterlage – selbst wenn man so schneidet, daß eine Luftembolie ausgeschlossen ist – und stellt ihn bei Zimmertemperatur in Wasser, so welkt er bereits nach 3–4 Tagen. Andererseits beobachteten wir, daß ein Mistelzweig, der noch mit der Unterlage verwachsen war, länger als einen Monat überlebte, wenn man den abgeschnittenen Ast der Unterlage in Wasser stellte. Während dieser Zeit entfalteten sich in einem Fall sogar die Blätter der jüngsten Sprosse (Becker, 1973).

Es liegt nahe zu prüfen, ob und welche Phytohormone einen Einfluß auf die Welkerscheinung abgeschnittener Mistelzweige haben. Erste Versuche (Becker, 1973), die wir mit verschiedenen Phytohormonen (β-Indolylessigsäure, Gibberellinsäure, Kinetin) alleine und teilweise in Kombination durchgeführt hatten, erlauben noch keine abschließende Wertung. Es müßten bei solchen Versuchen eine Reihe von physiologischen Faktoren (z. B. Transpiration, Photosynthese, diverse Enzymaktivitäten) untersucht werden.

In einer kürzlich erschienenen Arbeit über die Verbindung von Arceuthobium-Arten mit dem Wirtsgewebe diskutieren Alosi und Calvin (1985) die Möglichkeit, daß der geringe Turgor in den Sprossen für das rasche Welken verantwortlich ist. Sie hatten in elektronenmikroskopischen Aufnahmen festgestellt, daß mit steigender Entfernung von der Kontaktstelle Parasit/Wirt die Stärkeakkumulation zunimmt. Damit könnte der Turgor in den Sprossen durch die Umwandlung von Zucker in Stärke relativ geringe Werte annehmen, die zusammen mit einer hohen Transpirationsrate zum raschen Welken führen.

Die Mistel zeigt gegenüber ihren Wirtspflanzen eine erhöhte **Transpirationsrate** (u. a. Härtel, 1937; Schulze et al., 1984). Bei Viscum album subsp. laxum auf Pinus sylvestris betrug die tägliche Transpiration 53,6 mol $m^{-2}d^{-1}$ im Vergleich zum Wirt mit 16,5 mol $m^{-2}d^{-1}$ (Schulze et al., 1984). Die Autoren vermuten, daß dies ein Anpassungsmechanismus des Parasiten ist, der dazu dient, dessen Stickstoffbedarf zu decken. Während Kaliumionen etwa 3mal so viel wie beim Wirt akkumuliert werden, scheint die aufgenommene Stickstoffmenge wachstumslimitierend zu sein. Ein Hinweis für diese These ergibt sich durch Untersuchungen von Schulze und Ehleringer (1984) an Phoradendron-Arten, die zum einen auf einer stickstoffixierenden Wirtspflanze (Ph. californicum auf Acacia greggi), zum anderen auf nichtstickstoffixierenden Gymnospermen (z. B. Ph. juniperinum auf Juniperus osteosperma) gewachsen waren. Ph. californicum zeigte etwa die gleiche Transpirationsrate wie der Wirt, während Ph. juniperinum im Vergleich zu J. osteosperma doppelt so viel – wenngleich absolut weniger als Ph. californicum – transpirierte. Das Wachstum von Ph. californicum, über das Xylem reichlich mit Stickstoffassimilaten versorgt, war etwa 10mal so hoch wie das von Ph. juniperinum. Mit unterschiedlichen Standorten kann dieses Verhalten nicht erklärt werden, da Phoradendron auf der nichtstickstoffixierenden Pflanze Larrea divaricata am gleichen Standort ebenfalls ein geringeres Wachstum zeigte als Ph. californicum auf Acacia greggi.

Durch Vergleich zahlreicher Mistel-Wirt-Paare aus den Vereinigten Staaten, Australien und Afrika konnten EHLERINGER et al. (1985) die Hypothese untermauern, daß Stickstoff der limitierende Faktor für das Mistelwachstum ist.

A. IX. Photosynthesepigmente der Blätter

Die Mistel wird allgemein als Hemiparasit eingestuft, der nur auf Wasser und anorganische Salze von seiner Unterlage angewiesen ist. Diese Klassifizierung wird durch einige Untersuchungen über die Pigmentausstattung gestützt. MÜLLER (1952) hat nachgewiesen, daß Viscum album sowohl Chlorophyll a als auch Chlorophyll b enthält. Den elektronenmikroskopischen Aufnahmen an jungen Mistelkeimlingen (SALLÉ, 1975; s. auch Abb. 10) ist zu entnehmen, daß die Chloroplasten voll funktionsfähig ausgebildet sind.

An zwei Unterarten von Viscum album (auf Apfel und Kiefer) hat BECKER (1973) Chlorophyll a und b sowie die Karotinoide und Chinone bestimmt (s. Tab. 10). Demnach weisen beide Misteln eine ähnliche Pigmentzusammensetzung auf. Größere Unterschiede zwischen den beiden Unterarten ergeben sich nur bei Zeaxanthin, Lutein und Violaxanthin. Da nach HAGER (1967) eine lichtabhängige reversible Umwandlung von Zeaxanthin und Violaxanthin

Tabelle 10 Pigmentgehalt von Apfel- und Kiefernmistelblättern in 100 g Frischgewicht sowie Wassergehalt und Chlorophyll a/b-Verhältnis (nach BECKER, 1973)

Pigmente	Apfelmistel	Kiefernmistel
Chlorophyll a	46,68 mg	54,25 mg
Chlorophyll b	18,25 mg	18,66 mg
Lutein + Zeaxanthin	3,63 mg	7,75 mg
β-Karotin	8,75 mg	10,00 mg
Violaxanthin	2,25 mg	0,60 mg
Neoxanthin	0,65 mg	0,60 mg
Plastochinon	13,00 mg	12,50 mg
α-Tocopherol + Plastohydrochinon	11,50 mg	15,50 mg
Wassergehalt	60,2 %	63,4 %
Chlorophyll a/b	2,65	2,76

möglich ist, ist diesem Unterschied keine Bedeutung beizumessen. Das Verhältnis von Chlorophyll a zu Chlorophyll b entspricht etwa dem von Schattenblättern bei Laubbäumen (SEYBOLD u. EGLE, 1937). Kiefernnadeln des Astes, auf dem die Mistel parasitierte, hatten ein Chlorophyll a/b-Verhältnis von 2,50. Aufgrund der Pigmentausstattung könnte Viscum album demnach durch Photosynthese seinen eigenen Energiebedarf decken.

Aus indirekten Beobachtungen schloß WALLDEN (1961) auf eine verhältnismäßige Unabhängigkeit der Mistel von den Photosyntheseprodukten der Wirtspflanzen. In den Jahren 1948–1949 war auf der Insel Högholmen das ganze Laubwerk des Tilia-Bestandes von den Larven des Spanners Erannis defoliara aufgefressen worden und die Bäume während eines Monats ohne Laub. Die Misteln, die auf diesen Bäumen gewachsen waren, hätten jedoch nie so üppig ausgesehen, wie in diesem sonst kahlen Wald.

SĂLĂGENU und GALAN-FABIAN (1961) hatten durch Markierung mit $^{14}CO_2$ die Photosynthese und Atmung der Mistel im Vergleich zur Wirtspflanze (Populus nigra) untersucht. Dabei fanden sie, daß die Photosyntheserate, bezogen auf die Blattfläche, bei beiden gleich ist. Die Atmungsintensität der Mistelblätter, bezogen auf die Oberfläche, ist fünf- bis sechsmal höher als bei den Pappelblättern; wählt man das Frischgewicht als Bezugsgröße, so beträgt sie etwa zwischen einem Drittel und der Hälfte.

Wurden die Blätter eines Zweiges des Wirtsbaumes in $^{14}CO_2$-Atmosphäre gehalten, so konnten keine markierten Photosyntheseprodukte in der Mistel, die auf dem gleichen Zweig gewachsen war, nachgewiesen werden. Umgekehrt konnten in Pappelzweigen keine markierten Assimilate nachgewiesen werden, wenn die Mistelblätter im Winter in einer $^{14}CO_2$-Atmosphäre gehalten wurden. Lediglich nach einer jeweiligen Exposition in $^{14}CO_2$ über drei Wochen konnte ein geringer Austausch von organischen Stoffen beobachtet werden.

SCHULZE et al. (1984) fanden für V. album auf Pinus sylvestris eine maximale CO_2-Assimilationsrate von 4–7 μmol m^{-2} s^{-1}. Dies stimmte mit der Assimilationsrate des Wirtes überein. Die Transpirationsrate bei Viscum und die stomatäre Leitfähigkeit waren wesentlich höher und das Blattwasserpotential der Blätter geringer als bei Pinus. Dies führte zu einem dreifach geringeren Wasser-Nutzungskoeffizienten und zu einer höheren internen CO_2-Konzentration im Blattmesophyll der Mistel im Vergleich zum Wirt.

Auch aus Analogieschlüssen zu Untersuchungen an Phoradendron-Arten kann angenommen werden, daß Viscum album photoautotroph ist. Phoradendron-Arten sind im Habitus und in der Ausbildung der Senker mit Viscum album vergleichbar (CALVIN, 1967; SALLÉ, 1977). FREELAND (1943) hatte bei Phoradendron flavescens Chlorophyll a und b identifiziert und gefunden, daß diese Pflanze eine Nettophotosynthese aufweist. In umfangreichen Versuchen mit Phoradendron-Arten wiesen HULL und LEONHARD (1964a, b) durch Markierungsversuche mit $^{14}CO_2$ nach, daß bei Phoradendron-Arten weder ein Transport von Photosyntheseprodukten vom Wirt zum Parasiten noch in umgekehrter Richtung erfolgt. Damit ist hinreichend gesichert, daß die Mistel und andere grüne Loranthaceae und Viscaceae in der Lage sind, sich photoautotroph zu ernähren. Lediglich für die erste kritische Phase der Mistel-Wirt-Verbindung schließt KNUTSON (1983) nicht aus, daß die Mistel mindestens einen Teil der benötigten organischen Nährstoffe von der Wirtspflanze bezieht.

B. Medizinisch und pharmazeutisch interesssante Inhaltsstoffe aus Viscum album L. (außer Lektinen und Viscotoxinen)

(Aufgrund der besonderen Bedeutung der Lektine in Zusammenhang mit medizinischen und pharmakologischen Aspekten werden diese sowie die Viscotoxine in den folgenden Kapiteln C. und D. gesondert behandelt)

B. I. Alkaloide

Von der Mistel wurden wiederholt Alkaloide beschrieben, die mehr oder weniger gut chemisch charakterisiert waren. Einen Überblick über die teils widersprüchlichen Angaben findet man bei HEGENAUER (1966). Danach beschrieb LEPRINCE (1907) eine mit Wasserdampf flüchtige, depressiv wirksame Base, $C_8H_{11}N$ (aus 25 kg trockenen Blättern wurden 1,6 g des Hydrochlorides erhalten). WESTER (1921) hat das Vorkommen bestätigt, während verschiedene andere Untersucher diese Base nicht fanden. CRAWFORD und WATANABE (1916) konnten eine vom Tyramin deutlich verschiedene Base aus Blättern isolieren. Nach WHITE (1944) ist die Base von LEPRINCE (s. o.) vermutlich identisch mit Phenylethylamin.

KHWAJA et al. (1980) isolierten biologisch aktive „Alkaloide“[1] aus der Koreanischen Mistel Viscum album L. var. coloratum (von anderen Autoren auch als Japanische Mistel bezeichnet). Dazu extrahierten sie Zweige und Blätter zunächst mit 2%iger Essigsäure. Den lyophilisierten Extrakt nahmen sie in Wasser auf und extrahierten die wäßrige Lösung mit Petrolether. Die verbleibende wäßrige Phase brachten sie dann mit $NaHCO_3$ auf einen *p*H-Wert von 8,5 und schüttelten mehrmals mit Chloroform aus. Nach dem Abdampfen des Chloroformauszugs blieben 0,38 % „Alkaloide“ bezogen auf das eingesetzte Pflanzenmaterial. Die so erhaltene „Alkaloid“-Fraktion wurde durch Dünnschicht- und Kieselgelchromatographie (wohl Säulenchromatographie; Anm. d. Verf.) in 10 Fraktionen getrennt. Die biologische Aktivität dieser Fraktionen wird an anderer Stelle dieses Buches (s. Kap. C. IV.) referiert. Aus der Tatsache, daß im wäßrigen Extrakt nach der Entfernung der „Alkaloide“ und nach einer Pronase-Behandlung zur Spaltung von Peptiden noch Restaktivität vorhanden war, vermuten die Autoren, daß die „Alkaloid“-Extraktion unvollständig war. In zwei späteren Arbeiten wiesen KHWAJA et al. (1981, 1983) nach, daß „Alkaloide“ auch in dem Handelspräparat Iscador vorkommen, das aus der europäischen Mistel, Viscum album, hergestellt wird.

Zwei Fraktionen (I und II) waren identisch mit denen der Koreanischen Mistel. Zur Charakterisierung dieser beiden Fraktionen wird ausgeführt, daß sie eine positive Dragendorff-Reaktion auf der Dünnschichtplatte gaben und daß ihre UV-Maxima bei 270 und 276 nm lagen. Die „Alkaloid“-Fraktion II enthielt ebenso wie Viscotoxin B-2 Zuckerreste, aber keine Aminosäuren.

Wurde Viscotoxin oder Lektin 30 min bei Zimmertemperatur mit $NaHCO_3$ behandelt – entsprechend den Isolierungsbedingungen für die Alkaloide – so konnten ähnliche zytotoxische „Alkaloide“ nachgewiesen werden (KHWAJA et al., 1981).

Während die zuvor genannten Substanzen unzureichend chemisch charakterisiert sind und damit auch deren Alkaloidcharakter zweifelhaft ist, haben SAKURAI und OKUMURA (1971) aus der japanischen Varietät V. album Linn. var. coloratum Ohwi, die auf Celtis sinensis Pers. var. japonica Nakai gewachsen war, zwei stickstoffhaltige nieder-

[1] Da in der zitierten Arbeit keinerlei Hinweise außer der Extraktionsmethode auf die chemische Natur der Stoffe gegeben werden, wird der Begriff Alkaloide in Anführungszeichen gesetzt. In einer späteren Arbeit (KHWAJA et al., 1983) sprechen die Autoren selbst nur noch von „alkaloidal“ type of components.

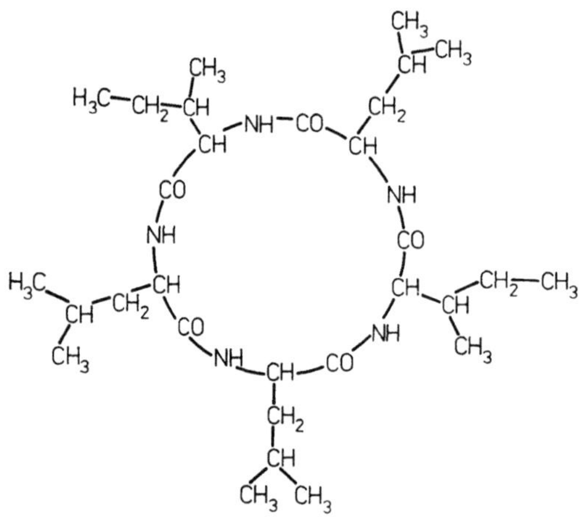

Abb. 25 Chemische Struktur des Viscumamid

molekulare Substanzen isoliert, die sie chemisch eindeutig charakterisierten. Bei der einen handelte es sich um Nicotinsäuremethylester, die andere Substanz bezeichneten sie als Viscumamid. Viscumamid wurde aus der Neutralfraktion eines methanolischen Extrakts durch Chromatographie an Aluminiumoxid (Eluens : Ethylacetat/Ethanol 1 : 1) isoliert. Bei der Hydrolyse in 6 M Salzsäure wurden Leucin und Isoleucin im Verhältnis 3 : 2 gefunden. Untersuchungen an Teilhydrolysaten sowie spektroskopische Daten führten zur Struktur eines zyklischen Peptids (Okumura und Sakurai, 1973), das später (Sakurai und Okumura, 1979) auch zusammen mit anderen Analogen synthetisiert wurde. Demnach ist Viscumamid Cyclo(-L-leucyl-L-isoleucyl-L-leucyl-L-isoleucyl-L-leucyl) (s. Abb. 25). Es fehlen bisher sowohl Untersuchungen, ob diese Substanz auch in der europäischen Mistel vorhanden ist, als auch Hinweise auf pharmakologische Wirkungen.

B. II. Flavonoide

Bei den Flavonoiden handelt es sich um eine Stoffklasse, die ubiquitär im Pflanzenreich verbreitet ist. Durch unterschiedlichen Oxidationsgrad des heterozyklischen Ringes in den Flavonoiden (allgem. als C-Ring bezeichnet) und durch unterschiedliche Hydroxylierung, Methoxylierung und Glykosidierung ergibt sich eine große Vielfalt innerhalb der Stoffgruppe. Die Flavonoidführung ist häufig Taxon-spezifisch (Harborne, 1973) und eignet sich damit als Marker für die Klassifizierung der Pflanzen. Bereits 1955 hatte Schindler auf das Vorhandensein von Flavonoiden in Viscum album hingewiesen. Bate-Smith (1962) stellte in einer Übersichtsarbeit über pflanzliche Phenole fest, daß Viscum album weder Myricetin noch Delphinidin oder Cyanidin, noch Quercetin enthält. Tronchet (1972) untersuchte papierchromatographisch Misteln von sechs verschiedenen Wirtsbäumen und konnte, ohne sie näher zu charakterisieren, Flavonoide nachweisen. Diese Flavonoide stimmten nicht mit denen der entsprechenden Wirtsbäume überein.

Ohta und Yagishita (1970) haben aus einer in Japan vorkommenden Varietät V. album var. coloratum auf Pyrus communis folgende drei Flavonoidglykoside isoliert:

7-3′-Di-O-Methylquercetin-3-O-D-glucosid,
7-3′-Di-O-Methylluteolin-4′-O-D-glucosid
und
7-3′-Di-O-Methylluteolin-4′-O-D-glucoapiosid.

Crawford und Hawksworth (1979) hatten 36 von 38 bekannten Taxa der Gattung Arceuthobium vergleichend auf ihre Flavonoide untersucht. Dabei hatten sie gefunden, daß das Flavonoidmuster der Gattung ziemlich einheitlich ist. Alle Taxa enthielten 3-0-Glykoside der Flavonole Quercetin und Myricetin. Innerhalb einer Art, die an verschiedenen Orten gesammelt worden war, konnten ebenso keine Unterschiede festgestellt werden, wie zwischen männlichen und weiblichen Pflanzen. Lediglich geringe Unterschiede traten auf zwischen der Untergattung Arceuthobium und Vaginata. Während in der ersten Glucoside vorherrschten, überwogen in der Untergattung Vaginata die Galaktoside. In einigen Fällen stützten die chemischen Analysen morphologische Kriterien bei bisher zweifelhafter Zuordnung.

Dossaji et al. (1983) isolierten von Phoradendron tomentosum (DC.) Gray Apigenin, drei Apigenin-C-Glykoside (Vitexin, Schaftosid und Isoschaftosid) sowie Apigenin-4′-0-Glucosid. Unterschiede im Flavonoidspektrum von Ph. tomentosum in Abhän-

gigkeit von der jeweiligen Wirtspflanze (Ulmus crassifolia, Prosopis glandulosa und Celtis laevigata) konnten dabei nicht beobachtet werden.
Ein bis dahin in der Literatur nicht beschriebenes Chalkonglykosid, 2′-Hydroxy-4′6′-Dimethoxychalkon-glucosid, wurde von Becker et al. (1978) aus Kiefernmisteln isoliert (s. Abb. 26). Becker und Exner (1980) haben aus hydrolisierten Extrakten (Spalten der Glykoside) von Misteln verschiedener Wirtsbäume insgesamt acht Flavonoidaglyka identifiziert. Es handelte sich dabei ausnahmslos um Derivate des Quercetins (s. Abb. 27 und Tab. 11), das in unterschiedlichen Positionen und unterschiedlich stark methyliert war. Neben Quercetin selbst wurden drei monomethylierte, drei dimethylierte und ein trimethyliertes Derivat nachgewiesen. Da sich gezeigt hatte, daß die Flavonoide sich nicht qualitativ mit der Jahreszeit, der Exposition auf dem Wirtsbaum und beim Trocknen verändern, war die Grundlage gegeben, zu untersuchen, ob die Flavonoidführung abhängig ist von der entsprechenden Unterart oder von geographischen Faktoren. Dazu wurden Misteln des gleichen Wirtsbaums, aber unterschiedlicher geographischer Herkunft und Misteln gleicher geographischer Herkunft, aber von unterschiedlichen Wirtsbäumen vergleichend untersucht.
Auffallend war, daß alle 8 der zu vergleichenden Untersuchung herangezogenen Quercetinderivate nur bei 6 Vertretern gefunden werden konnten. Bei den übrigen fehlten eine oder meist zwei Substanzen, am häufigsten Quercetin-3′-methylether, Quercetin-3-methylether und Quercetin-3,3′-dimethylether. Quercetin-3-methylether fehlte entweder bei den Nadelholzmisteln

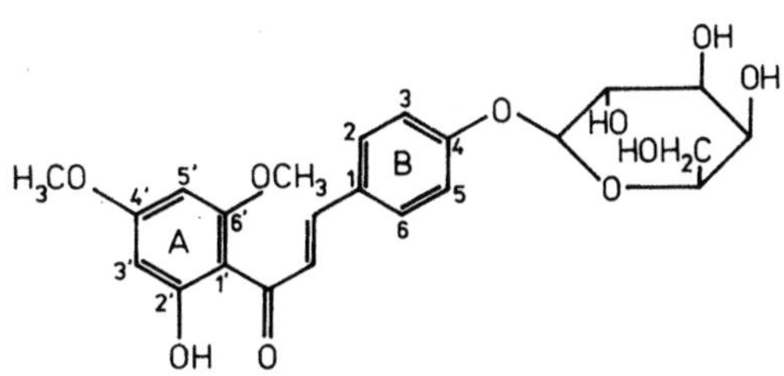

Abb. 26 Struktur des 2′-Hydroxy-4′6′-Dimethoxychalkon-glucosids

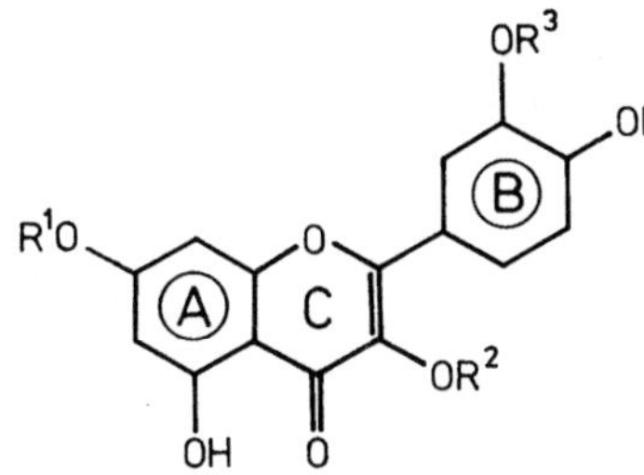

Abb. 27 Struktur der von Becker und Exner (1980) nachgewiesenen Flavonoidaglyka der Mistel
(nach Hydrolyse eines Gesamtextraktes)
I $R_1 = R_2 = R_3 = H$
II $R_1 = R_3 = H;\ R_2 = -CH_3$
III $R_2 = R_3 = H;\ R_1 = -CH_3$
IV $R_1 = R_2 = H;\ R_3 = -CH_3$
V $R_1 = H;\ R_2 = R_3 = -CH_3$
VI $R_3 = H;\ R_1 = R_2 = -CH_3$
VII $R_2 = H;\ R_1 = R_3 = -CH_3$
VIII $R_1 = R_2 = R_3 = -CH_3$
I–VIII s. auch Tab. 11

Tabelle 11 Verbreitung der Flavonoide in Misteln, die auf unterschiedlichen Arten von Wirtsbäumen gewachsen waren oder bei gleichen Wirtsbaumarten unterschiedlicher geographischer Herkunft
++ = große Menge; + = kleine Menge; S = Spuren; — = abwesend; ? = ungewiß (nach Becker und Exner, 1980)
Verbindung I–VIII siehe Abbildung 27

Wirtspflanze	Flavonoid							
	I	II	III	IV	V	VI	VII	VIII
ABIES								
Abies (Griechenl.)	++	—	+	++	+	++	—	+
Abies (Arl.) 1975	+	S	++	?	?	+	+	+
Abies (Arl.) 1976	+	S	++	?	?	+	+	+
Abies nord. (Bd. Bd.)	+	S	S	?	—	+	S	+

Tabelle 11 (Fortsetzung)

Wirtspflanze	Flavonoid							
	I	II	III	IV	V	VI	VII	VIII
ACER								
Acer (Bd. Bd.)	+	—	+	—	—	S	—	S
Acer plat. (Mün.)	+	+	+	—	—	+	+	+
Acer rub. (Mün. Bot. Gart.)	++	+	++	++	?	++	++	+
Acer sacch. lac. (Mün. Bot. Gart.)	++	+	++	+	—	++	++	+
Acer (Heidelberg)	+	—	+	—	?	+	+	+
AESCULUS								
Aesculus hipp. (Bd. Bd.)	+	+	+	—	—	+	?	?
Aesculus lyom. (Mün. Bot. Gart.)	+	+	+	?	—	+	+	+
BETULA								
Betula (Bd. Bd.)	+	+	+	—	—	+	?	+
Betula papy. var. *comm.*	+	+	+	—	?	—	+	+
Betula pend. (Nymph.)	+	+	+	—	?	?	+	+
MALUS								
Malus (Österr.)	+	+	+	?	+	+	+	+
Malus (Bd. Bd.)	+	—	+	+	—	—	+	+
Malus (Arl.)	++	++	++	++	++	++	+	+
Malus pruni. (Münch. Bot. G.)	+	++	+	S	+	+	+	+
Malus (Krls.)	++	++	++	+	+	+	+	+
PINUS								
Pinus (Arl.)	+	—	++	S	+	S	++	+
Pinus (Krls.)	+	—	+	S	+	+	+	+
POPULUS								
Populus (Schw.)	+	+	+	—	?	S	+	+
Populus trem. (Mün. Bot. Gart.)	+	S	++	S	S	+	+	+
QUERCUS								
Quercus crisp. (Japan)	—	—	—	+	—	—	+	—
Quercus (Arl). 1976	+	+	+	S	S	+	+	+
ROBINIA								
Robinia (Österr.)	+	+	+	—	—	S	+	+
Robinia (Bd. Bd.)	+	+	++	—	—	+	++	+
Robinia pseud. I (Mün. Bot. Gart.)	?	+	+	—	—	+	S	+
SALIX und andere Arten								
Salix (Österr.)	++	++	++	?	+	+	+	+
Salix babyl. (Bd. Bd.)	+	—	+	—	—	+	S	S
Salix chrys. (Mün. Bot. Gart.)	+	S	+	S	—	S	+	+
Tilia (Schwetz.)	+	+	+	—	S	+	S	+
Tilia hetero. (Mün. Bot. Gart.)	+	+	+	S	—	++	S	++
Alnus glut. (Nymph.)	+	+	+	?	—	—	+	++
Castanea cren. (Japan)	—	—	—	+	—	—	++	—
Crataegus (Bd. Bd.)	+	+	+	—	—	S	S	?
Celtis occ. var. *tenn.* (Mün. Bot. Gart.)	?	+	+	—	—	S	S	+
Juglans nigra (Bd. Bd.)	+	S	+	S	—	++	++	+
Prunus ceras. var. *cocc.* (Mün. Bot. G.)	+	S	S	?	—	—	S	+
Pyrus (Lad.)	+	+	+	+	+	+	+	+
Sorbus aucup. var. *p.* (Mün. Bot. Gart.)	—	+	—	S	—	+	—	+

oder war nur in Spuren (bei Abies) nachzuweisen. Allerdings kann dieses Merkmal nicht zur Unterscheidung herangezogen werden, da diese Substanz auch bei einigen Laubholzmisteln fehlte.
Die Untersuchungen von Misteln der gleichen Wirtsbäume unterschiedlicher Herkunft zeigten deutlich (siehe z. B. Malus), daß das Vorkommen der Quercetinderivate auch innerhalb eines Wirtes nicht einheitlich ist.
Am deutlichsten wichen die beiden Proben aus Japan, die auf Quercus crispula und Castanea crenata gewachsen waren, von dem Flavonoidmuster ab. Beide enthielten jeweils nur zwei Quercetinderivate, Quercetin-3'-methylether und Quercetin-7,3'-dimethylether.
Vergleicht man die Ergebnisse von BECKER und EXNER (1980) mit denen von OHTA (1970), CRAWFORD und HAWKSWORTH (1979) sowie DOSSAJI et al. (1983), so erkennt man, daß innerhalb der Viscaceae artenspezifische, zum Teil auch für Unterarten spezifische Flavonoidmuster auftreten. In einigen Fällen können diese Unterschiede zur Klassifizierung (CRAWFORD und HAWKSWORTH, 1979) herangezogen werden. Soweit untersucht, konnten bisher keine wirtsspezifischen Unterschiede festgestellt werden. Eine zusammenfassende Diskussion der Flavonoide der Viscaceae ist derzeit noch nicht möglich, da von einigen Gattungen und von vielen Arten noch keine Daten vorliegen.

B. III.
Phenylpropane, Lignine und Lignane

FREUDENBERG (1968) hatte aufgrund des Methoxylwertes der Mistelholzlignine die Vermutung geäußert, daß die Ligninzusammensetzung mit der jeweiligen Wirtspflanze übereinstimmt. Das bedeutet, daß Misteln auf Laubhölzern typische Laubholzlignine mit einem hohen Anteil an Syringylbestandteilen hätten, während Misteln auf Koniferen typische Koniferenlignine mit einem hohen Anteil an Koniferylalkohol hätten. Durch histologische, chemische, chromatographische und spektroskopische Methoden (BECKER und NIMZ, 1974) konnte jedoch zweifelsfrei geklärt werden, daß sowohl das Lignin der auf Laubhölzern gewachsenen Misteln als auch das der auf Nadelhölzern gewachsenen Misteln den Laubholzligninen zuzurechnen ist. Allerdings gibt es Unterschiede in der Ligninzusammensetzung. Aufgrund von ^{13}C-spektroskopischen Daten (NIMZ et al., 1974) zeigte sich, daß das Lignin der Kiefernmisteln weniger Syringyleinheiten besitzt als das der anderen Mistellignine.
Die aufgeführten Ergebnisse wurden auch durch Untersuchungen von KURODA und HIGUCHI (1976) an Viscum album auf Celtis sinensis bestätigt. Neben spektroskopischen Untersuchungen (UV, IR, ^{13}C, NMR) an Ligninpräparationen und deren Abbauprodukten führten die Autoren auch Biogenesestudien durch. Dabei fanden sie, daß an Mistelsprosse verfüttertes L-Phenylalanin [U-^{14}C] in Mistellignin eingebaut wird. Phenylalanin-Ammonium-Lyase (PAL) und Cinnamat-4-Hydroxylase wurden in belichteten Gewebeschnitten nachgewiesen. Ein Rohextrakt der Mistel war in der Lage, 5-Hydroxyferulasäure zu methylieren, aber nicht Kaffeesäure. Durch Reinigung des Enzyms (O-Methyl-transferase) ergab sich jedoch, daß die Caffeoyl-O-Methyl-transferase durch eine niedermolekulare Verbindung im Rohextrakt gehemmt worden war und mit dem gereinigten Enzym auch Kaffeesäure methyliert wurde. Aus den Ergebnissen der Enzymuntersuchungen und Markierungsversuchen kann geschlossen werden, daß die Mistel in der Lage ist, ihr Lignin unabhängig von der Wirtspflanze zu synthetisieren.
Monomere und dimere Ligninbausteine sowie deren Glykoside wurden kürzlich von WAGNER et al. (1984, 1986) in Viscum album und daraus hergestellten Präparaten nachgewiesen. Bei den Monomeren handelt es sich um das bereits aus der japanischen Mistelvarietät V. album var. coloratum (auf Fraxinus) isolierte Monoglucosid Syringin (= Syringenin-4'-O-glucosid, SAKURAI und OKUMURA, 1971) und dem 4'-O-apiosylglucosid des gleichen Aglykons. An Dimeren wurden nachgewiesen: Syringaresinol von TAGUCHI et al. (1973), ebenfalls bereits für die japanische Varietät nachgewiesen, sowie dessen 4,4'-di-O-glucosid, das erstmals aus Eleutherococcus senticosus isoliert worden war und deshalb den Trivialnamen Eleutherosid E erhalten hatte.

Diese Verbindungen lassen sich auch in Arzneispezialitäten nach entsprechender Aufarbeitung dünnschicht- und hochdruckflüssig-chromatographisch gut nachweisen. Deshalb schlagen WAGNER et al. (1984) diese Methoden im Sinne einer Fingerprintanalyse zur Qualitätskontrolle vor.
Da in der Literatur beschrieben ist, daß einige Phenylpropan- und Lignanderivate die cAMP-PDE hemmen (NIKAIDO et al., 1981) und da für Pinoresinol, Pinoresinolmono- und diglykosid eine hypotensive Wirkung beschrieben worden war, ließen WAGNER et al. (1986) einen Methanol- und einen Butanolextrakt sowie das von ihnen isolierte Syringenin-4'-O-apiosyl-1-2-glykosid und Syringin auf die Thrombozyten- und Aorta-cAMP-PDE untersuchen. Der Methanol-Extrakt in einer Konzentration von 0,1 mg/ml zeigte eine 50%ige Hemmung. Der Butanolextrakt, für den eine Anreicherung glykosidischer Verbindungen angenommen werden kann, zeigte in der gleichen Konzentration eine 70%ige Hemmung. Syringin und Syringeninapiosylglykosid waren in einer Konzentration von 0,5 μg/ml und 5,0 μg/ml inaktiv. In höherer Konzentration (50 μg/ml) hatte nur Syringin einen leichten Hemmeffekt. Damit bleibt unklar, ob verschiedene Phenole einen synergistischen Effekt ausüben oder ob der Butanolextrakt bisher noch nicht untersuchte oder unbekannte Stoffe enthält, die diese cAMP-PDE-Hemmung hervorrufen. Zu testen wären u. a. die von BECKER und EXNER (1980) beschriebenen Flavonoidderivate, zumal BERETZ et al. (1978) eine Hemmung von cAMP-PDE für Quercetin beschrieben haben.

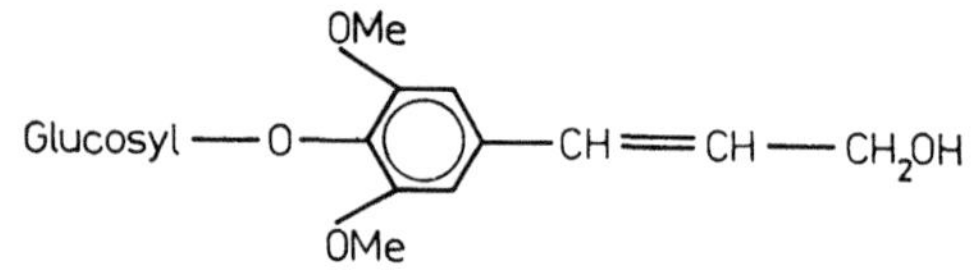

Syringin (Syringenin-4'-O-glucosid)

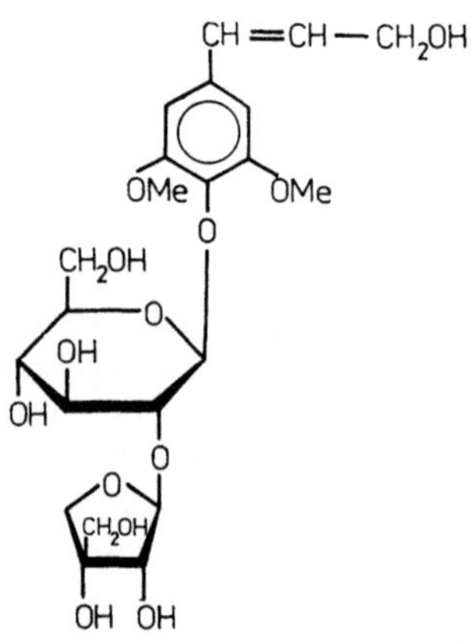

Syringenin-4'-O-apiosylglucosid

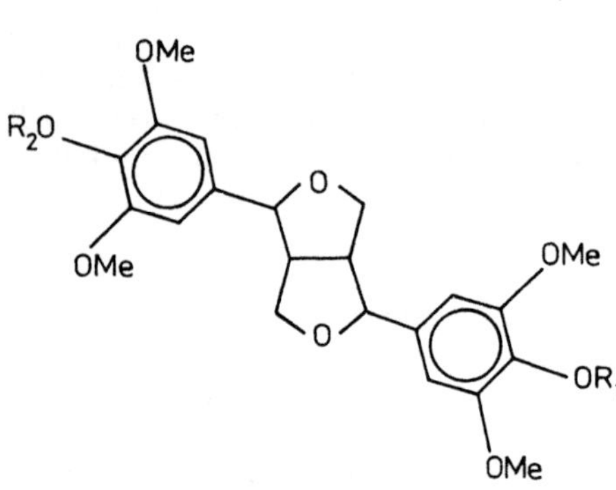

Syringaresinol (R=H)

Syringaresinol-4-4'-di-O-glykosid

(=Eleutherosid; R=Glucosyl)

B. IV.
Polysaccharide

Der Schleim der Mistelbeeren wurde von MANGENOT et al. (1948) histochemisch und papierchromatographisch nach Hydrolyse analysiert. Danach besteht dieser Schleim, auch als Viscin bezeichnet, aus einer Zelluloseschicht, die von einer Pektinschicht umkleidet ist. Die Chromatographie des Hydrolysats erbrachte neben Glukose, die sicherlich zum größten Teil aus der Zellulose stammte, noch Galaktose, Arabinose und Uronsäuren. Die letztgenannten drei Zucker waren auch in einer Polysaccharidfraktion enthalten, die MÜLLER (1962) zum Gegenstand einer Patentanmeldung machte.
In der Erfindung wurde die Gewinnung eines Polysaccharids mit tumorhemmender Wirkung in reiner Form aus Pflanzenmaterial von Viscum album oder Loranthus-Arten, speziell Loranthus europaeus, beschrieben. Das genannte Polysaccharid

führte nach i. p. Applikation an Mäusen zu einer Tumorhemmung. Klinisch zeigten sich Erfolge bei der Behandlung von Neutropenien, die entweder durch Leukämien oder als Folge einer extensiven Chemotherapie maligner Erkrankungen hervorgerufen wurden (Mathé et al., 1963). Trotz dieser tierexperimentellen und klinischen Ergebnisse ist bis heute kein Präparat bekannt geworden, das dieses Patent verwertet hat. Krzaczek (1976) wies neben den genannten Zuckern Galakturonsäure, Xylose und Rhamnose nach.

Bloksma et al. (1982) prüften eine Polysaccharidfraktion aus den Mistelbeeren auf ihre immunstimulierende Wirkung im Vergleich mit Mistelpreßsaft und dem Präparat Iscador. Zur Gewinnung der Polysaccharidfraktion wurde nach folgender Methode verfahren:

Die Beeren wurden sorgfältig zerkleinert und 0,5 % (v/v) Formalin zugegeben. Nach dem Rühren wurden die festen Anteile (skins and stones) abzentrifugiert. Proteine wurden durch Zugabe von 0,05 M Zinkchlorid, anschließender Zentrifugation und stufenweiser Zugabe von konzentrierter Natronlauge entfernt. Der Überstand wurde auf *p*H 7 eingestellt und das gleiche Volumen 40%iger Trichloressigsäure hinzugefügt. Nach der Zentrifugation wurde der Überstand gegen Leitungswasser und 0,1 N Salzsäure dialysiert und anschließend mit aktivierter Holzkohle behandelt. Die Polysaccharide wurden dann mit Ethanol gefällt und lyophilisiert.

Bloksma et al. (1982) fanden bei der Analyse der isolierten Polysaccharidfraktion noch einen Restproteinanteil von 0,5 % gegenüber einem Polysaccharid/Protein-Verhältnis von etwa 3,7 : 1 im frischen Saft. Die Polysaccharidfraktion bestand aus 3 Komponenten, von denen 2 auch im Preßsaft und im Iscador enthalten waren. Das Auftreten einer 3. Komponente, die nur in der aufgearbeiteten Fraktion vorhanden war, könnte einmal darauf zurückzuführen sein, daß nur Beeren verarbeitet wurden, zum anderen weist Jordan (1985) darauf hin, daß bei der Aufarbeitung Strukturveränderungen möglich sind. Sowohl „delayed-hypersensitivity" als auch die Antikörperbildung von Mäusen gegen Schaferythrozyten wurden durch eine Polysaccharidgabe 5 min vor Antigenapplikation erhöht. Darüber hinaus hemmten die Polysaccharide (120 mg/kg) zunächst die Phagozytose bei Mäusen, gemessen als „carbon-clearance", führten aber nach 48 h zu einer beachtlichen Stimulation. Außerdem wird das Leber- und Milzgewicht erhöht, ähnlich wie es von Adjuvantien bekannt ist.

In neuester Zeit wurden die Mistelpolysaccharide von Jordan (1985) chemisch und immunologisch eingehend untersucht. Die Extraktion erfolgte durch Perkolation mit Wasser aus gefriergetrocknetem Material, das zunächst mit Petrolether und Methanol vorextrahiert worden war. Aus dem hellgelben Perkolat wurden die Polysaccharide mit Ethanol gefällt. Bezogen auf die eingesetzte Frischdroge wurden folgende Ausbeuten an Rohpolysaccharid gefunden: Stengel 0,4 %, Blätter 0,8 % und Beeren 2,1 %. Durch Kombination verschiedener Verfahren (Ultrafiltration, Anionenaustauschchromatographie und Affinitätschromatographie) wurden einzelne Polysaccharidfraktionen gewonnen. Diese wurden dann durch verschiedene Abbaureaktionen und Analyse der Abbauprodukte durch chromatographische und spektroskopische Verfahren charakterisiert. Dabei zeigte sich zunächst, daß die Polysaccharide aus Stengeln und Blättern eine ähnliche Zusammensetzung haben. Sie bestehen hauptsächlich aus veresterten $1 \overset{\alpha}{\rightarrow} 4$-D-Galakturonanen mit einem mittleren Molekulargewicht von ca. 42000 D. Daneben war in geringen Mengen ein Arabinogalaktan (MG ca. 110000 D) nachweisbar. Wichtig für die Interpretation von Literaturdaten oder für Ergebnisse mit ungereinigten „Polysaccharidfraktionen" erscheint die Tatsache, daß eine Fraktion der Anionenaustauschchromatographie aus RNA bestand.

Die Früchte besaßen einen hohen Gehalt an komplexen Arabinogalaktanen, während der Anteil an D-Galakturonanen gering war. Das Grundgerüst der Arabinogalaktone baut sich aus $1 \overset{\beta}{\rightarrow} 6$-D-Galaktose-Ketten auf, die über ein Rhamnogalakturonan miteinander verknüpft sind. Die Galaktane sind wahrscheinlich über 0-4 an eine Rhamnopyranose gebunden. Der Arabinoseanteil der Arabinogalaktane besteht aus stark verzweigten $1 \xrightarrow{\alpha} 5$-L-Arabinanen neben einzelnen Arabinosylresten, die direkt an 0-3 der Galaktane gebunden sind. Aufgrund der entsprechenden Analysendaten konnte ein Strukturvorschlag für das Grundgerüst des Beeren-Polysaccharids gemacht werden (s. Abb. 28). Durch Affinitätschromatographie an immobilisiertem Ricinus-communis-Agglutinin (RCA) ließ sich das Beeren-Polysaccharid in 2 Fraktionen trennen, die sich im Molekulargewicht und Arabinananteil unterschieden (s. Tab. 12). Komplexe Arabinanstrukturen waren zwar in beiden Fraktionen nachweisbar, aber im lektin-ungebundenen Polysaccharid in größerem Umfang vorhanden. Jordan (1985) hält es für wahrscheinlich, daß für die unterschiedliche Affinität der Fraktionen RCA-N und RCA-G zu den Ricinuslektinen neben deren Arabinoseanteil auch Strukturunterschiede im Galaktangrundgerüst verantwortlich sind.

Die durch die oben geschilderten Methoden gewonnenen und charakterisierten Polysaccharidfraktionen wurden darauf geprüft, ob sie die Phagozytose beeinflussen können. Im „carbon-clearance"-Test, bei dem die Wirksamkeit mit einer 3stufigen Noten-

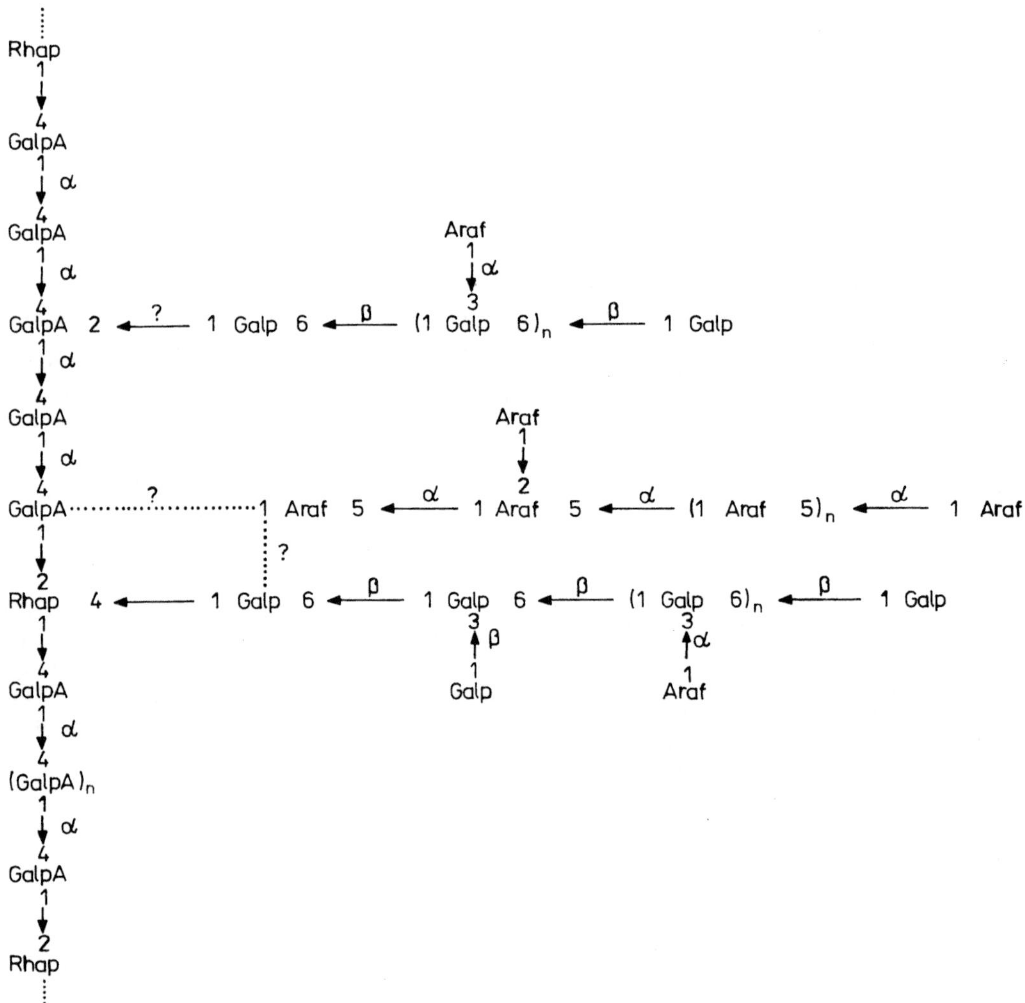

Abb. 28 Strukturvorschlag für das Beeren-Polysaccharid (Jordan, 1985)
(Abk.: Araf = Arabinose, furanoid; Galp = Galaktose, pyranoid; Galp A = Galakturonsäure, pyranoid; Rhap = Rhamnose, pyranoid)

Tabelle 12 Zuckerzusammensetzung, Proteingehalt, Molekulargewicht zweier Beerenpolysaccharide. Die vorgereinigte Polysaccharidfraktion war durch Affinitätschromatographie an Ricinus-communis-Agglutinin in einen bindenden (RCA-G) und in einen nichtbindenden Anteil (RCA-N) getrennt worden (nach JORDAN, 1985)
Sp = Spuren

	RCA-G	RCA-N
Neutralzucker ges.	63,3 %	57,9 %
Arabinose	31,1 %	37,7 %
Galaktose	27,2 %	19,3 %
Glukose	3,0 %	Sp
Rhamnose	2,0 %	2,0 %
Mannose	Sp	Sp
Xylose	Sp	Sp
Uronsäure	20,0 %	21,0 %
Protein	1,2 %	1,5 %
Molekulargewicht	900000 D	180000 D

skala beurteilt wird (unwirksame Substanzen, DSK – 0; wirksame Substanzen, DSK – 1; stark wirksame Substanzen, DSK – 2), erhielten die Polysaccharidfraktionen die in der Tabelle 13 aufgeführten Noten. Daraus geht hervor, daß die durch Gelfiltration gereinigte Polysaccharidfraktion aus Stengeln und Blättern die Phagozytose stark stimuliert. Diese Fraktion enthält jedoch noch RNA, die man durch Anionenaustauschchromatographie abtrennen kann. Die RNA-Fraktion zeigt ebenfalls eine starke Stimulierung der Phagozytoseaktivität, während RNA-freie Präparationen keine oder nur eine geringe

Tabelle 13 Wirkung verschiedener Polysaccharidfraktionen der Mistel im Carbon-Clearance-Test nach JORDAN (1985)

Fraktion	DSK-Wert
Polysaccharidfraktion aus Blättern und Stengeln MG 1 Mio (SB^+)	DSK 2
RNA-Fraktion nach Anionenaustauschchromatographie von SB^+ (= SBc^+)	DSK 2
RNA-freie Teilfraktion nach enzymatischer Esterhydrolyse von SB^+ (= $SB\text{-}3^+$)	DSK 0
Arabinolaktan aus dem Beeren-Polysaccharid (= Fb^+)	DSK 1

DSK 0: keine Wirkung; DSK 1: Wirkung; DSK 2: starke Wirkung; +: Arbeitsbezeichnung der entsprechenden Fraktionen von JORDAN (1985)

Steigerung hervorriefen. Viscum-Polysaccharide zeigten in verdünnter Lösung keine signifikanten Effekte auf die Phagozytose von Hefezellen durch Granulozyten. In hoher Dosierung von 0,1 % wurde die Phagozytose gehemmt (s. auch Kap. C. VI.).
Bei Peritonealmakrophagen der Maus bewirkt das Arabinogalaktan (Fb nach JORDAN, 1985) aus den Beeren eine dosisabhängige Hemmung der zellvermittelten Chemolumineszenz-Aktivität. Diese Hemmung ist bei Humanmakrophagen weniger ausgeprägt.

C. Lektine und Toxine aus Viscum album L. (Mistel)

C. I.
Lektine im Dienste der Medizin

Bevor in den folgenden Kapiteln über Isolierung, Charakterisierung und Eigenschaften der Lektine aus Viscum album (Mistel) berichtet wird, soll zuvor ein allgemeiner Überblick über die Lektine und deren Bedeutung in der Medizin und Pharmakologie gegeben werden.

Das erste Lektin wurde von STILLMARK (1888, 1889) in Dorpat aus dem Samen von Ricinus communis gewonnen und Hämagglutinin genannt (kurze Übersicht der Geschichte der Lektine bei TOBISKA, 1964; GOLD und BALDING, 1975; LUTHER, 1982).

Im Verlauf ihrer weiteren Geschichte wurden die Lektine als Hämagglutinine, untoxische Hämagglutinine, Phythämagglutinine, Lektine, Protektine, antikörperähnliche Substanzen, rezeptorspezifische Proteine, Affinitine bezeichnet.

Alle Bezeichnungen sind für einen Teil von Lektinen oder einen Teil ihrer Reaktionen zutreffend. Heute hat sich allgemein die Bezeichnung „Lektin“ mit einer abgekürzten Schreibweise, bei dem die jeweiligen Anfangsbuchstaben des wissenschaftlichen Namens benutzt werden, durchgesetzt (z. B. Ricinus-communis-Lektin oder -Agglutinin als RCA). Fast alle Definitionen lassen sich auf die von LIS und SHARON (1977) gewählte Definition zurückführen, die KOCOUREK (1983) wie folgt präzisierte: „Proteine oder Glykoproteine nicht immunglobuliner Natur mit der Fähigkeit einer spezifischen Erkennung und reversiblen Bindung an glykosidische Strukturen von komplexen Kohlenhydraten, ohne kovalente Strukturen der Zuckerliganden zu verändern.“

Die verallgemeinerte Form aus den meisten Definitionen könnte nach unserer Meinung heißen:

„Kohlenhydratbindende (erkennende) Proteine außer Immunglobulinen und Enzymen“.

Die tatsächliche Ähnlichkeit zu den Immunglobulinen und Enzymen, die sie nicht sind, wird deutlich. Lektine kommen in der gesamten belebten Welt, also bei Viren, Bakterien, Pflanzen und Tieren, inklusive im Menschen vor und haben verschiedene biologische Funktionen (BARONDES, 1981).

Die Lektine haben in den letzten 10 Jahren großes Interesse hervorgerufen, an denen auch die Lektine der Mistel beteiligt sind.

Von einigen pharmakologisch-medizinisch interessanten Drogen und Extrakten kann angenommen werden, daß die Lektine dieser Pflanzen entscheidend an der Wirksamkeit beteiligt sind, da sie durch ihre „combining sites“ in der Lage sind, spezifische Bindungen einzugehen. Ihre Eigenschaften,

- sich mehr oder weniger spezifisch mit Kohlenhydratstrukturen (Zellrezeptoren z. B.) zu verbinden
- und relativ leicht „herstellbar“ zur Verfügung zu stehen,

haben sie heute in der modernen Medizin fast unentbehrlich gemacht.

Abb. 29 Rasterelektronenmikroskopische Aufnahme (× 18000) einer Milzzelle (links) und eines Erythrozyten (rechts)

Abb. 30 Rasterelektronenmikroskopische Aufnahme menschlicher Erythrozyten, besetzt mit Influenzaviren (× 1800)

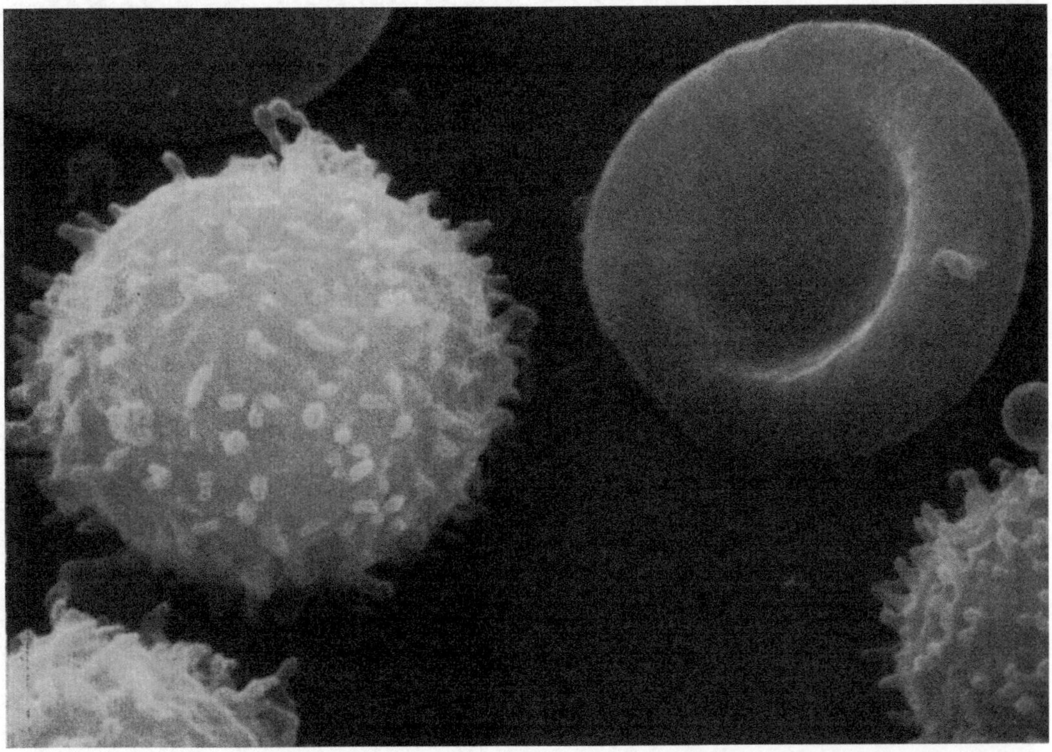

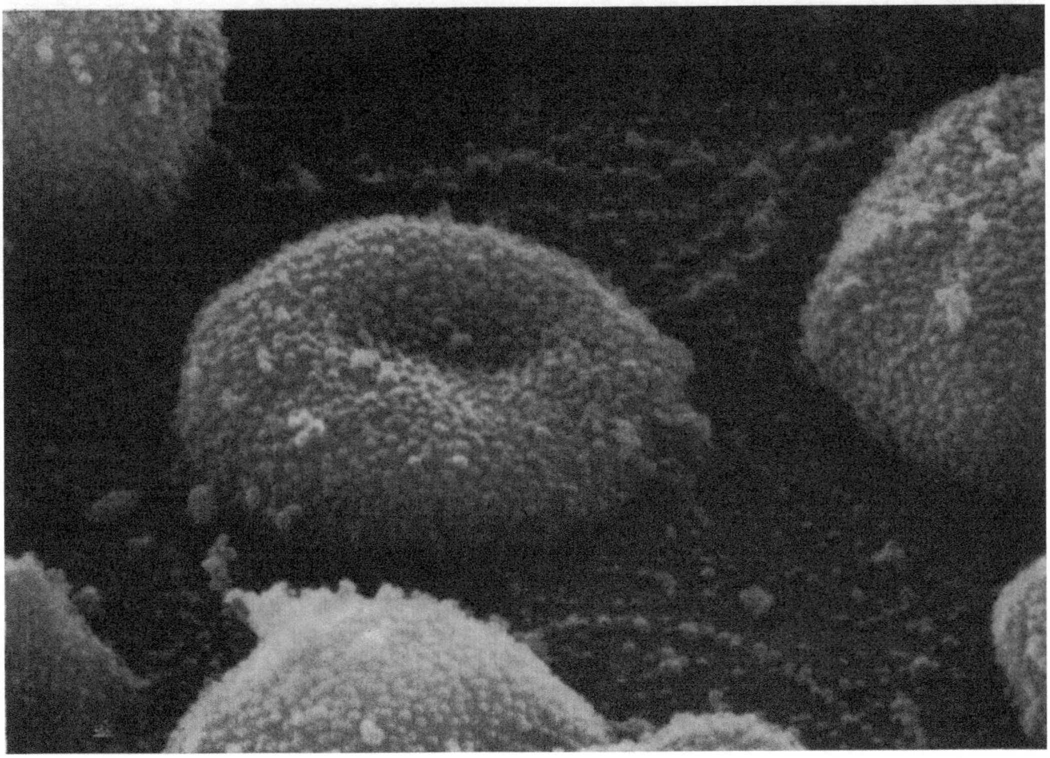

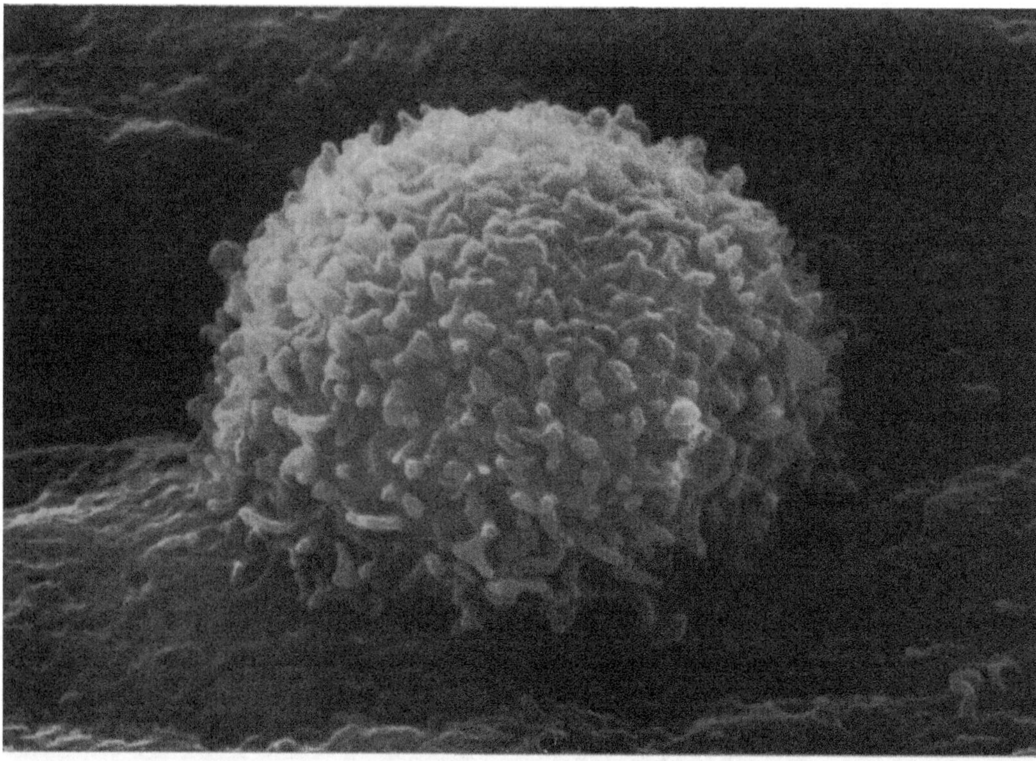

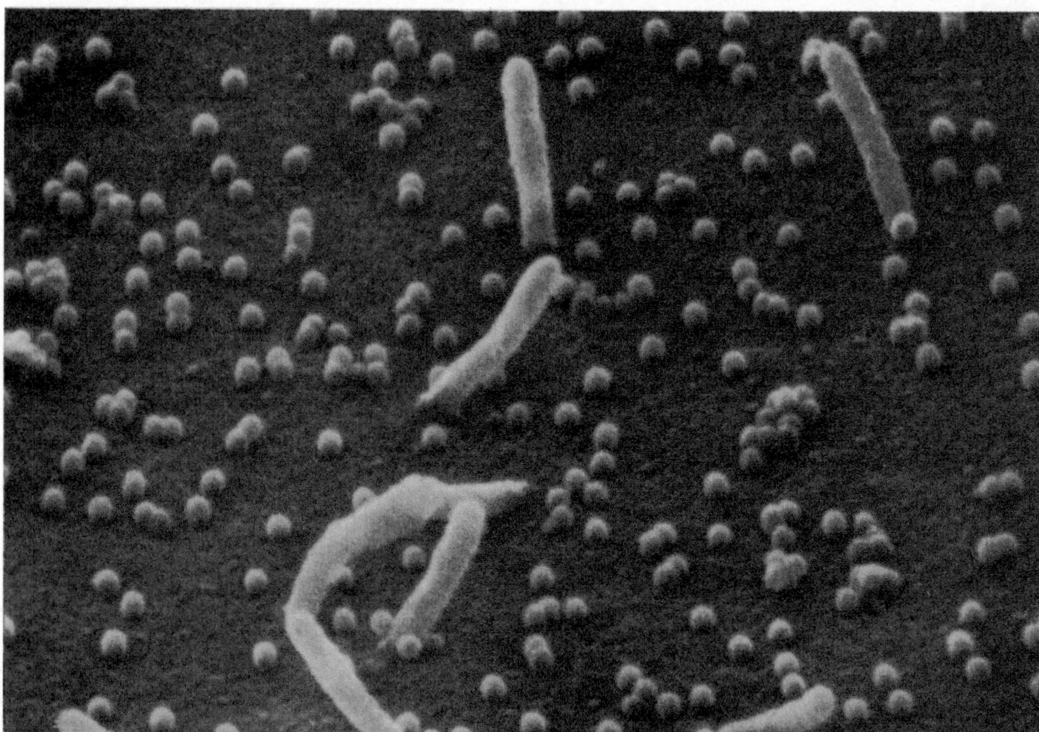

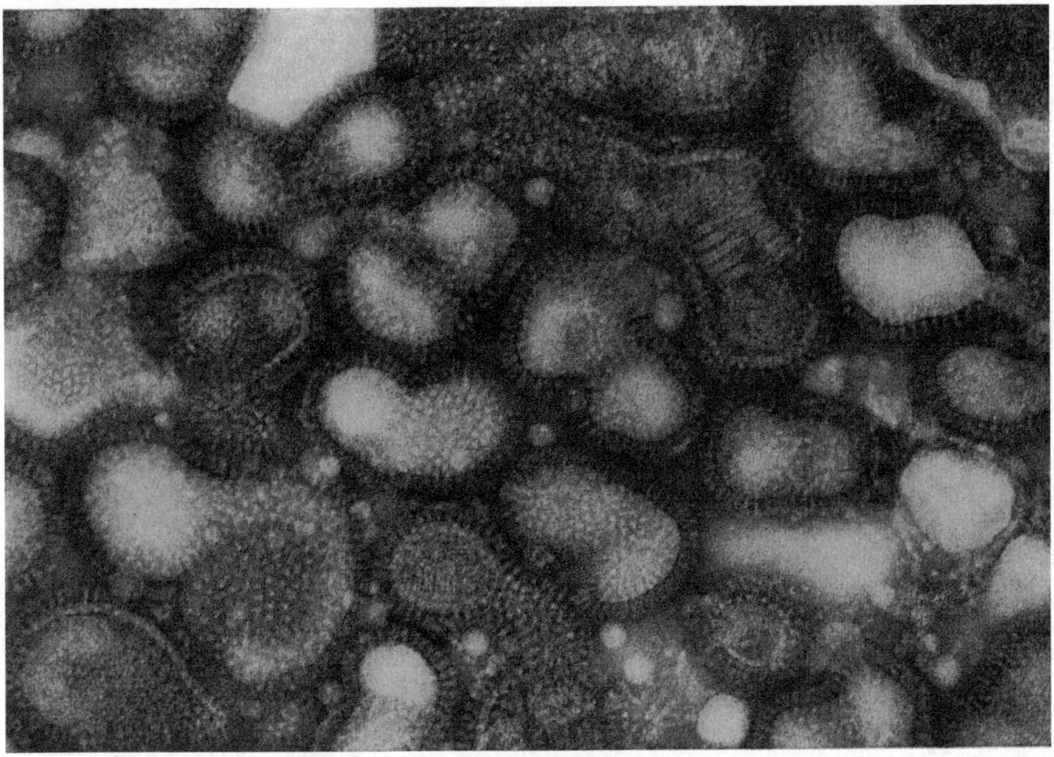

Abb. 33 Elektronenmikroskopische Aufnahme von Influenza A-Viren (×200000). Deutlich sichtbar sind die Rezeptoren HA und NA als Saum um die Viren

Die biologische Funktion der Lektine ist bisher noch weitgehend ungeklärt, wenngleich bereits 9 verschiedene biologische Funktionen allein für pflanzliche Lektine beschrieben wurden (Goldstein und Etzler, 1983). Zwei Funktionen gelten jedoch als gesichert: Erkennungsfunktion („selbst" – „fremd") bei einigen Pflanzen (z. B. erfolgt die Symbiose von Pflanzen mit Bakterien über das Pflanzen-Lektin) und Erkennung gealterter Zellen im Organismus (Leberzell-Lektin) sowie deren Reutilisierung bei Säugetieren einschließlich Mensch. Was aber in eine Zelle hineinkommt oder von der Zelle abgegeben wird, entscheidet sich zunächst an ihrer Membran und ihren Rezeptoren, die die Zelle wie sensible „Antennen" umgeben (Abb. 29–34).

Folgerichtig zeichnen sich Veränderungen in einem Organ, im Blut oder in einzelnen Zellen zuerst durch Veränderungen der Zellrezeptoren ab, was durch viele Experimente bewiesen werden konnte. Die Möglichkeit, durch geeignete Lektine diese Vorgänge „sichtbar" oder erkennbar zu machen, oder bestimmte Zellen zu selektieren, stimulieren oder abzutöten, ist ein wesentliches Anliegen der Lektinologie.

Abb. 31 Rasterelektronenmikroskopische Aufnahme eines menschlichen Lymphozyten (×18000)

Abb. 32 Rasterelektronenmikroskopische Aufnahme einer MDCK-Zelle, an deren Oberfläche Influenzaviren austreten (×36000)

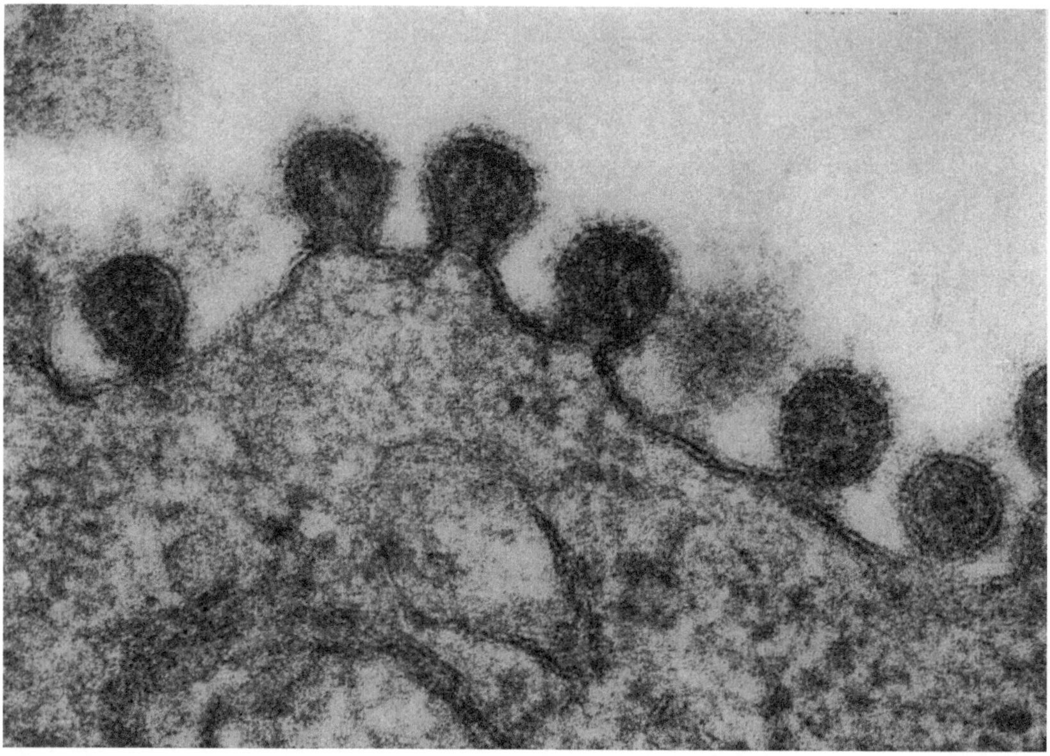

Abb. 34 Elektronenmikroskopische Aufnahme von Influenza A-Viren, die eine infizierte Zelle (MDCK) wieder verlassen (×260000)

a) Reaktionen mit Zellen im menschlichen Blut

Das älteste Anwendungsgebiet der Lektine ist die Blutgruppenserologie, weil es gelang, mit bestimmten Lektinen exakt, schnell und billig (ohne spezifische Immunseren) bestimmte Blutgruppen zu bestimmen. Die Blutgruppe „A" z. B. konnte mit einem Lektin aus Schnecken (Prokop et al., 1965) bestimmt werden, weil dieses Lektin nur mit N-Acetyl-Galaktosamin (D-Gal-NAc) reagiert, dem terminalen Zucker der Blutgruppen-A-Substanz (Prokop et al., 1968). Soll andererseits die Immunreaktivität menschlicher Lymphozyten geprüft werden (heute unentbehrlich in der klinischen Immunologie), so benutzt man weltweit die Lektine Con A, PHA u. a., weil keine andere Substanz eine bessere unspezifische (unabhängige) Immunstimulation hervorrufen kann.

Eine Reaktionsform zwischen Lektinen und menschlichen Zellen, die besonders unsere Arbeitsgruppe beschäftigte (Sehrt und Luther, 1982), ist die Histaminfreisetzung aus basophilen Granulozyten oder Mastzellen – eine der Basisreaktionen der meisten Allergieformen (s. auch Kap. C. VIII.). Hier gelingt es in vitro an Zellen von Allergikern, die bei Allergenkontakt eine hohe Histaminfreisetzung zeigen (Histamin löst schließlich pathogene Reaktionen aus), diese Histaminausschüttung aus den Zellen trotz Allergenkontakt zu blockieren (Abb. 35), wenn die Zellen mit bestimmten Lektinen (z. B. dem Lektin der Mistel, VAA) vorinkubiert werden (Luther et al., 1978; Sehrt und Luther, 1982). Es kommt bei diesen Zellen nicht zur Degranulation und nicht zur Histaminfreisetzung. Mit diesem Lektinmodell lassen sich Vorgänge an der Membran studieren, was z. B. bei der Testung neuer Pharmaka wichtig sein kann (s. Kap. C. VIII.).

Ein anderes interessantes Modell haben Schirrmacher et al. 1983 mit metastasie-

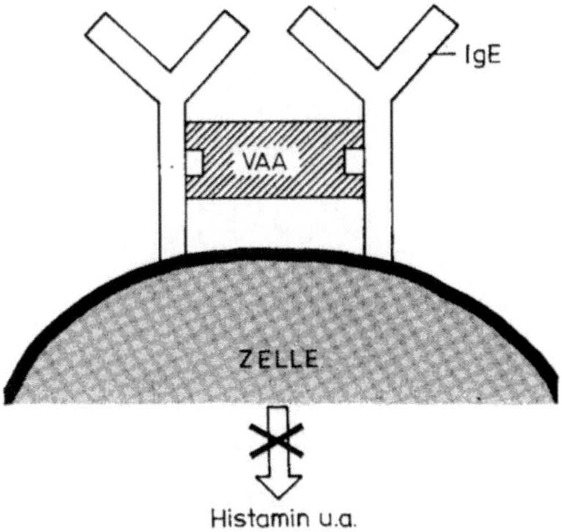

Abb. 35 Modell der Blockierung der Histaminfreisetzung (HF) aus basophilen Leukozyten durch das Lektin aus Viscum album (VAA). Das Lektin bildet eine Brücke zwischen 2 IgE-Molekülen auf Leukozyten durch Reaktion mit dem jeweiligen Zucker des IgE (nach LUTHER et al., 1978)

renden und nicht metastasierenden Tumorzellen aufgebaut. Hier gelang es, mit gereinigtem und FITC-markiertem Lektin (PNA, HBP, VVA) zwischen metastasierenden und nichtmetastasierenden Tumorzellinien zu unterscheiden.
Bei erfolgreichem Abschluß dieser Arbeiten sind weitere Fortschritte in der Tumordiagnostik möglich.

b) Lektine, die sich auf der Membran von Einzelzellen oder auf Zellen in Organen befinden

Die wohl bedeutendste Entdeckung in der Lektinologie der letzten Jahre machte sicher ASHWELL zusammen mit MORELL (1974), als er auf Zellmembranen von Säugetierorganen membrangebundene Lektine entdeckte. Heute sind von fast allen menschlichen Organen (z. B. Leber, Lunge, Herz) Lektine bekannt.
Das **Lektin auf Hepatozyten** (HBP) hat beispielsweise eine Spezifität zu dem Zucker D-Galaktose, der wiederum in 1-3-Verknüpfung an N-Acetyl-galaktosamin angehängt ist (Spezifität also: D-Gal-β-1-3-D-Gal-NAc). Dieser Rezeptor (TF) kommt im menschlichen Organismus normalerweise nicht in zugänglicher Form vor. Die „Aufgabe" des Lektins ist aber dennoch denkbar einfach. Üblicherweise maskiert (schützt) eine Neuraminsäure (NANA) als letzte Struktur an allen Rezeptoren die Zellen. Altern Zellen oder werden sie attackiert (Bakterien und Viren haben Enzyme, die diese NANA abspalten), verlieren diese Zellen zuerst diese letzte Struktur. Jetzt ist der letzte, terminale Zucker an dem Rezeptor D-Gal-β-1-3 . . . (Abb. 36), und solche Zellen werden in der Leber „aus dem Verkehr gezogen", abgebaut, und aus den einzelnen „Bausteinen" werden wieder neue, komplette Strukturen synthetisiert.
Diese „erkennende" Funktion hat das Lektin (hepatic binding protein – HBP). Bei Erkrankungen des Leberparenchyms ist die Funktion dieser Lektine gestört, so daß Asialoglykoproteine (ohne N-Acetyl-Neuraminsäure = NANA) im Serum ansteigen, was man wiederum als diagnostischen Hinweis (z. B. α-1-Glykoproteinnachweis) benutzen kann.
Weitere „Erkennungsformen" von Membranlektinen kennen wir von **Makrophagen.** Makrophagen besitzen Lektine, mit denen sie Bakterien oder andere „Fremdstrukturen", gegen die diese Lektine des Makrophagen einen Bindungsort haben, erkennen und schließlich eliminieren können. Verschiedene **Lymphozytenpopulationen** haben Lektine auf ihrer Zelloberfläche, über die sie – je nach Spezifität – mit anderen Zellen in Kontakt treten können. Die häufig benutzte „Rosettenbildung" als T-Lymphozyten-Nachweis basiert auf Reaktionen zwischen einem Membranlektin auf T-Lymphozyten, das einen endständigen Zucker auf Schaferythrozyten erkennt.
Eine mögliche pathogene Bedeutung der Organ- bzw. Membranlektine wurde bisher wenig beachtet. Betrachten wir z. B. das Leberzell-Lektin (HBP). In einem Modell von UHLENBRUCK (1983) wurde dargestellt, daß dieser Rezeptor für HBP besonders häufig auf Tumorzellen (nicht abgeschlossener Rezeptoraufbau) vorkommt. Wenn dieses Lektin der Leberzelle mitogen wirkt, wie einige Lektine, sollte es auch metastasierende Tumorzellen festhalten und mitogen stimulieren. Die gewonnenen klinischen Daten sprechen dafür (Abb. 37). Pathologische Bedeutung haben auch die **Lektine in der Bakterienzellmembran:** Daß Bakterien

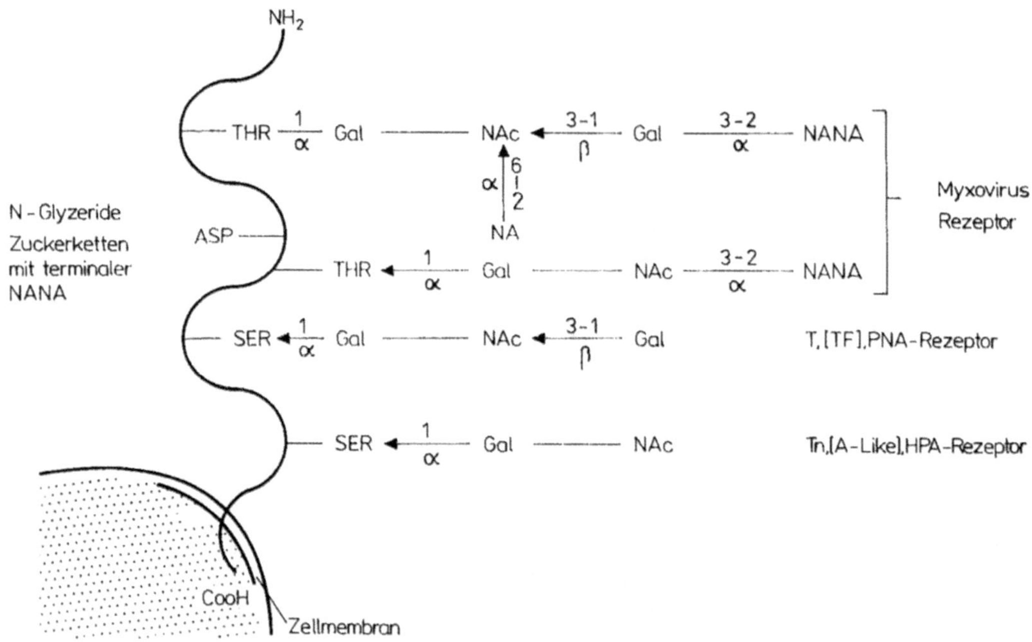

Abb. 36 Rezeptorstruktur auf menschlichen Zellen
ASP – Asparaginsäure, SER – Serin, THR – Threonin, Gal – Galaktose, NA – Neuraminsäure, NAc – Acetyliert

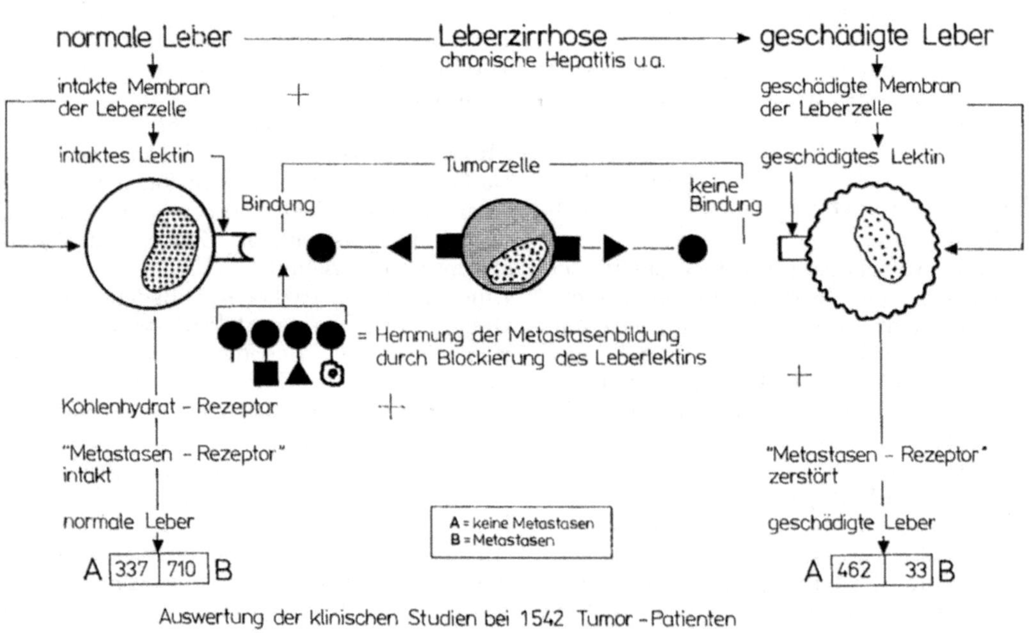

Abb. 37 Wechselwirkung zwischen Leberzell-Lektinen und Metastasenbildung im Zusammenhang mit Tumoren der Leber (nach UHLENBRUCK, 1983)

„Hämagglutinine“ besitzen, ist schon seit 80 Jahren bekannt. Erst in jüngster Zeit konnte geklärt werden, daß es sich hier um Lektine handelt, die sich auf den sogenannten Pili (Fortsätzen) befinden und verschiedene Funktionen für das Bakterium haben:

- Anheften an andere Zellen (Wirtszellen)
- Toxische Wirkung (Vibrio cholerae)
- Symbiose mit anderen Bakterien (Streptokokken)
- Nahrungsaufnahme (Kohlenhydratbindung, z. B. E. coli

Daraus lassen sich entsprechende pathologische Prozesse ableiten. **Pyelitogene Coli-Bakterien** (E. coli) besitzen Lektine auf ihren Pili, die mit einem Zucker der menschlichen P-Substanz (Blutgruppenmerkmal) reagieren. In den Urothelien des Nierenbeckens und der Harnleiter dient dieser Rezeptor als Erkennungs- und Anheftungspunkt für E. coli, das für viele Pyelonephritiden der Erreger ist. Tatsächlich erkranken Menschen mit einer Blutgruppe ohne diesen Rezeptor (P-negativ) weniger häufig als „P-positive“ Menschen. In vitro kann man diese Anheftung durch Hinzufügung der entsprechenden Zucker zu den Bakterien verhindern.

Ein anderes Beispiel ist der Erreger von atypischen Pneumonien (Chlamydia psittaci). Die Chlamydie hat Lektine mit einem Bindungsort für N-Acetyl-D-Glukosamin, einem Zucker, der auf Fibroblasten vorkommt, so daß der Kontakt Bakterium – Zelle geschlossen werden kann. Auch hier kann in vitro dieser Kontakt in Anwesenheit des genannten Zuckers unterbunden werden. Auch Pseudomonas aeruginosa besitzt ein galaktosespezifisches Lektin. Pathogene Bakterien des Rachenraumes (Streptococcus sanguis, verursacht Karies?) benötigen ebenfalls Zucker für ihre Anheftung, die sie über Nahrungsreste im Rachenraum bekommen. Anheften an glatte Oberflächen allein (Zahn) gelingt fast nie.

Künftige Pharmakaforschungen sollten berücksichtigen, daß sich Bakterien ohne die Wirkung der Lektine nicht anheften können. Mit Hilfe des spezifischen Zuckers können Lektine blockiert werden, so daß eine Infektion verhindert bzw. verringert werden könnte.

Die Adhäsionsproblematik gilt auch für **Viren**. Auch das Influenzavirus hat auf seiner Oberfläche 2 Strukturen, die als Bindungsorte N-Acetyl-Neuraminsäure (NANA) benötigen, die auf allen menschlichen Zellen endständig vorkommt.

Mit Hilfe des Lektins (Hämagglutinin) heftet sich das Virus an die Zelle. Die andere Oberflächenstruktur ist ein Enzym (Neuraminidase). Diese Neuraminidase löst nun diesen letzten Zucker von der Zelle ab, so daß einmal das Virus neu infizieren kann, zum anderen ist so aber der sogenannte TF-Rezeptor zugänglich und solche Zellen werden als „geschädigt“ von der Leber erkannt.

Mit einem weiteren Lektin, das wir (Luther et al., 1979) aus Erdnüssen isolierten (PNA), das ebenfalls spezifisch mit diesem Rezeptor reagiert, gelang es uns, einen neuen Test (LNT = Lektin-Neuraminidase-Test) mit einer hohen Präzision zu entwickeln, um Reaktionen, wie biologische Aktivitäten von Viren an Zelloberflächen oder Antikörperbildung gegen diese Virus-Neuraminidasen, nachzuweisen (Luther et al., 1984).

Wie im zuletzt genannten Beispiel soll auch mit den folgenden Bemerkungen gezeigt werden, daß Lektine überwiegend nützliche Helfer in der Medizin sind.

c) Zellseparierung und Charakterisierung durch Lektine

Ebenso wie sich Lektine durch Affinitätschromatographie meist einfach reinigen und isolieren lassen, kann man mit derselben Methode Zellen nach ihren Oberflächenstrukturen differenzieren und separieren. Soll beispielsweise eine bestimmte Zellpopulation aus dem Blut isoliert werden, bindet man das entsprechende Lektin an einen Träger (z. B. Sepharose) in einer Säule und läßt dann das Serum oder die Zellsuspension mit den verschiedensten Zellen durch diese Säule „laufen“. Wenn eine richtige Auswahl an Lektinen getroffen wurde, wird die entsprechende Zellpopulation an dem Lektin „hängenbleiben“ und kann später mit dem für das Lektin spezifischen Zucker separat ausgewaschen werden. Eine Übersicht zur Zellseparation mit Lektinen ist in einer Arbeit von Sharon 1982 enthalten, die unverändert in Tabelle 14 dargestellt ist.

Tabelle 14 Geeignete Lektine zur Zellseparation (nach SHARON, 1982)

Herkunft, Lektine	Zuckerspezifität	Herkunft Zellen	Beispiele zur Zellseparation
Dolichos biflorus (DBA)	α-N-Acetyl-D-Galaktosamin	Mensch	A_1- und O(H)-Erythrozyten
Griffonia simplicifolia I (GSA)	α-D-Galaktose	Maus+)	Stimuliert Makrophagen
Helix pomatia (HPA)	α-N-Acetyl-D-Galaktosamin	Mensch	Periphere B- und T-Lymphozyten*)
		Maus	B- und T-Milzzellen
Limulus polyphemus (LPA)	Neuraminsäure (NANA)	Maus	Milz-T-Helferzellen
Lotus tetragonolobus (LTA)	α-L-Fukose	Mensch	Neutrophile des peripheren Blutes und hämopoetische Vorläuferzellen des Knochenmarkes
Arachis hypogaea (PNA)	D-Galaktosyl-β-(1-3)-N-Acetyl-D-Galaktosamin	Mensch	Rinden- und Mark-Thymozyten, reife und unreife Blut-Lymphozyten
		Maus	Rinden- und Mark-Thymozyten, Suppressor-Milz-T-Zellen
		Huhn	Suppressor-Lymphozyten
Pokeweed (PWM)		Maus	Granulozyten-Makrophagen-Vorläuferzellen
Glycine max (SBA)	N-Acetyl-D-Galaktosamin	Mensch	Helfer- und Suppressor-Lymphozyten, Knochenmarkstammzellen
		Maus	B- und T-Milzzellen, Stammzellen der Milz
		Hamster	B- und T-Milzzellen
		Affe	Knochenmarkstammzellen
Triticium vulgare (WGA)	N-Acetyl-D-Glukosamin, NANA	Maus	B- und T-Milzzellen
Vicia villosa (VVA)	N-Acetyl-D-Glukosamin	Maus	Zytotoxische T-Zellen

*) Nach Behandlung der Zellen mit Neuraminidase.
+) Zellen von Maus oder Ratte (murine).

d) Therapieversuche mit Lektinen

Erste, erfolgversprechende Ergebnisse wurden mit den sogenannten **„Immuntoxinen“** in der Tumorbekämpfung erzielt. Wenn Therapieerfolge bislang auch noch ausstehen, bleibt die Hoffnung, daß durch die Kombination monoklonaler Antikörper mit toxischen Lektinen noch Fortschritte erzielt werden (UHLENBRUCK, 1981a).

Immunantikörper oder auch monoklonale Antikörper gegen Tumorzellen sind nicht direkt therapeutisch einsetzbar. Die toxischen Lektine, auch solche mit einer hohen Toxizität, speziell gegen Tumorzellen, sind – soweit heute bekannt – meistens galaktosidspezifisch (z. B. Ricinus communis, Viscum album, Abrus precatorius, Modeccin) und scheiden ebenso für eine direkte Anwendung in vivo aus, da Galaktosidrezeptoren zwar gehäuft auf Tumorzellen vorkommen, aber auch auf anderen Zellen.

Durch Kombination der hochspezifischen Erkennungsregion ($F(ab)_2$) eines monoklonalen Antikörpers und der toxischen A-

Kette der genannten Lektine erhält man ein „Immuntoxin“, das sowohl die Tumorzelle erkennt als auch für diese toxisch ist (s. Kap. C. VII.).
Dr. ELLEN VITETTA (Dallas) wandte als erste erfolgreich Immuntoxine im Tierversuch an, indem sie Mäusen tödliche Dosen von Tumorzellen transplantierte und deren Knochenmark durch Bestrahlung ausschaltete. Alle Tiere, denen das Immuntoxin (Kombination zwischen A-Kette des toxischen Lektins aus Ricinus communis (RCA) und $F(ab)_2$-Abschnitt eines monoklonalen Antikörpers gegen den Tumor) gegeben wurde, überlebten, alle anderen nicht. **Knochenmarktransplantationen** hatten bisher eine sehr schlechte Prognose. Der Chirurg Yair REISNER (Sloan Kettering Cancer Center, New York) und der Lektinologe Nathan SHARON (Weizmann Institute, Rehovot) retteten 1981 das Leben eines einmonatigen Mädchens mit Hilfe eines Lektins aus Sojabohnen (REISNER et al., 1981). Dieser sensationelle Erfolg hat im weiteren Verlauf die bisher wenig erfolgreichen Knochenmarktransplantationen entscheidend verbessert und die Lektine in ihrer Anwendung noch interessanter gemacht. Die genannten Autoren haben inzwischen in 18 von 22 Therapieversuchen menschliches Knochenmark ohne Komplikationen verpflanzt. Bisherige Transplantationen scheiterten fast immer, da die besonders im Knochenmark vorhandenen T-Lymphozyten (T-Zellen) und Killer-Lymphozyten (K-Zellen) starke „Angriffe“ gegen die als „fremd“ erkannten Zellen des Patienten entwickelten – die gefürchtete „Graft-versus-host-reaction“. In dem neuen Modell wurde wie folgt vorgegangen (REISNER et al., 1981):
Die Zellen aus dem Knochenmark des Spenders (der jetzt nicht mehr den gleichen Zelltyp besitzen muß – ein weiterer Fortschritt!) werden in einer Suspension mit dem Lektin aus Sojabohnen (SBA) gemischt. Das Lektin bindet sich nur an T-Lymphozyten, nicht an andere. Durch die Agglutination zwischen SBA und T-Zellen werden diese Aggregate größer und schwerer und sinken in der Suspension schnell nach unten. Die in der Suspension verbleibenden Stammzellen können jetzt ohne Schaden transplantiert werden. Das neue Knochenmark wuchs in fast allen Fällen leicht an. So kann ein Lektin für viele Patienten mit Leukämie oder Immundefizit-Krankheiten neue Hoffnung bedeuten.

C. II.
Nomenklatur von Lektinen und Toxinen aus Viscum album

Trotz der kurzen Geschichte der Lektine ist es erforderlich, sich über Definitionen und die Nomenklatur Klarheit zu schaffen, da in kurzer Folge weitere neue Erkenntnisse publiziert wurden und oft schon geglaubt wurde, z. B. die entscheidende Definition für Lektine gefunden zu haben.
Auf Grund der schnellen Entwicklung immunologischer, biochemischer und pharmakologischer Methoden und des relativ großen Interesses an Mistelinhaltsstoffen ist es zu ständig neuen Erkenntnissen über die Zusammensetzung und Wirkung einzelner Substanzen aus Viscum album gekommen.
Dabei führte einerseits der Einsatz neuer Methoden auch zu einer neuen Namensgebung bei z. T. schon beschriebenen oder teilweise bekannten Verbindungen. Andererseits führten neue Erkenntnisse über den Wirkungsmechanismus zu neuen Namen (s. Kap. F.). Die teilweise recht unterschiedlichen Ergebnisse bzw. schwer zu vergleichenden Resultate beruhen auf Besonderheiten der Mistel, die wie folgt zusammengefaßt werden könnten (s. Kap. C. III. u. C. IV.):

1. Der Erntezeitpunkt der grünen Pflanze hat entscheidenden Einfluß auf den Gehalt an wirksamen Proteinen (VESTER et al., 1968c) bzw. auf den Gehalt an Lektinen (ZISKA und FRANZ, 1985). Der unterschiedliche Erntezeitpunkt und der „Zustand“ der Pflanze haben aber auch Einfluß auf die Toxizität bestimmter Lektinfraktionen (SAMTLEBEN et al., 1984).
2. Einen ebensolchen Einfluß haben die unterschiedlichen Wirtspflanzen der Mistel (VESTER et al., 1968b; LUTHER, 1982; ZISKA und FRANZ, 1985).
3. Vor allem in früheren Jahren wurden unterschiedliche Mistelbestandteile als

Ausgangssubstanzen gewählt (nur Beeren, nur Blätter, nur Holz oder gemischt).

Allein diese beeinflussenden Faktoren verdeutlichen, wie schwierig besonders ältere Aufzeichnungen, wo Methoden und Erkenntnisstand noch „unterentwickelt" waren, einzuordnen oder zu vergleichen sind. Sicher wurde in der Vergangenheit auch Viscum und Loranthus verwechselt, was zu widersprüchlichen Aussagen führte. Loranthus ist botanisch eine andere Gattung (s. Kap. C.), die neuerdings auch einer anderen Pflanzenfamilie zugeordnet wird und kein Toxin enthalten soll.

Koch entdeckte 1938 die nekrotisierende Eigenschaft von Viscum-Extrakten, die er experimentell bei Versuchen an Mäusen mit Ehrlich-Aszites-Karzinom nachwies. Er nannte dann die Substanz, die in seinen Mistelextrakten (einfache Rohextrakte) eine deutliche Tumorwachstumshemmung bei Ehrlich-Aszites-Karzinomzellen verursachten, einfach aber treffend **„Phytotoxin"** der Mistel.

In umfangreichen Untersuchungen, bei denen Koch an mehr als 17000 Versuchstieren Extrakte und Lösungen aus vielen Pflanzen und Tieren testete, zeigte sich, daß er mit Mistelextrakten die besten Ergebnisse in der „antikarzinomatösen" Wirkung erzielte.

Koch, der zwischen toxischen und nekrotisierenden Eigenschaften unterschied, konnte mit beiden Substanzen Kaninchen immunisieren und bezeichnete folglich das Phytotoxin als Antigen. Er erkannte wohl auch als erster, daß der „Phytotoxin"-Gehalt weniger von der Wirtspflanze als vielmehr von der Jahreszeit abhängt; eine heute mehrfach bestätigte Erkenntnis (Vester, 1968a; Luther, 1982; Ziska und Franz, 1985). Inwieweit in den „Phytotoxinen der Mistel", wie sie Koch beschrieb, Lektine oder Toxine (Viscotoxin) enthalten waren, läßt sich nicht nachprüfen, da seine „Rezepte" der Viscumextrakt-Zubereitung nicht bekannt geworden sind.

Nach heutiger Kenntnis bzw. Annahme müssen wir davon ausgehen, daß sowohl Lektine als auch Toxine in diesen Extrakten enthalten waren, die zumindest teilweise für die Anti-Tumor- oder nekrotisierende Wirkung verantwortlich waren. Von dieser Annahme ging auch Zipf (1949, 1950) aus, als er mit einer Viscotoxin-Lösung (1 : 90000) Nekrosen an Kaninchen erzeugte. Ebenfalls Nekrosen konnte dieser Autor mit Rohextrakten (Lektin enthaltend) an Kaninchen erzielen.

Alle erwähnten Eigenschaften wie antikarzinomatös, nekrotisierend, phytotoxisch stehen sicher im Zusammenhang mit Lektinen und Toxinen der Mistel.

Viscotoxine: Viscotoxine wurden erstmals von Winterfeld und Kronenthaler (1942) und Winterfeld und Bijl (1948) beschrieben. Ihnen wurde ebenfalls eine nekrotisierende und herztoxische Wirkung nachgesagt. Da 17 Aminosäuren angegeben wurden, müßte es sich um niedermolekulare Substanzen gehandelt haben, was später durch die Arbeiten von Samuelsson et al. (Übersicht 1970, 1973) bestätigt wurde. In Fortsetzung der Arbeiten von Winterfeld hat Samuelsson diese Gruppe systematisch weiter untersucht und in Viscotoxin A 2, A 3 und B unterteilt, die ziemlich ähnlich sind. Die Viscotoxine wurden physikochemisch und biochemisch weitgehend aufgeklärt. Es liegen aber nur spärliche oder keine immunologischen Untersuchungen vor. Konopa et al. (1980) und Woynarowski und Konopa (1980) veröffentlichten dann Ergebnisse mit neueren bzw. einfacheren Methoden und nannten ihre Produkte Viscotoxin I, II, III und IVb. Nach Aussagen dieser Autoren handelt es sich aber bei den Viscotoxinen II, III und IVb um die von Samuelsson charakterisierten Viscotoxine A 2, A 3, B.

Während die Nomenklatur der Viscotoxine mehrheitlich unverändert blieb, wechselte sie wesentlich stärker bei den Lektinen, die im Gegensatz zu den niedermolekularen Viscotoxinen (MG ca. 5000) höhermolekulare Verbindungen (MG 60000–120000, s. Kap. C. IV.) sind.

Krüpe (1956) hat wohl zuerst die agglutinierende Eigenschaft von Extrakten aus Viscum album gefunden. Bei der Suche billiger Substanzen zur Blutgruppenbestimmung war er aber nur in diese Richtung orientiert. Er nannte alle agglutinierenden Extrakte **„Phythämagglutinine"**.

In den Jahren zwischen 1960–1968 und dann 1977 isolierte und charakterisierte

VESTER verschiedene Fraktionen mit zytotoxischer, zytostatischer und kanzerostatischer Wirkung. Seine Bezeichnungen beziehen sich auf Numerierungen wie *Proteinfraktion 16, 161* usw. PARDOE et al. (1970) nennen – immer entsprechend der gerade „üblichen" Nomenklatur – einen Extrakt aus den Beeren der Mistel „heterophiles Agglutinin". LUTHER et al. (1973) sprachen dann ebenfalls nach der damals üblichen Nomenklatur von antikörperähnlichen Substanzen und bezeichnen ein Isolat, das sie mit Galaktose von B-Erythrozyten lösen konnten, erstmals als **Lektin aus Viscum album.** Aufgrund der bevorzugten Agglutination von Erythrozyten mit dem Merkmal BP wird die Charakterisierung des Lektins als schwaches „Anti-B_{VA}" bezeichnet. Das Viscum-album-Lektin wird von diesen Autoren zunächst in Analogie zu Ricinus und Abrus in Viscum-Lektin und Viscum-Toxin unterteilt. Diese Unterteilung wurde nach neueren Untersuchungen dann verändert in Viscum-album-Agglutinin I **(VAA I)** und Viscum-album-Agglutinin II **(VAA II)** (SAMTLEBEN et al., 1984; LUTHER und SAMTLEBEN, 1984; SEHRT et al., 1985 u. a.).

Dagegen bevorzugten FRANZ et al. die deutsche Bezeichnung „Mistel" und bezeichneten die Lektine mit „Mistellektin I, II, III" (ML I, ML II, ML III).

Ein erneuter – hoffentlich letzter – Vorschlag zu der Nomenklatur erfolgte dann 1982 durch OLSNES, der das Lektin **„Viscumin"** nannte, das wohl identisch ist mit VAA I und ML I.

Ein in jüngster Zeit interessantes toxisches Prinzip wurde von KHWAJA et al. (1983) bestimmten Alkaloiden zugeschrieben, die aber nicht unabhängig von den Lektinen sind (s. Kap. B. I.).

Da alle in diesem Buch beschriebenen oder zitierten Proteine aus Viscum album gewonnen wurden, es aber über 100 verschiedene Arten mit der Bezeichnung „Mistel" gibt, wird empfohlen, die wissenschaftlich verständliche Bezeichnung zu wählen, um Verwechslungen auszuschließen:

z. B.: Lektine aus Viscum album statt Lektine der Mistel oder Viscum-album-Agglutinin (VAA) statt Mistellektin (ML).

Die folgenden Übersichten der meisten lektin- und toxinassoziierten Fraktionen sollen vor allem die Bezeichnungen vereinheitlichen und den Vergleich verschiedener Fraktionen erleichtern.

Nomenklatur der Viscum album-Lektine

1956	KRÜPE	Aufzählung von Pflanzen mit agglutinierenden Eigenschaften, u. a. Viscum album **(Phythämagglutinin)**
1958	BIRD	„erythrocyte **agglutinins** from plants" u. a. Viscum album
1970	PARDOE et al.	heterophiles **Agglutinin**
1973	LUTHER et al.	**Lektin** aus Viscum album (Viscum-Lektin)
1974	LUTHER	**Präzipitation** aus Viscum album
1975	LUZIK	**PHA**
1981	FRANZ et al.	**Mistellektin** I, II, III (Mistletoe Lectin)
1982	OLSNES et al.	**Viscumin**
1984	SAMTLEBEN et al.	**VAA** I und II (Viscum-album-Agglutinin)

Wissenschaftliche Bezeichnung:

Viscum album L. – Europäische Mistel

↓

Viscum album-Lektine (Agglutinine)

International gebräuchliche Abkürzungen:

VAA

	VAA I	**VAA II**
Synonyma:	Viscumin	–
	Mistellektin I	Mistellektin II
	Viscum-Lektin	Viscum-Toxin
	Anti-B_{VA}	–

Vergleich verschiedener Präparationen wichtiger Viscum album-Proteine

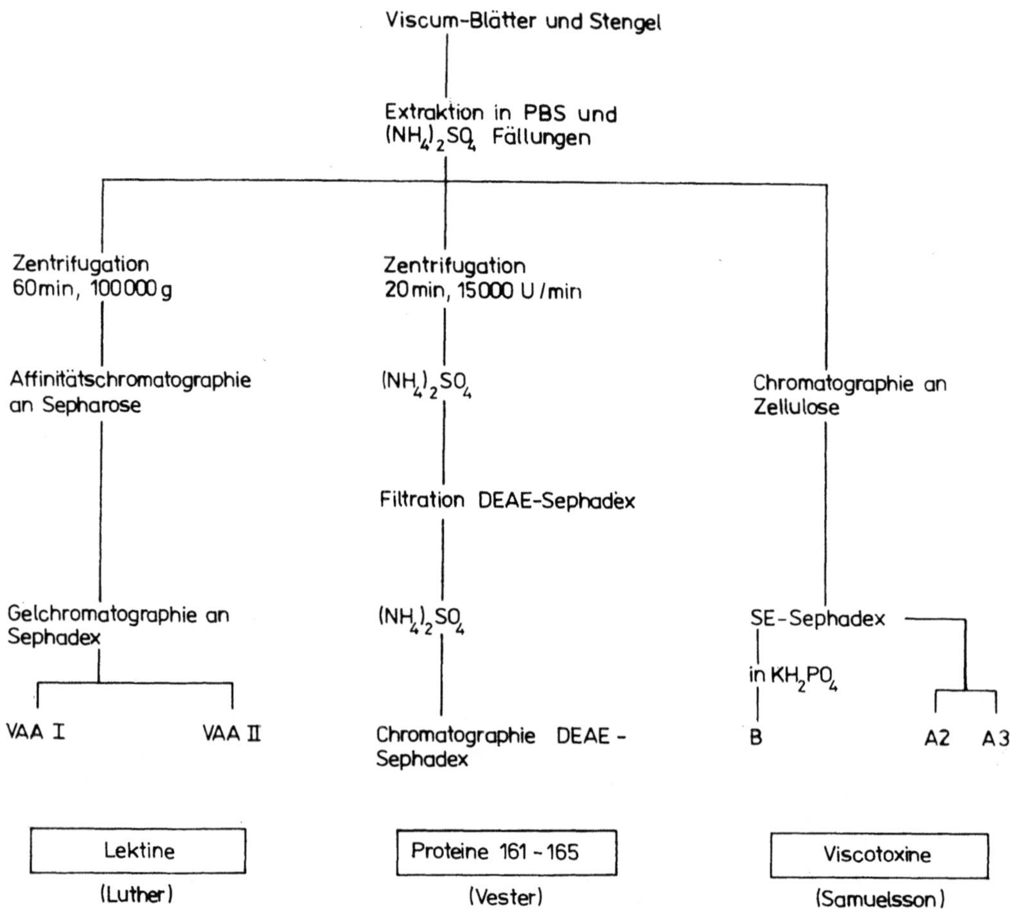

Nomenklatur der Viscotoxine

1942 1948	WINTERFELD, K. et al.	Viscotoxin
1970	SAMUELSSON, G., et al.	Viscotoxin A 2 Viscotoxin A 3 Viscotoxin B
1980	KONOPA, J., et al.	Viscotoxin I Viscotoxin II Viscotoxin III Viscotoxin IV b

nach KONOPA ist
Viscotoxin II identisch Viscotoxin B
Viscotoxin III identisch Viscotoxin A 2
Viscotoxin IV b identisch Viscotoxin A 3

Aus Gründen der Priorität wird auch international wie folgt unterschieden:
Viscotoxin A 2
Viscotoxin A 3
Viscotoxin B

C. III. Präparation und Reinigung der Viscum album-Lektine (VAA)

Wie bereits erwähnt, haben die unterschiedliche Herkunft (Wirtspflanzen von Viscum album) der VAA, aber auch verschiedene Verfahren der Isolierung und Reinigung der Lektine zu unterschiedlichen Charakterisierungen (und Nomenklatur!) bei den Viscum album-Lektinen geführt (s. Kap. C. II.).

Im folgenden soll versucht werden, nicht nur die heute angewandten Verfahren der Präparation von Lektinen zu beschreiben, sondern auch frühere Methoden der Präparation von Lektinen der Mistel kurz zu nennen, um ein besseres Verständnis für zurückliegende Ergebnisse und deren Vergleich zu heutigen Resultaten zu ermöglichen.

Die Reinigung von Antikörpern oder Antigenen bzw. auch Lektinen erfolgte im allgemeinen mit ionenaustausch- bzw. affinitätschromatographischen Verfahren (ALLEN und NEUBERGER, 1973; ALLEN und JOHNSON, 1976; FRANZ et al., 1977; KOLBERG, 1978; LIS et al., 1974; NOWAK und BARONES, 1975; PIPKOVA et al., 1978; TOMITA et al., 1972; VESTER et al., 1968a; YOUNG, 1974). Sehr verbreitet war dabei die Methode der Kopplung eines spezifischen Antigens oder Antikörpers an bromzyanaktivierte Sepharose und nachfolgender Säurespaltung bzw. Elution mit einem spezifischen Zucker (ALLEN und NEUBERGER, 1973; ALLEN und JOHNSON, 1976; HOREJSI et al., 1977 und SELA et al., 1975).

Erste Versuche zur affinitätschromatographischen Anreicherung von Viscum-Lektinen unternahmen bereits LUTHER et al. 1973. Menschliche B-Erythrozyten wurden mit Glutaraldehyd vernetzt und im Batchverfahren das Lektin an diesen Träger gebunden. Durch Erhöhung der Temperatur auf 50 °C oder Zusatz von 0,1 M Galaktose ließ sich das Lektin wieder von den fixierten Erythrozyten ablösen. Eine weitere Verbesserung stellte die Einführung einer „gerührten“ Erythrozytensäule dar (FARCHMIN et al., 1980), die es gestattete, das Viscum-album-Lektin im kontinuierlichen Verfahren mit erhöhter Ausbeute zu präparieren. Nachteil dieses Verfahrens ist es, daß die Lektinfraktion während der Elution mit dem spezifischen Zucker, D-Galaktose, stark verdünnt wird. Bei dieser sehr einfachen und billigen Affinitätschromatographie an vernetzten Erythrozyten wurde so vorgegangen, daß 50 ml Sediment von menschlichen Erythrozyten (Blutkonserve) der Blutgruppe B in PBS gewaschen wurden und mit 0,05%iger Glutaraldehydlösung vernetzt wurden, so daß eine 50%ige Erythrozytensuspension erhalten wurde. Zu 100 ml Erythrozytensuspension konnten 100 ml Viscum-Rohextrakt (in PBS) zugegeben werden. Um eine optimale Bindung des Lektins an die Erythrozyten zu erreichen, wurde mit einer Inkubation bei Raumtemperatur (60 min) unter leichtem Rühren der Erythrozyten begonnen. Nach dem Einfüllen des Materials in die Filtrationszelle (Amicon) wurden ohne Rühren alle nicht gebundenen Bestandteile ausgewaschen und anschließend mit 0,1 M Galaktose eluiert.

Die Überprüfungen des eluierten Lektins in der Polyacrylamidgelelektrophorese ergaben vergleichbare Muster mit den Lektinen, die an partiell hydrolysierter Sepharose eluiert wurden (LUTHER et al., 1980). Auch in der Gelpräzipitationsreaktion nach OUCHTERLONY wurde zwischen beiden Lektinen vollständige Identität abgelesen (Abb. 38). Die Ergebnisse der Elution des

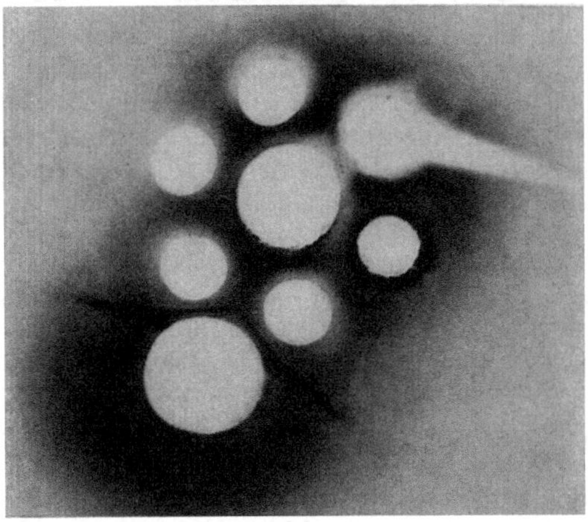

Abb. 38 Ouchterlony-Gelpräzipitationsreaktion zwischen einem Kaninchen-Anti-Viscum-Lektin (Anti-VAA I) und VAA, isoliert an Sepharose 4 B (linkes, kleineres Loch) und VAA, isoliert an humanen B-Erythrozyten (rechtes, kleineres Loch)

Tabelle 15 Kapazitätsversuch einer Erythrozytensäule zur Bindung von Viscum-album-Lektinen. Säulenvolumen 50 ml, kontinuierliche Aufgabe von Viscum-R, Durchlaufvolumen 0,3 ml/min. Das Lektin im Durchlauf wurde mit humanen B-Erythrozyten bestimmt
Viscum-R: Rohextrakt
Agglutinationsstärke: ++++ = vollständig, +++ = stark, ++ = mittel, + = schwach, +— = fraglich, — = negativ

Nr.	Volumen (ml)	Auftrag Viscum-R (ml)	Agglutinations-Titer gegen unbehandelte humane B-Erythrozyten 1 : 2	4	8	16	32	64	128	256
Kontrolle:	(Viscum-R)	in PBS:	++++	++++	+++	+++	+++	++	+—	—
1	6,5	6,5	—	—	—	—	—	—	—	—
2	8,2	14,7	—	—	—	—	—	—	—	—
3	6,3	21,0	—	—	—	—	—	—	—	—
4	6,5	27,5	—	—	—	—	—	—	—	—
5	6,6	34,1	+—	—	—	—	—	—	—	—
6	8,0	42,1	+++	++	+	—	—	—	—	—
7	7,7	49,8	++++	+++	+	+—	—	—	—	—
8	7,4	57,2	++++	+++	++	+	—	—	—	—
9	7,0	64,2	++++	++++	+++	+	+—	—	—	—
10	6,9	71,1	++++	++++	+++	++	+—	—	—	—
11	6,4	77,5	++++	++++	+++	++	+—	—	—	—
12	7,2	84,7	++++	++++	+++	+++	+	+—	—	—
13	8,2	92,9	++++	++++	+++	+++	+	+—	—	—
14	9,2	102,1	++++	++++	+++	+++	+++	++	+—	—
15	7,9	110,0	++++	++++	+++	+++	+++	++	+	—
16	6,0	116,0	++++	++++	+++	+++	+++	++	+—	—
17	5,8	121,8	++++	++++	+++	+++	+++	++	+	—
18	5,2	127,0	++++	++++	+++	+++	+++	++	+	+—
19	4,6	131,6	++++	++++	+++	+++	+++	++	+	—
20	3,8	135,4	++++	++++	+++	+++	+++	++	+—	—
26	3,5	138,9	++++	++++	+++	+++	+++	++	+	—
30	4,2	143,1	++++	++++	+++	+++	+++	++	+	—

Lektins nach einer Affinitätschromatographie an Erythrozyten gibt Tabelle 15 wieder. Eine ebenfalls benutzte Methode der Isolierung des VAA aus dem Rohextrakt war die Trennung nach dem Molekulargewicht (die Lektine haben das höchste Molekulargewicht der Proteine in der Mistel). Bei der Fraktionierung an Sephadex G 75 erschienen die Lektine an der Ausschlußgrenze, so daß eine Trennung in 4 Fraktionen (F_1, F_2, F_3, F_4) möglich war (Abb. 39). Während die Fraktionen F_1 und F_2 Lektine enthielten, die wir nach dem derzeitigen Erkenntnisstand etwa als „Begleitsubstanzen enthaltende Lektine VAA I und II" bezeichnen müßten, bestanden die Fraktionen 3 und 4 aus einem Gemisch verschiedener, mehrheitlich niedermolekularer Substanzen (ohne intakte Lektine) einschließlich der Viscotoxine.

Eine dritte Form der Isolierung der VAA wählten wir mit Franz, indem humanes IgG als Träger benutzt wurde (Luther et al., 1977; Franz et al., 1977; Franz und Ziska, 1981).
Ausgehend davon, daß das VAA sich an IgG bindet, versuchten wir eine Affinitätschromatographie an vernetztem IgG, um eine weitere Reinigung des Viscum-Lektins zu erzielen. Humanes IgG wurde nach der Vorschrift von Avrameas und Ternynu (1969) gewonnen und mit Glutaraldehyd vernetzt.

12,5 mg vernetztes IgG wurde im Röhrchen mit 1 bzw. 2 ml Viscum-R versetzt und 30 min bei Raumtemperatur geschüttelt. Danach wurde 10 min bei 5000 g zentrifugiert und der Überstand (Viscum-Ü) gewonnen. Das Sediment wurde dann 3mal in 100fachem Überschuß mit 0,9%iger NaCl-Lösung gewaschen.

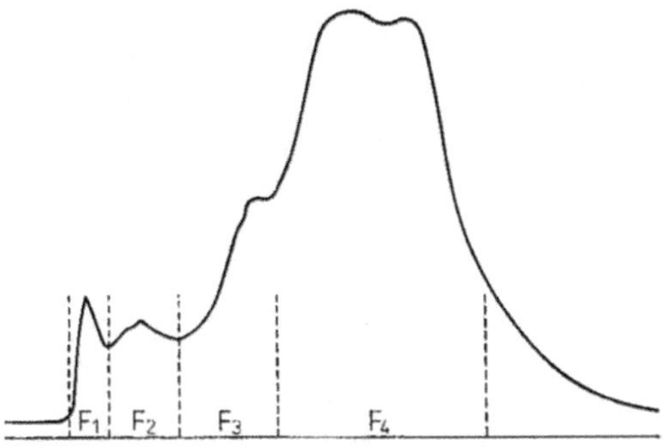

Abb. 39 Trennung eines Viscum-album-Rohextraktes nach der Molekülmasse (MG) durch Gelchromatographie an Sephadex G 75. 5 ml Rohextrakt wurden auf 300 ml Gel (Säulenvolumen) aufgetragen und die Extraktion bei 280 nm (Uvicord) gemessen

Bei Einsatz von 1 ml Viscum-R wurde dann 1 ml Glycin-HCl-Puffer, *p*H 2,8, zu dem Sediment (vernetztes IgG-Viscum-Lektin) gegeben und 30 min bei Raumtemperatur (mehrfaches Aufschütteln) belassen. Es folgte jetzt eine Zentrifugation von 20 min bei 5000 g. Dem erhaltenen Eluat (wir bezeichneten es mit Viscum-A) setzten wir kristallines NaCl bis zur Isotonie und konzentrierte NaOH bis zum *p*H 5,5–6 zu. Das IgG-Adsorbens wurde gewaschen und konnte erneut benutzt werden (bis zu 20 Versuche wurden vorgenommen, wobei die Adsorptionsfähigkeit erhalten blieb).

Die auf diesem Wege erhaltene Fraktion „Viscum-A" (Eluat) enthielt das Lektin, also auch alle Agglutinationseigenschaften, die Fraktion Viscum-Ü enthielt keine Lektine, ähnlich F 3 und F 4.

Einen großen Fortschritt bei der präparativen Isolierung der Viscum-album-Lektine brachte die Einführung von Agarosegelen als Trägermaterial für die Affinitätschromatographie. Agarose ist ein natürlich vorkommendes Polysaccharid, das aus alternierenden 1,3-verknüpften-β-D-Galaktose- und 1,4-verknüpften 3,6-Anhydro-α-L-Galaktoseresten besteht. Aufgrund seiner chemischen Struktur stellt es eine ideale Matrix für die Affinitätschromatographie galaktose- oder N-acetylgalaktosaminspezifischer Lektine dar. 1975 berichtete Luzik erstmals über die Verwendung von Agargelen zur affinitätschromatographischen Reinigung von Mistellektin. Eine Behandlung der Agarosegele mit Salzsäure nach Allen und Johnson (1976) führt zu einer Verstärkung der Lektinbindung an den Träger durch eine Anreicherung der β-galaktosidischen Bindungsstellen. Diese modifizierten Träger wurden in den letzten Jahren vielfach zur Präparation der Viscum-Lektine eingesetzt.

Franz et al. (1981) wählten eine Versuchsanordnung, bei der nur die am stärksten bindende Lektinfraktion an der Agarosesäule gebunden wird (Mistellektin I = VAA I). Die unter diesen Bedingungen nichtbindenden Lektine II und III wurden durch eine nachgeschaltete Affinitätschromatographie an immobilisierten Humanimmunglobulinen (IgG) gebunden und mit 0,2 mol Galaktoselösung (Mistellektin II) bzw. mit einem Glycin-HCl-Puffer, *p*H 2,8, isoliert (Mistellektin III). Auch Olsnes et al. (1982) isolierten ein Lektin der Mistel (Viscumin) mit säureaktivierter Sepharose 4 B, konnten aber keine Bindung der schwächeren Lektine der Mistel an immobilisiertes IgG nachweisen. Ähnlich wie im Falle des toxischen Lektins Modeccin zeigte desialysiertes Fetuin gute Bindungseigenschaften für diese Minorkomponenten. Die Elution der VAA erfolgt mit Galaktose oder Laktose. Die Bindung an den Träger ist relativ schwach. Das Lektin läßt sich schon mit sehr niedrigen Zuckerkonzentrationen eluieren (Abb. 40).

Wird die Affinitätschromatographie des Mistelrohextraktes (Viscum-R) unter optimierten Bedingungen durchgeführt, d. h. bei einer Temperatur von 0–2 °C und einem Gelvolumen, das größer als das Auftragevolumen der Probe ist, so gelingt die Isolierung aller Lektine in einem Affinitätspeak

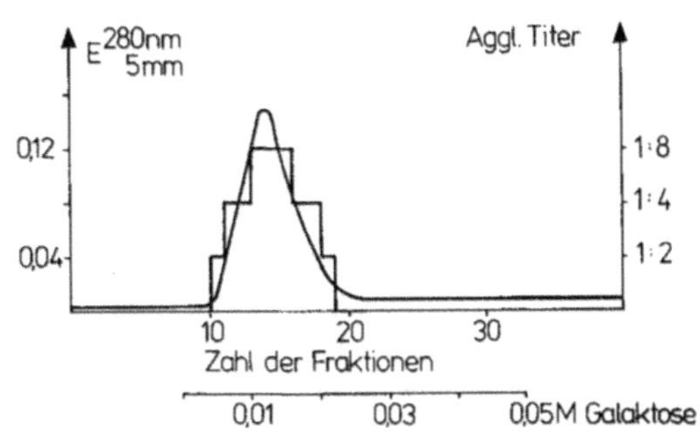

Abb. 40 Elution von VAA durch steigende Konzentration von Galaktose (Galaktosegradient)

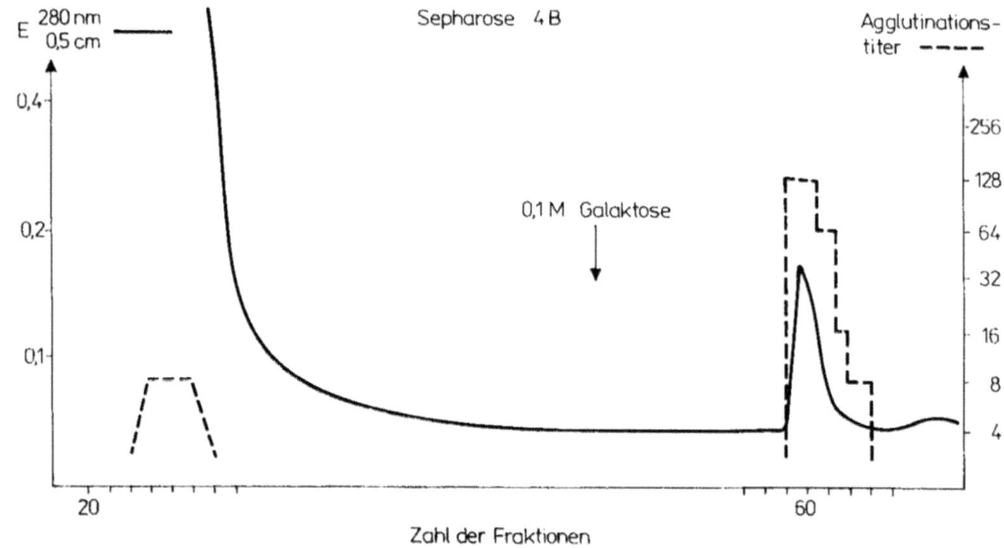

Abb. 41 Isolierung von Viscum-album-Lektinen (VAA I und VAA II) durch Affinitätschromatographie (SAMTLEBEN et al., 1985; REUTGEN et al., 1984a)
Die zweijährigen äußeren Triebe der Mistel wurden im 10fachen Volumen PBS (50 mM Natriumphosphat, 250 mM NaCl, 0,02 % NaN_3, pH 7,0) homogenisiert (siehe folgende Übersicht)
Der Lektinrohextrakt (100 ml) wurde auf eine 2,5 × 50 cm Chromatographiesäule aufgetragen. Der Pfeil markiert den Beginn der Elution mit 0,1 M Galaktose in PBS

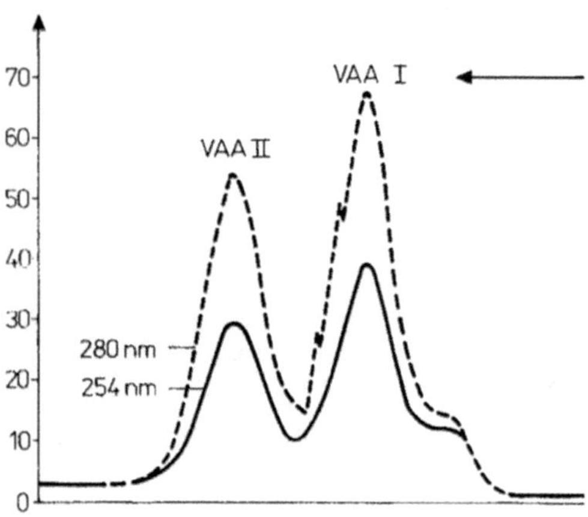

Abb. 42 Trennung der Viscum-album-Lektine VAA I und VAA II durch Gelchromatographie an Sephadex G100.
Das nach Affinitätschromatographie erhaltene Gemisch der Lektine VAA I und VAA II wurde direkt auf eine 1,6 × 70 cm Chromatographiesäule mit Sephadex G100 aufgetragen (Probenvolumen max. 3 % des Trenngelvolumens, Proteinkonzentration: 5–10 mg/ml, 20 °C) und mit einer Durchflußgeschwindigkeit von 6 ml/h chromatographiert

(SAMTLEBEN et al., 1984) (Abb. 41). Dies macht eine nachfolgende Trennung durch Gelpermeationschromatographie, z. B. an Sephadex G 100 notwendig. Hierbei werden zwei Lektinpeaks erhalten (Abb. 42), wobei Peak I meistens größer als Peak II ist.

Da, wie im folgenden gezeigt wird, die beiden voneinander getrennten Proteine große Ähnlichkeiten zum Ricinus-Lektin (RCA I) bzw. Ricinus-Toxin (RCA II) aufweisen, wurden für diese beiden Lektine die Bezeichnungen Viscum-album-Agglutinin I und II (VAA I und VAA II) gewählt. VAA I ist in seinen Strukturparametern identisch mit dem Mistellektin I (FRANZ et al., 1981) bzw. dem Viscumin, das von OLSNES et al. (1982) beschrieben wurde.

VAA II ist wahrscheinlich identisch mit Mistellektin II.

Von FRANZ et al. (1981) wurde ein weiteres Lektin (ML III) beschrieben, das mit Glycin-HCl-Puffer (pH 2,8) isoliert wurde. Die Ausbeute an gereinigten Lektinen (VAA I und II) aus 100 g frisch geerntetem Mistelmaterial betrug 5–50 mg.

Die Unterschiede in den Lektinanteilen hingen ab von der Herkunft (Wirtsbaum) und auch von der Blattdicke der Mistel (dünnblättrige Misteltypen hatten einen höheren Lektingehalt als dickblättrige Misteltypen). Die Lektinausbeute war auch in großem Maße von dem Zeitpunkt der Ernte abhängig. Bereits VESTER et al. (1968) hatten ja eine Abhängigkeit der von ihnen beschriebenen Proteine vom Erntezeitpunkt (Winter oder Sommer) gefunden. Wir erhielten die größte Lektinausbeute aus den Misteln, die im Winter geerntet wurden und die geringste aus denen der „Sommerernte". Die höchsten Ausbeuten erhielten wir bei Winterernten von Misteln der Wirtsbäume Robinie, Roteiche, Birke; den geringsten Anteil erhielten wir bei Sommerernten und Misteln der Wirtsbäume Ahorn, Pappel, Kiefer, Weißtanne.

ZISKA und FRANZ (1985) berichteten über ähnliche Ergebnisse hinsichtlich des Erntezeitpunktes, aber leicht differierend hinsichtlich der Wirtspflanze (Tab. 16 und Tab. 17 aus ZISKA und FRANZ, 1985):

Tabelle 16 Lektingehalt einer Mistelpflanze (Wirtsbaum Malus) (ZISKA und FRANZ, 1985)

Zeitpunkt der Ernte		μg Lektin/g Pflanze
November	1982	600
Januar	1983	1000
März	1983	400
April	1983	450
September	1983	340
Oktober	1983	340
Dezember	1983	480

Tabelle 17 Lektingehalt von Mistelpflanzen von verschiedenen Wirtsbäumen. Die Ernte erfolgte am selben Tag (ZISKA und FRANZ, 1985)

Wirtsbaum		μg Lektin/g Pflanze
Crataegus	(Weißdorn)	475
Robinia	(Robinie)	775
Acer	(Ahorn)	500
Quercus	(Roteiche)	1250
Populus	(Pappel)	1800
Tilia	(Linde)	2000

Eine Übersicht der Präparation der Lektine VAA I und VAA II ist im folgenden dargestellt.

Präparation von Viscum album-Lektin
(Viscum album Agglutin = VAA)

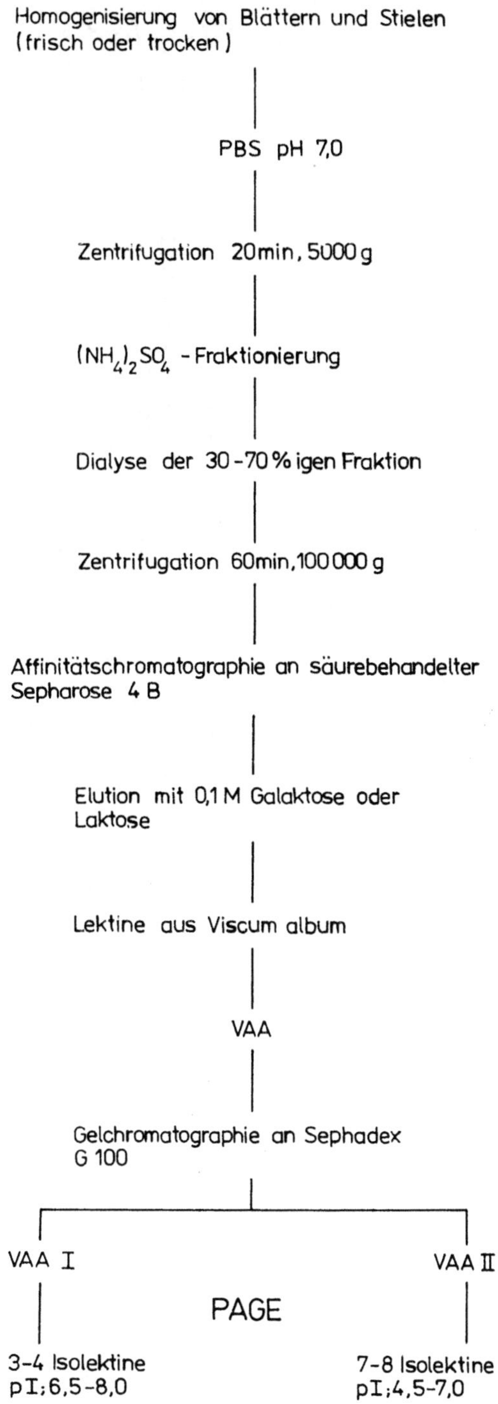

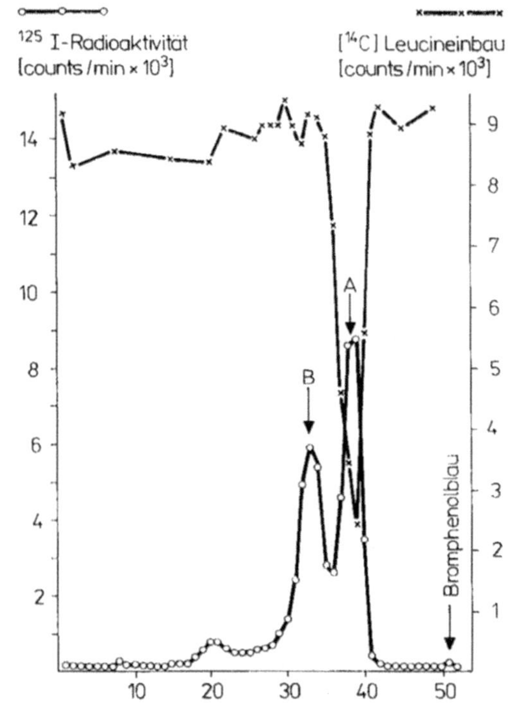

Abb. 43 Fähigkeit der isolierten Ketten des VAA I, die Proteinbiosynthese im Kaninchen-Retikulozytenlysat zu hemmen (OLSNES et al., 1982). Ein Probengemisch, das 15 μg ^{125}I-VAA I, 0,3 % Natriumdodecylsulfat, 1 % 2-Mercaptoethanol und 0,1 M Saccharose enthielt, wurde 1 h bei Raumtemperatur inkubiert und anschließend durch Polyacrylamidgelelektrophorese in 10%igen Gelen aufgetrennt (0,25 × 6 cm). Wenn der Bromphenolblaumarker die untere Gelkante erreicht hatte, wurde das Gel in 1 mm breite Streifen geschnitten und die Radioaktivität gemessen (○—○).
Jeder Streifen wurde dann 2 Tage bei 4 °C mit 100 μl 0,1 % Triton X-100/50 μg/ml Kaninchenhämoglobin extrahiert. Proben von jeder Fraktion (0,3 μl) wurden zu dem zellfreien System aus Kaninchenretikulozytenlysat hinzugefügt und der Einbau von ^{14}C-Leucin nach 10 min gemessen (×—×)

VESTER et al. (1968c) beschrieben als erste die Hemmung der RNA-Synthese mit dem von ihnen isolierten Viscum-Protein 16, STIRPE et al. (1980) erreichten mit einem Viscum-album-Lektin (nach der Beschreibung war es mit VAA I identisch) eine Hemmung der Proteinsynthese bei Kaninchenretikulozyten. Da STIRPE et al. diese Fähigkeit in Gegenwart von β-Mercaptoethanol (β-ME) und Natriumdodecylsulfat (SDS) erhöht fanden, lag der Schluß nahe, daß die A-Kette des Lektins die Proteinsynthese hemmte. Den Nachweis der Hemmung der Proteinsynthese mit der isolierten A-Kette gelang dann gleichzeitig FRANZ et al. (1982) und OLSNES gemeinsam mit STIRPE et al. (1982). Die zusammengefaßten Ergebnisse von OLSNES et al. (1982) zeigt Abb. 43. Durch Polyacrylamidgelelektrophorese in Gegenwart von SDS und β-Mercaptoethanol lassen sich A- und B-Kette voneinander trennen, wobei die biologische Aktivität der A-Kette unter diesen Bedingungen erhalten bleibt (OLSNES et al., 1982).

FRANZ et al. (1982) benutzten statt Polyacrylamidgel eine Affinitätschromatographie wie bei der Reinigung des Lektins. Die

Präparation der A-Kette (Untereinheit A) des Viscum album-Lektins VAA I (Franz et al. 1982)

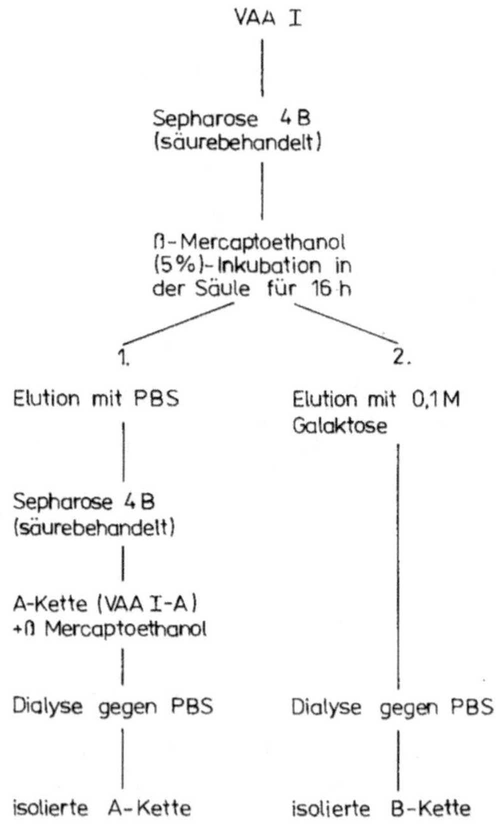

Sepharose 4B-Säule mit dem gebundenen Lektin wird mit 5%igem β-ME behandelt, wobei die Disulfidbrücken des Lektins durch das β-ME (Inkubationszeit in der Säule etwa 16 h) reduziert (gespalten) werden. Durch Auswaschen der Säule mit PBS wird die A-Kette (kein Bindungsort) eluiert und die B-Kette bleibt an dem Träger (Übersicht).

C. IV.
Molekulare Struktur, physikalische und chemische Eigenschaften und Charakterisierung der Viscum album-Lektine

Die Auffassungen zum Strukturmodell der Viscum-album-Lektine haben sich seit der ersten Veröffentlichung (LUTHER et al., 1980) nicht verändert (s. Abb. 44).
Die Verknüpfung der beiden Monomere über die A-Ketten ist wahlweise dargestellt und muß nicht zwangsläufig von A zu A erfolgen. Die Verknüpfung über die nicht kovalenten Brücken kann auch von A zu B erfolgen.
Auf der Grundlage dieser Strukturvorstellungen liegt das Lektin in seiner stabilsten

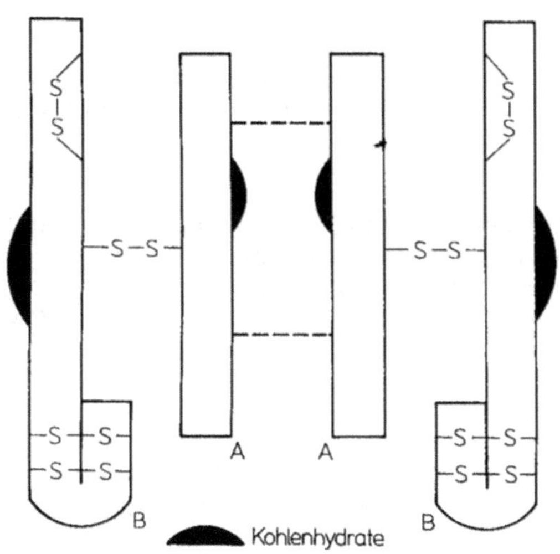

Abb. 44 Molekularmodell des Lektins aus Viscum album (VAA) als Dimer (LUTHER et al., 1980)
------ nicht kovalente Bindung
–S–S– kovalente Bindung
(über Disulfidbrücken)

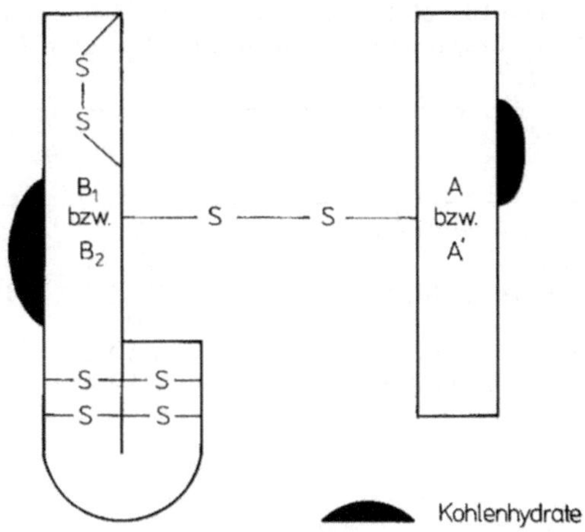

Abb. 45 Molekularmodell des Lektins aus Viscum album (VAA) als Monomer
–S–S– kovalente Bindung
(über Disulfidbrücken)

Form mit einem Molekulargewicht zwischen 50000 und 60000 Dalton vor (Abb. 45), was auch durch Literaturangaben bestätigt wird (OLSNES et al., 1982; STIRPE et al., 1982; FRANZ et al., 1985a; SAMTLEBEN et al., 1984). Ein Vergleich mit den physikochemisch sehr ähnlichen Lektinen aus Abrus und Ricinus zeigt Tabelle 18.
Die **Sedimentationskoeffizienten** wurden mit einer analytischen Ultrazentrifuge (Beckman) mit UV-Absorptionsoptik, Monochromator und photoelektrischem Scanner bestimmt. Die Sedimentationskoeffizienten wurden dabei bei 36000 und 44000 g unter Verwendung von Doppelsektorzellen (1 Sektor Lektin-Lösung, 1 Sektor Lösungsmittel) und Mehrlochrotoren ermittelt.
Die Sedimentationskoeffizienten der verschiedenen Viscum-Lektin-Präparate wurden mit $S_{20}w = 4{,}5 \pm 0{,}3$ S und andere mit 6,5–6,9 S bestimmt. Die Differenz von 4,5 S und 6,7 S entspricht bei globulären Proteinen einem Massenunterschied von 1 : 2. In verschiedenen Versuchsreihen mit den Lektinen bei Abwesenheit von bivalenten Kationen konnte eine geringe, aber erfahrungsgemäß (BEHLKE, 1979) signifikante Zunahme der S-Werte mit steigenden Konzentrationen von Mg^{++} beobachtet werden (Abb. 46).
Das **Molekulargewicht** wurde durch zwei verschiedene Methoden ermittelt: Zuerst

Tabelle 18 Molekulargewichte der Viscum-album-Lektine im Vergleich zu den unter analogen Bedingungen gereinigten und analysierten Lektinen von Abrus und Ricinus (Samtleben et al., 1985)

Protein		Intakt	Untereinheiten	
			A	B
Abrus-Agglutinin	APA I	65000	30000	34000
Abrin	APA II	61000	28000	34000
Ricinus-Agglutinin	RCA I	126000	28000	34000
Ricin	RCA II	60000	30000	33000
Viscum-Agglutinin I	VAA I	65000	29000	34000
Viscum-Agglutinin II	VAA II	60000	27000	32000
		58000	27000	31000

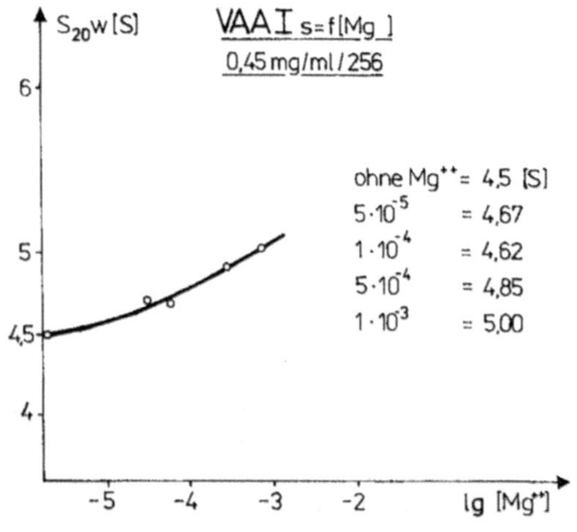

Abb. 46 Sedimentationsgleichgewichtskonstanten von VAA I in analytischen Ultrazentrifugen bei Anwesenheit unterschiedlicher Konzentrationen von Magnesiumionen (Mg^{++})

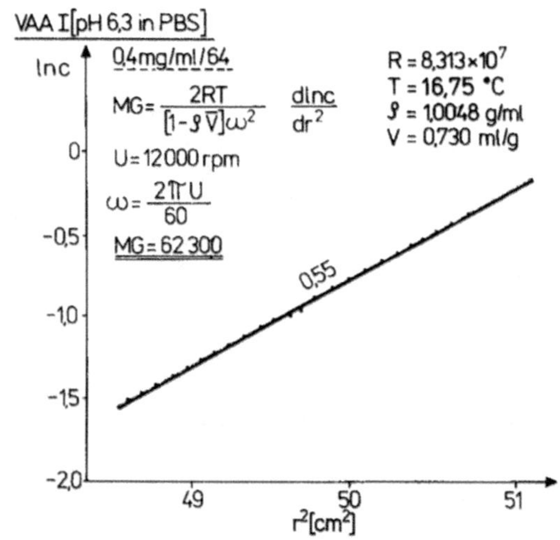

Abb. 47 Molekulargewichtsbestimmung von VAA I mit Konzentrationen bis zu 0,4 mg VAA I/ml

wurden die Molekulargewichte der Viscum-Lektin-Proben mit Hilfe der Sedimentationsgleichgewichtstechnik bei 12000 g bestimmt. Aus der Konzentrationsverteilung, die nach Erreichen des Sedimentationsgleichgewichts in der Zelle ebenfalls bei 280 nm verfolgt wurde, berechneten wir (Behlke et al., 1979) das Molekulargewicht (MG) nach folgender Formel:

$$MG = \frac{2RT}{(1 - \varrho V)\,\omega^2} \cdot \frac{d \ln c}{d r^2} \quad \left(\omega = \frac{2\pi U}{60}\right)$$

R – Gaskonstante, T – absolute Temperatur, ϱ – Dichte des Lösungsmittels, v – 0,73 ml/g als partielles spezifisches Volumen (z. B. von Vicia-faba-Lektin), ω^2 – Winkelgeschwindigkeit, $d \ln c/d r^2$ – die Konzentrationsverteilung in der Zelle im Abstand r vom Rotationsmittelpunkt des Rotors.

Die Lektine mit 4,5 S zeigten allgemein einen einheitlichen Anstieg im ln c/r^2-Diagramm (Abb. 47). Daraus lassen sich MG von 62000 ± 1000 errechnen. Es handelt sich hier allgemein um Lektinkonzentrationen im unteren Bereich (0,2–0,4 mg/ml). Bei vielen Lektinpräparationen wurde eine Heterogenität im ln c/r^2-Diagramm beobachtet. Hier erhielten wir zwei Anstiege unterschiedlicher Steilheit, die den MG von 60000 und 120000 entsprechen (Abb. 48). Einige Lektinproben – die Lektinkonzentration war hoch (über 0,7 mg/ml) – wurden mit einem MG von 120000 bestimmt, die den Proben mit 6,5–6,9 S zuzuordnen sind.

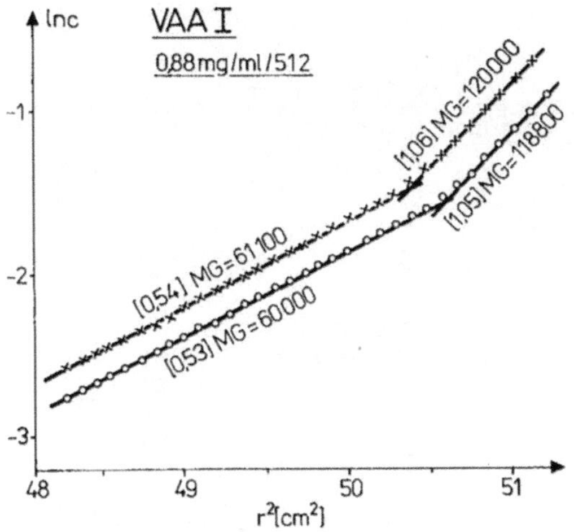

Abb. 48 Molekulargewichtsbestimmung von VAA I mit Konzentrationen über 0,4 mg VAA I/ml

Die Untersuchungen des Sedimentationsverhaltens in der analytischen Ultrazentrifuge hatten gezeigt, daß VAA I in einem Monomer-Dimer-Gleichgewicht vorliegt. Die errechneten Molekulargewichte betrugen 62000 bzw. 120000.

Die Ursache des Auftretens von Lektinen unterschiedlicher Molekulargewichte im Verhältnis 1 : 2 ist wahrscheinlich die Assoziation zweier Moleküle. Diese Assoziation zwischen den beiden 60000-Molekülen könnte in erster Linie durch hydrophobe Wechselwirkung – weniger durch elektrostatische Kräfte – zustande kommen. Das Auftreten von Molekülstrukturen im Verhältnis 1 : 2 spiegelt sich auch in den Molekulargewichtsangaben zum Viscum-Lektin bzw. vergleichbaren Viscumproteinen in der Literatur wider: Vester fand 1968 ein „kanzerostatisches Protein" mit einem MG von 60000 (Ultrazentrifuge), Luzik beschrieb 1975 das Viscum-Lektin mit einem MG von etwa 160000, Ziska et al. fanden 1978 ein MG von 115000 (Sephadex G 200 und Dünnschichtchromatographie), Franz et al. (1981, 1985b) von 115000, 60000 und 57000 und Olsnes et al. (1982) von 60000.

Gelpermeationschromatographie von ^{125}I-markiertem Viscum-album-Lektin an Sephacryl 200 bestätigte das konzentrationsabhängige Dimerisierungsgleichgewicht (Olsnes et al., 1982). Dieser Sachverhalt konnte auch durch elektronenmikroskopische Untersuchungen bestätigt werden. Lutsch et al. (1984) fanden nach Negativkontrastierung mit Uranylsalzen ein abgerundetes Dreieck (80×90 A) als Projektion des monomeren Lektins. Die Erhöhung der Lektinkonzentration steigerte ebenfalls den Anteil stäbchenförmiger Dimerer. Die Bestimmung der Molekulargewichte mit der PAGE wurde nach der von Weber und Osborn (1969) angegebenen Methode vorgenommen, wobei 25 μg gereinigtes Lektin in ein 7,5%iges Gel einwandert. Die Elektrophorese wurde in Gegenwart von β-Mercaptoethanol bzw. ohne β-Mercaptoethanol (β-ME) vorgenommen (β-ME reduziert die intermolekularen Disulfidbrücken von Molekülen, so daß diese in ihre Untereinheiten aufgespalten werden).

Alle bisher isolierten Viscum-album-Lektine besitzen Molekulargewichte zwischen 55000 und 65000 und bestehen jeweils aus zwei Polypeptidketten, die durch eine Disulfidbrücke miteinander verbunden sind. Mittels hochauflösender Elektrophorese in Polyacrylamidgelen konnte gezeigt werden, daß die intakten Lektine VAA I und VAA II aus einer Doppelbande bestehen (Molekulargewichtsdifferenzen ca. 1000). Unter reduzierenden Bedingungen spaltet die größere Untereinheit ebenfalls in zwei Proteinbanden auf (Abb. 49). Hieraus folgt in Analogie zu den Ricinus- und Abrus-Agglutininen ein Strukturmodell (Samtleben et al., 1984):

VAA I:	VAA II:
A—S—S—B_1	A′—S—S—B'_1
A—S—S—B_2	A′—S—S—B'_2

Eine Übersicht der in der PAGE gefundenen Proteinbanden der Viscum-album-Lektine zeigt Abb. 50.

Die Bestimmung der **Aminosäuren** von VAA I wurde wie folgt vorgenommen:

Das gereinigte Lektin wurde mit Hilfe eines Dialyseschlauches (Ausschlußgröße MG 8000) dialysiert, getrocknet und die gewogene Masse mit 6 M HCl 24 h hydrolysiert. Das Hydrolysat wurde danach von Kohlenstoffresten gereinigt, getrocknet und die gewogene Masse gleich 100% gerechnet.

Einen Vergleich der Aminosäuren des gereinigten Viscum-Lektins (VAA I mit an-

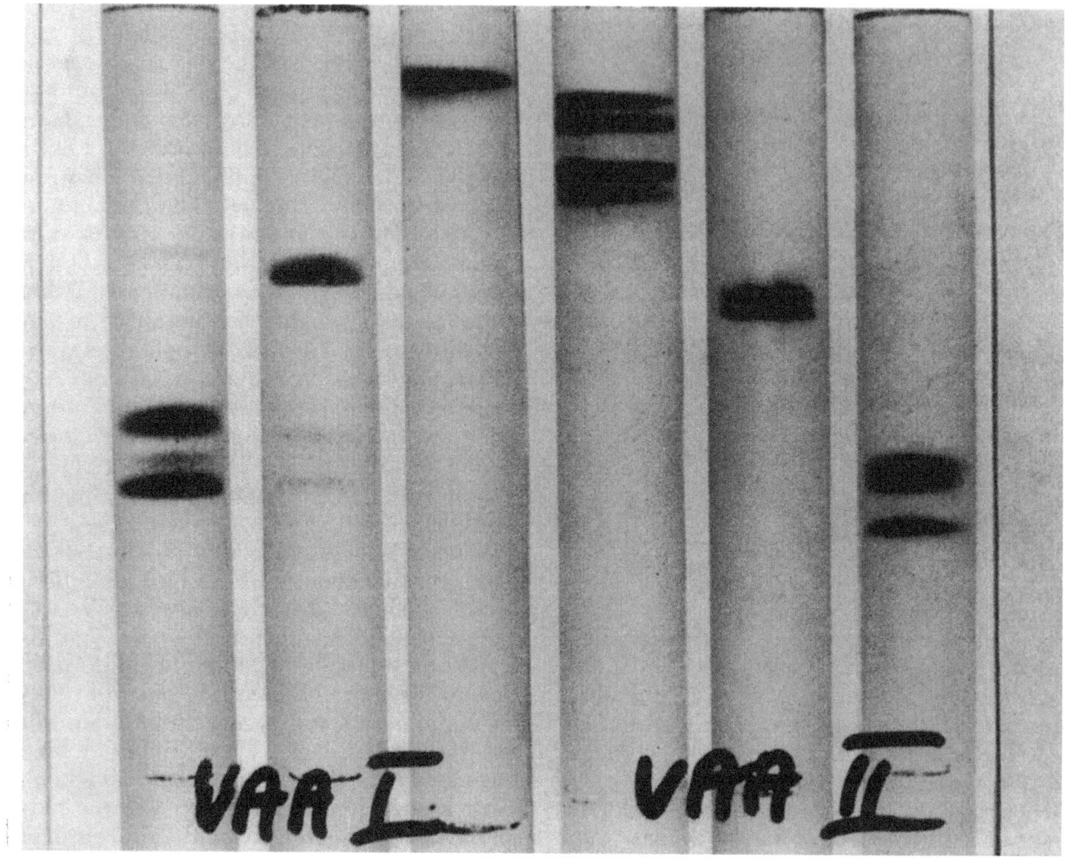

Abb. 49 Polyacrylamidgelelektrophoresen von VAA I und VAA II unter reduzierenden (β-ME) und nicht reduzierenden Bedingungen.
Elektrophoresen von links nach rechts:

1. VAA I mit SDS und mit β-ME
2. VAA I mit SDS ohne β-ME
3. VAA I ohne SDS (Maurer-System)
4. VAA II ohne SDS (Maurer-System)
5. VAA II mit SDS ohne β-ME
6. VAA II mit SDS und mit β-ME

deren Viscum-Proteinen bzw. anderen Lektinen) zeigt Tabelle 19.
Die Aminosäurezusammensetzung des reinen VAA I ist gekennzeichnet durch einen hohen Gehalt an Asparaginsäure, Glutaminsäure und Glycin (Abb. 51).
Die entsprechenden Werte für die isolierten Untereinheiten sowie Sequenzdaten sind bisher nicht publiziert worden.
Die Bestimmung des Kohlenhydratanteils und der daran beteiligten Zucker des Viscum-Lektins wurde mit der GLC („gas-liquid-chromatography") durchgeführt.

200 μg des gereinigten Lektins wurden in 400 μl 3 M HCl für 4 h bei 100 °C hydrolysiert und 30 μg Erythritol als Standard zugegeben. Das Hydrolysat wurde neutralisiert (Ag_2CO_3), zentrifugiert und gewaschen. Der Überstand und die Waschlösung wurden verdampft und getrocknet. Die Probe wurde nun durch Inkubation mit 2 % saurem Anhydrid in Aceton in Gegenwart von 0,5 % $NaHCO_3$ bei RT für 16 h reacetyliert, wieder verdampft, getrocknet und im Vakuum über $CaCl_2$ vollständig getrocknet. Das getrocknete Material wurde durch Benutzung von Hexamethyldisilasan und Trimethylchlorsilan trimethylsiliert.
Gleiche Teile des trimethylsilierten Materials (1–2 μl) wurden mit einem Hewlett-Packard 7620 Chromatograph und Glassäulen (6ft × 2,5 in) auf ihren Kohlenhydratanteil unter-

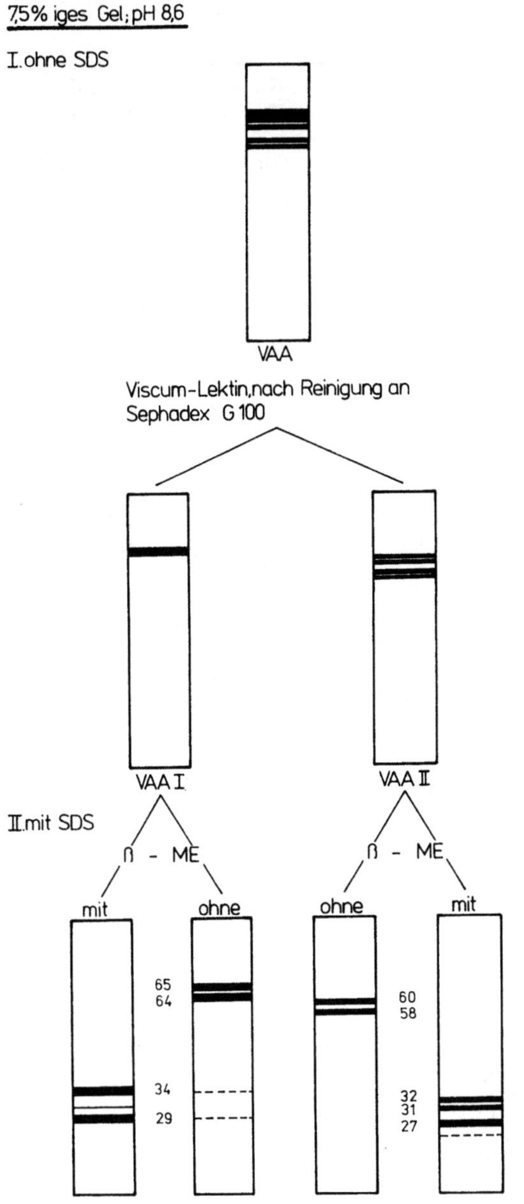

Abb. 50 Übersicht der Lektine aus Viscum album (VAA) durch Trennung an Polyacrylamidgelen.
Zahlenangaben $\times 10^3$ als Molekulargewicht (MG)

sucht. Das Temperaturprogramm wurde auf 2 °C pro min (von 125–230 °C) und eine N_2-Flußrate von 45 ml/min eingestellt.

Die einzelnen Zucker sind bei VAA I demnach wie folgt beteiligt:

Mannose	6,2 %
N-Ac-D-Glukosamin	2,1 %
Galaktose	1,4 %
Glukose	1,3 %

Der Kohlenhydratanteil des Lektins entspricht mit 11 % etwa dem anderer Lektine, die Glykoproteine sind (einige, wie das Arachis-Lektin, Con A oder WGA, besitzen keine Kohlenhydrate).
Das Lektin aus Abrus precatorius hat nach Olsnes (1978) 9 % Kohlenhydrate, das aus Robinia pseudoacacia nach Bourrillon et al. (1967) 12 % Kohlenhydrate. Für das Ricinus-communis-Agglutinin (Podder et al., 1974) wurden 8–9 % und für das Lektin aus Bandeiraea simplicifolia (Hayes et al., 1974) 6,7 % Kohlenhydrate bestimmt. Alle von uns isolierten Lektine aus Viscum album sind Glykoproteine.
Durch Reaktion mit FITC-Lektinen an den elektrophoretisch getrennten VAA I und VAA II sowie deren Untereinheiten konnte gezeigt werden, daß gleichartige Zuckerketten auf allen Untereinheiten beider Lektine vorhanden sind. In Übereinstimmung mit der Kohlenhydratanalyse binden sich die mannose- und glukosespezifischen Lektine Con A und Linsenlektin (LCA) und das N-acetyl-glukosamin-spezifische Weizenkeimlektin (WGA) sehr gut an VAA I und VAA II. Die Lektinbindung an die schweren B-Ketten war stets größer als an die leichten A-Ketten. Keine oder nur sehr schwache Wechselwirkung mit den Untereinheiten von VAA I und VAA II zeigten die Agglutinine aus der Sojabohne (SBA) und Weinbergschnecke (HPA), die beide N-acetyl-galaktosaminspezifisch sind, sowie das Erdnußlektin (PNA) mit einer Spezifität für D-Gal-β(1-3)N-Acetyl-Galaktosamin.
Die relativen Gehalte von Mannose und N-Acetyl-Glukosamin sowie die Lektinbindungsversuche deuten auf das Vorliegen von N-glykosidisch gebundenen Oligosaccharidketten vom „High-mannose"-Typ hin, wie sie auch für die Ricinuslektine (RCA) gefunden wurden (Olsnes, 1978a). Unklar bleibt noch die Bindung von Galaktose und Glukose im VAA.
Die **Ladung der Viscum-album-Lektine** wurde durch isoelektrische Fokussierung bestimmt. Vester et al. (1968) ermittelten einen isoelektrischen Punkt pI zwischen 8

Tabelle 19 Vergleich der Aminosäuren von Viscum-album-Proteinen und anderen Lektinen in % des Gesamtproteins)

(Aminosäure	Viscum-Lektin, VAA I (LUTHER)	Viscum-Protein „161" (VESTER)	Arachis-Lektin[1]	Viscotoxin A 3 (OLSON)	Robinia-Lektin (BOURRILLON)	Limulus-Lektin (NOWAK)
Lysin	3,0	4	3,3	4,2	3,7	6,3
Arginin	5,7	4	1,7	3,0	3,5	3,4
Asparaginsäure	11,6	9	14,4	4,1	9,9	10,2
Glutaminsäure	10,6	7	3,5	0	6,7	11,2
1/2 Cystein	n. u.	0,5	1,7	5,9	0	16,0
Threonin	7,9	6,5	7,2	4,6	5,5	6,2
Serin	8,8	5	7,4	5,1	6,3	9,3
Prolin	5,5	7	1,7	5,0	3,5	3,5
Glycin	10,6	10	6,7	3,9	4,6	10,5
Alanin	6,7	9	4,4	3,0	3,8	6,0
Valin	7,4	6	9,8	0	5,3	6,4
Methionin	n. u.	1	n. u.	n u.	0,4	15,2
Isoleucin	5,6	4,5	5,2	2,9	3,8	4,3
Leucin	8,4	6	3,8	1,9	6,1	8,8
Tyrosin	2,7	3	1,8	1,6	3,1	2,4
Phenylalanin	3,5	3	5,7	0	7,8	4,0
Histidin	2,0	2,5	0,8	?	1,4	3,9

[1] Die Werte wurden in Mol/mol Lektin angegeben (TERAO et al., 1975). Das MG für das Arachis-Lektin wird von TERAO et al. mit 106500 angegeben, von LOTAN et al. (1978) mit 110000.
n. u. = nicht untersucht

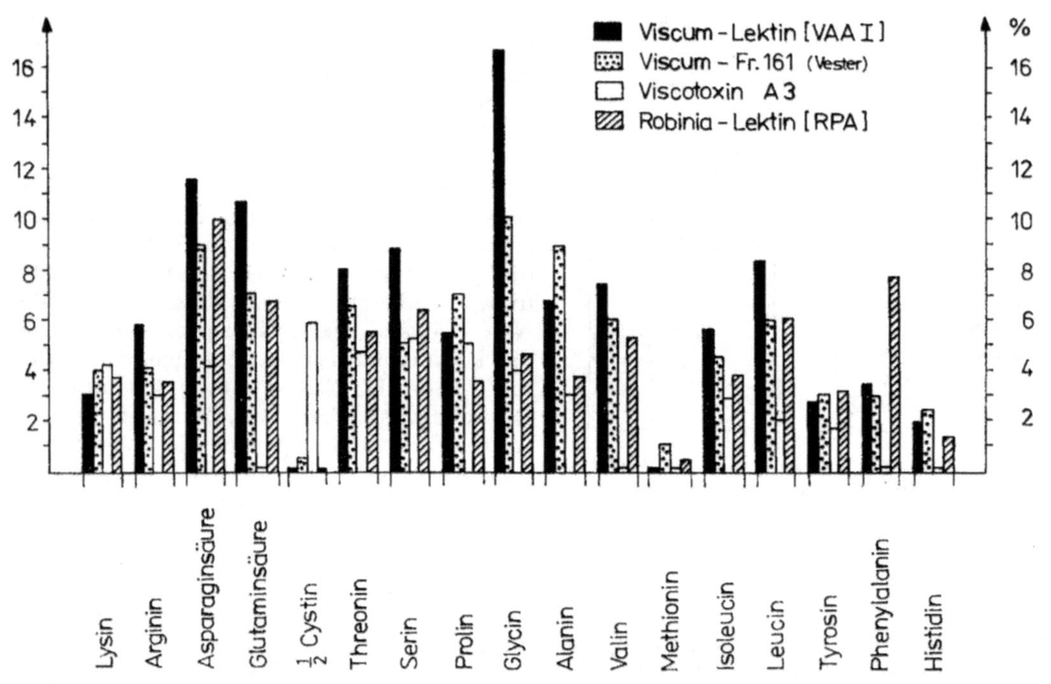

Abb. 51 Zusammenstellung der Aminosäuren des Lektins aus Viscum album (VAA I) im Vergleich mit einigen anderen Proteinen der Mistel und der in der entsprechenden Literatur angegebenen Aminosäurezusammensetzung

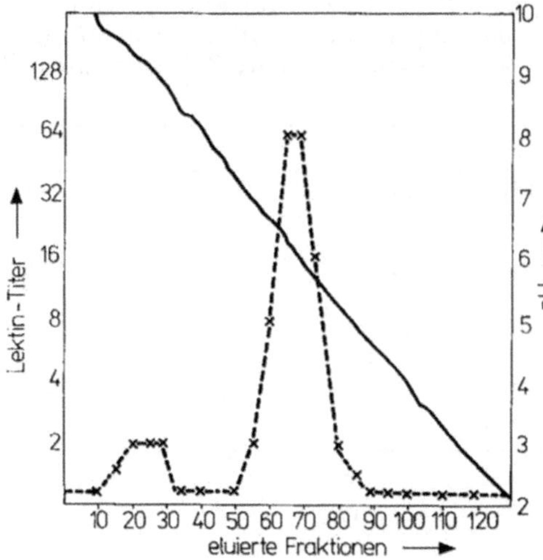

Abb. 52 Bestimmung des isoelektrischen Punktes (pI) des Lektins aus Viscum album (VAA I)

und 11 und beschrieben „basische Proteine von histonähnlichem Charakter". Von KINDT und ZISKA (1979) wurde ein pI zwischen 5 und 8 festgestellt. Wir (LUTHER, 1982) fanden einen isoelektrischen Punkt um 6,1 (Abb. 52), und JORDAN (1985) bestimmte einen pI von 6,9–7,3. Bei Vergleich einer größeren Anzahl verschiedener Lektinpräparationen konnten wir zeigen, daß VAA I aus mindestens vier Proteinspezies mit isoelektrischen Punkten zwischen 6,5–8 besteht; für VAA II wurden mehr als 7 Banden im Bereich von 4,5–7,0 erhalten. Diese nur durch die Ladung voneinander zu unterscheidenden Viscum-Lektine wurden von uns als Isolektine bezeichnet (SAMTLEBEN et al., 1984). Das Isolektinbandenmuster der einzelnen Präparationen ist deutlich abhängig von den Ernährungs- und Wachstumsbedingungen der Mistel, nicht aber vom Standort und nur mittelbar vom Wirt (SAMTLEBEN, unveröffentlicht). Diese Variabilität im Isolektinmuster mit dem Vorherrschen verschiedener Banden in unterschiedlichen Präparationen könnte die unterschiedlichen Werte für die publizierten, sich z. T. widersprechenden isoelektrischen Punkte erklären. Die variablen Isolektinmuster sind auch die Ursache für die von Präparation zu Präparation unterschiedlichen Ergebnisse bei der Trennung von VAA I und VAA II mit Hilfe der Ionenaustauschchromatographie an DEAE-Zellulose (SAMTLEBEN, unveröffentlicht). Nur sorgfältig ausgewählte Präparate identischer Isolektinzusammensetzung ließen sich reproduzierbar mit dieser Methode trennen.

Die **Stabilität der Lektine** ist relativ hoch; es kann davon ausgegangen werden, daß Lektine zu den stabilsten bekannten Proteinen gehören. Auch die Viscum-album-Lektine sind wenig empfindlich gegen äußere Einflüsse. Sie können in gefrorenen Lösungen auch in Abwesenheit von Galaktose oder Laktose ohne Aktivitätsverlust aufbewahrt werden (Tab. 20). Längere Lagerung bei 0 oder 20 °C ohne Zusatz stabilisierender Zucker (z. B. Galaktose, Laktose) kann zum Auftreten von Sedimenten führen, die sich bei Zugabe der genannten Zucker wieder vollständig auflösen. Mögliche Ursache dieser Präzipitationsreaktionen ist das Vorkommen kovalent gebundener Galaktose in VAA I und VAA II. Die Hitzestabilität ist nicht so groß wie bei anderen Lektinen (z. B. Kartoffel-Lektin): 30minütiges Erwärmen auf 70 °C bewirkt einen beträchtlichen Aktivitätsabfall; Steigerung der Temperatur auf 80 °C führt zur vollständigen Inaktivierung. Im sauren *p*H-Bereich (0,1 M Essigsäure oder Glycin-HCl-Puffer, *p*H 2,8) bleibt die Aktivität jedoch weitgehend erhalten (Tab. 21).

Aus allen genannten physikochemischen Eigenschaften und strukturbedingten Reaktionsverhalten des VAA läßt sich das Lektin aus Viscum album wie folgt darstellen (Abb. 53).

Nach ZISKA et al. (1978) enthält intaktes VAA I 2 freie SH-Gruppen und 5–6 Disulfid-

Tabelle 20 Agglutinationsfähigkeit eines Viscum-album-Rohextraktes nach Lagerung bei —20 °C gegen menschliche Erythrozyten (Blutgruppe B) des gleichen Spenders

Jahr	1974	75	76	77	78	79	80	81	82	83	84	85
Titer	1 : 128	128	64	64	64	64	64	64	32	32	32	32

Tabelle 21 Thermostabilität des Viscum-album-Lektins (VAA I). Die Reaktionen wurden auf Glastüpfelplatten, die Titration mit Mikroliterpipetten (Eppendorf 100 μl) vorgenommen. Die Bewertung erfolgte nach 30 min; Temperatureinwirkung jeweils 20 min; Zellen: humane B-Erythrozyten, 3 × gewaschen

Lektin-Titer	Temperatur						
	20 °C	30 °C	40 °C	50 °C	60 °C	70 °C	80 °C
1 : 256	—	—	—	—	—	—	—
128	+—	+—	+—	+—	—	—	—
64	+	+	+	+	—	—	—
32	++	++	++	++	—	—	—
16	+++	+++	++	++	+—	—	—
8	+++	+++	+++	+++	++	—	—
4	++++	++++	++++	++++	+++	+—	—

++++ vollständig ++ mittel +— fraglich
+++ stark + schwach — negativ

brücken. Die Spaltung der intra- und intermolekularen Disulfidbrücken mit $NaBH_4$ und eine Modifizierung der Tyrosinreste (Acetylierung und Nitrierung) führt zu einem beträchtlichen Aktivitätsverlust (Tab. 22). D-Galaktose, Laktose, α- und β-Methyl-D-Galaktosid schützen nicht bei der Modifizierung mit Tetranitromethan, während die Inaktivierung durch N-Acetylimidazol durch Zugabe von Zuckern, auch durch die nichtbindenden Monosaccharide D-Glukose und D-Mannose sowie D-Mannitol und D-Galaktitol, verhindert werden kann (Ziska et al., 1979).

Die **Zuckerspezifitäten** der beiden Lektine VAA I und VAA II wurden von verschiedenen Autoren untersucht (Luther, Ziska, Samtleben). Exakte Bindungskonstanten für eine größere Anzahl von Monosacchariden sind jedoch noch nicht bekannt. Die stärkste Hemmung der Erythrozytenagglutination wird bei VAA I mit Galaktose und bei VAA II mit N-Acetylgalaktosamin gefunden. Andere Monosaccharide hemmen – wenn überhaupt – wesentlich schwächer. Laktose ist in seiner Stärke vergleichbar mit Galaktose.

Erwartungsgemäß wird VAA I durch Galaktane (z. B. aus den Schnecken Achatina fulica, Helix pomatia und Lymnaea stagnalis) sowie dem Pneumogalaktan aus Rinderlunge stark präzipitiert (Luther et al., 1980). Die Agglutination von Humanerythrozyten durch VAA I und VAA II läßt sich durch Vorbehandlung der Erythrozyten mit Trypsin und insbesondere mit Papain beträchtlich steigern. Die Spezifität

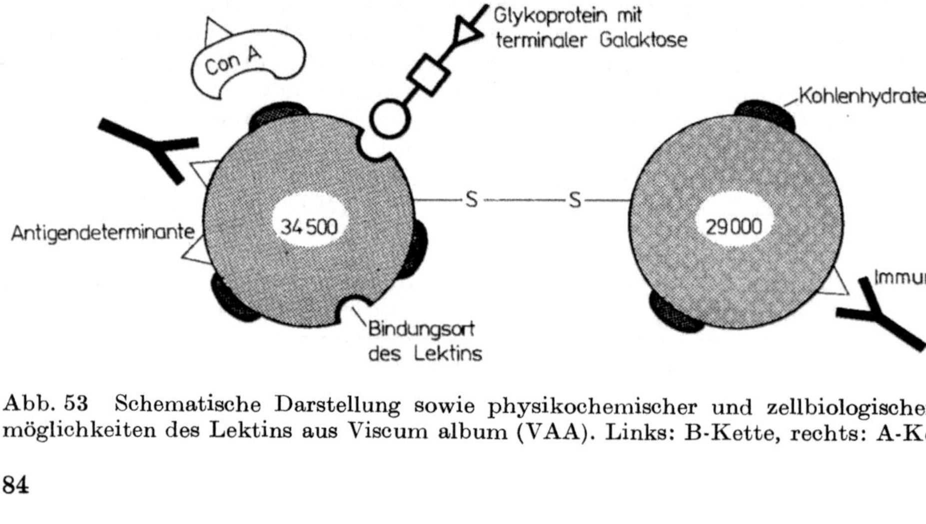

Abb. 53 Schematische Darstellung sowie physikochemischer und zellbiologischer Reaktionsmöglichkeiten des Lektins aus Viscum album (VAA). Links: B-Kette, rechts: A-Kette

gegenüber humanen B-Erythrozyten nimmt dabei zu (Tab. 23).

Tiererythrozyten zeigten gegen VAA I sehr unterschiedliche Ergebnisse (s. Kap. C. V.). Serum wie auch einige Serumglykoproteine hemmen durch Wechselwirkung mit dem VAA I die Erythrozytenagglutination sehr stark. Nach Neuraminidasebehandlung (d. h. Freilegung der subterminalen Galaktosereste) zeigen einige Humanserumproteine ausgeprägte Präzipitationsreaktionen mit VAA I (s. Kap. C. VI.). Die physikalischen, chemischen und biologischen Eigenschaften der beiden Viscum-Lektine (VAA I und VAA II) lassen sich wie folgt zusammenfassen:

Charakteristik VAA I

Synonyma: Viscum-Lektin, Mistellektin I, Viscumin

MG:	65000
Isolektine:	3–4, in Abhängigkeit von Wachstumsbedingungen
Untereinheiten:	2: A—S—S—B_1 A—S—S—B_2 MG: 29000 (A) 34000 (B)
Zuckergehalt:	11 % (6,2 % Man, 2,1 % Glu-NAc, 2,1 % Gal, 1,4 % Gluc)
Spezifität:	D-Gal-β-1-3- > D-Gal-NAc
Tumorwachstumshemmung: (50 % Wachstumshemmung)	HTC: 100–200 ng/ml Zellkultur EATC: 0,3 ng/ml Zellkultur
Histaminfreisetzung (HF):	nein
HF-Hemmung:	ja
Mitogenität:	nein
Phagozytoseaktivierung:	MNZ: ja Granulozyten: ja
LD_{50} (Maus):	0,86 µg/Maus (30 g)
Isoelektrischer Punkt (pI):	6,5–8,0 (Isolektine)
Blutgruppenspezifität:	schwaches Anti-B
Minimale Agglutination:	1 µg/ml, human-O-Erythrozyten 0,25 µg/ml, human-B-Erythrozyten
Thermostabilität:	Denaturierung ab 55 bis 70 °C

Tabelle 22 Chemische Modifizierung des Lektins VAA I aus Viscum album (Ziska 1979)

Modifizierung	Reagierender Rest	Hämagglutinationstiter
Kontrolle	–	1 : 256
Photochem. Oxydation	His	1 : 256
Diethylpyrocarbonat	His	1 : 256
Koshlands Reagenz	Trp	1 : 256
N-Bromsuccinimid	Trp	1 : 256
Ellmans Reagens	—SH	1 : 256
Formaldehyd	—SH, —NH_2	1 : 256
Carbodiimid	—COOH	1 : 256
$NaBH_4$	—S—S—	1 : 8
N-Acetylimidazol	Tyr	1 : 8
Tetranitromethan	Tyr	1 : 8

Charakteristik VAA II

Synonyma: Viscum-Toxin, Mistellektin II

MG:	58000–60000
Isolektine:	7–8 in Abhängigkeit von Wachstumsbedingungen (größere Schwankungen als bei VAA I)
Untereinheiten:	2: A′—S—S—B'_1 A′—S—S—B'_2 MG: 27000 (A) 31000 (B)
Zuckergehalt:	11 %
Spezifität:	D-Gal-NAc > D-Gal-β-1-
Tumorwachstumshemmung: (50 % Wachstumshemmung)	HTC: 50 ng/ml Zellkultur EATC: 0,8–1,7 ng/ml Zellkultur
Histaminfreisetzung (HF):	nein
HF-Hemmung:	ja
Mitogenität:	nein
Phagozytoseaktivierend:	(MNZ): ja Granulozyten: ja
LD_{50} (Maus:)	1,4 µg/Maus (30 g)
Isoelektrischer Punkt (pI):	4,5–7,0
Blutgruppenspezifität:	nein
Minimale Agglutination:	0,32 µg/ml, human-B-Erythrozyten
Thermostabilität:	Denaturierung ab 55 bis 70 °C

Tabelle 23 Hämagglutination unterschiedlich behandelter Humanerythrozyten durch VAA I (Konzentration 0,3 mg/ml) (nach LUTHER, 1982)

Blutgruppe	Hämagglutinationstiter (Endstufe) gegen:		
	unbedelte Erythrozyten	mit Papain behandelte Erythrozyten	mit Trypsin behandelte Erythrozyten
A_1	32	256	64
A_2	32	512	64
B	64	4096	128
0	32	512	64

C. V. Reaktionen mit Erythrozyten und Lymphozyten

Erythrozyten und Blutgruppenspezifität

Die „Wiege" der Lektinologie stand in der Blutgruppenserologie, da die meisten Lektine durch Arbeiten mit menschlichen oder tierischen *Erythrozyten* entdeckt wurden. Die ersten Anwendungsgebiete für Lektine waren folgerichtig die Gerichtsmedizin, die sich der Blutgruppenserologie und Lektinologie bedient. Heute noch sind Erythrozyten das Mittel der Wahl, neue Lektine zu entdecken, sie grob zu charakterisieren und einzuordnen. Auch das Viscum-album-Lektin wurde schließlich über die Blutgruppenserologie gefunden. Sowohl KRÜPE (1956), PARDOE et al. (1970) und auch LUTHER et al. (1973) waren in der Blutgruppenserologie beschäftigt. Während KRÜPE und auch PARDOE mit jeweils einer größeren Anzahl pflanzlicher Extrakte („Rohlektine") und je einem der 4 Erythrozytenmuster A_1, A_2, B und 0 eines Spenders arbeiteten, gingen LUTHER et al. (1973) den umgekehrten Weg und testeten ein einzelnes Lektin (aus Viscum album) mit einer großen Anzahl verschiedener Erythrozyten (von 293 Spendern). Aus der Blutgruppenserologie (PROKOP und UHLENBRUCK, 1966) wußte man, daß Erythrozyten ideale Reaktionspartner für Lektine sind, weil ihre Rezeptoren terminal zugängliche Zuckerstrukturen tragen, über die eine Agglutination der Erythrozyten durch Lektine erfolgen kann. Andererseits gibt es eine große Zahl weiterer, nicht blutgruppenbestimmender Zucker, die ebenfalls mit Lektinen reagieren. Schließlich unterscheiden die Blutgruppenserologen außer A_1, A_2, B und 0 noch eine weitere Anzahl von Systemen, die jeweils neben dem AB0-System bestehen (Rh-, P-, MNSs-, Lutheran-, Lewis-, Kidd-, Kell-, Joy-System).

Es war daher zu erwarten, daß bei der Testung von Pflanzenextrakten bzw. Lektinen hinsichtlich deren Blutgruppenspezifität sowie Benutzung nur jeweils eines Erythrozytentypes des AB0-Systems, keine Aussage zur Spezifität gemacht werden konnte.

Bei der Testung eines Viscum-album-Extraktes mit Erythrozyten von 293 Blutspendern, die jeweils nach allen bekannten Blutgruppenmerkmalen bestimmt wurden, zeigte sich eine deutliche Bevorzugung von Erythrozyten mit dem Merkmal „B" und „P".

Tabelle 24 Reaktionen eines Viscum-album-Extraktes (Rohextrakt, 1 : 100 verdünnt) gegenüber 293 unausgelesenen Blutmustern im Blindversuch. Die Reaktionen erfolgten auf Glastüpfelplatten, Titration mit Mikroliterspritzen von Eppendorf (100 μl)
Reaktionszeit: 30 min RT

	A_1	A_2	A_1B	A_2B	B	0
Häufigkeit des Auftretens der Merkmale (absolut)	89	24	18	3	41	118
Agglutination (absolut)	17	2	17	3	41	15
positiv (%)	20	8,3	95	100	100	12,7
Agglutination negativ (absolut)	72	22	1	–	–	103

Tabelle 25 Agglutinationstiter eines Viscum-Lektins mit unterschiedlichem Reinheitsgrad gegen gewaschene menschliche Erythrozyten der Gruppen A_1, A_2, B, 0

Viscum-Lektine	Erythro-zyten	Titerstufen 1 : 2	4	8	16	32	64	128	256
Viscum-R	A_1	++++	++++	+++	++	+	+—	—	—
	A_2	++++	++++	+++	++	+	—	—	—
	B	++++	++++	++++	+++	+++	++	+	+
	0	++++	++++	++++	++	+	+—	—	—
Viscum-F_1	A_1	++++	++++	++	+	+—	—	—	—
	A_2	++++	+++	++	+	+—	—	—	—
	B	++++	+++	+++	++	+	+	—	—
	0	++++	+++	++	+	+—	—	—	—
Viscum-album-Lektin (VAA I) (0,3 mg/ml)	A_1	++++	++++	+++	++	+	+—	—	—
	A_2	++++	++++	+++	++	+	+—	—	—
	B	++++	++++	++++	+++	+++	++	+	—
	0	++++	++++	+++	++	++	+	—	—

++++ vollständige Agglutination
+++ starke Agglutination
++ mittlere Agglutination
+ schwache Agglutination
+— fragliche Agglutination
— keine Agglutination

Wie aus Tabelle 24 hervorgeht, wurden alle Erythrozyten, die das Merkmal „B“ trugen (eine Ausnahme bildete ein A_1B-Blut), agglutiniert.
Eine schwache „B“-Spezifität des Viscum-Lektins zeichnete sich bereits hier ab und wurde durch weitere Versuche gestützt. Eine Überprüfung der 17 agglutinierten A-Blute und der 15 agglutinierten 0-Blute hinsichtlich der Erythrozytenmerkmale (Rezeptoren) für Rh, MN, Ss, P, Duffy, Kell, Lutheran u. a. ergab, daß eine Nebenspezifität zu „P“ vorzuliegen schien:
Die 17 agglutinierten A_1-Blute in Tabelle 24 trugen 16mal das Merkmal P_1, einmal das Merkmal P_2 (P_2: Fehlen des P-determinierenden Zuckers), woraus die schwache „P“-Spezifität erkennbar wird:

$P_1 : P_2 = 16 : 1$ (das Normalverhältnis ist 3 : 1)

Die 15 agglutinierten 0-Blute trugen 11mal das Merkmal P_1, 4mal das Merkmal P_2.
Das bevorzugte Agglutinieren von Erythrozyten mit dem Merkmal „B“ und „P“ (P_1) ist dadurch zu erklären, daß beide Rezeptoren (B und P) eine D-Galaktose als terminalen Zucker (determinante Gruppe) tragen.
Daß die Spezifität zu dem Blutgruppenmerkmal nur schwach ist, ist aus Tabelle 25 zu ersehen, in der die Prüfergebnisse von Lektinen verschiedener Reinheit aufgelistet sind.
Häufig hängt die Agglutination von Zellen verschiedener Blutgruppen auch nur von der Konzentration der Lektine ab (Tab. 26).
Die Blutgruppenspezifität wird üblicherweise durch menschliche Isoagglutinine bestimmt, die zur Immunglobulinklasse M gehören, ein Molekulargewicht von 800000 haben und mehrere Zucker (Zuckersequenzen) erkennen, was bei den meisten Lektinen nicht der Fall ist. Andererseits sind Lektine auch in keinem Fall mit den genannten IgM-Isoagglutininen vergleichbar.
Die bevorzugte Agglutination von Erythrozyten mit dem Merkmal „B“ und „P“ wurde von Franz et al. (1981) und Franz (1985b) nicht bestätigt, Ergebnisse mit einer größeren Anzahl exakt charakterisierter Blute wurden nicht angegeben. Auf mögliche Fehleinschätzungen hinsichtlich einer Blutgruppenspezifität, wenn nur jeweils ein oder wenige Blute je Blutgruppe untersucht werden, verwiesen schon Köhler et al. (1973) und Luther (1974).
Die Viscum-album-Lektine sind aber aufgrund der geringen Spezifität nicht für eine praktische Blutgruppendiagnostik geeignet, was beispielsweise für die Lektine HPA (aus Helix pomatia), DBA (aus Dolichos

Tabelle 26 Agglutinationstiter des Viscum-album-Lektins (VAA I) sowie des Lektins ASA aus der Hämolymphe von Agrotis segetum (LUTHER et al., 1972) und HPA aus der Eiweißdrüse von Helix pomatia (PROKOP et al., 1965; SCHNITZLER, 1977) in Abhängigkeit von ihrer Konzentration; Reaktionszeit: 20 min RT

Lektin	Konzentration	Erythrozyten			
		A_1	A_2	B	0
VAA I	0,3 mg/ml	+++	+++	+++	+++
	0,03 mg/ml	—	—	+	—
ASA	1 : 10 verdünnt	+++	+++	+	+
(Hämolymphe)	1 : 50 verdünnt	++	+	—	—
HPA	100 mg/ml	++++	++++	+	+
	1 mg/ml	++++	++++	—	—

++++ vollständig
+++ stark
++ mittel
\+ schwach
— negativ

Tabelle 27 Chemospezifität und Blutgruppenspezifität einiger Lektine (Literaturübersicht)

Lektin	Chemospezifität	Blutgruppen-Spezifität	Autoren
Dolichos biflorus	α-D-GalNac	Anti-A_1	ETZLER et al., 1970
Vicia cracca	α-D-GalNAc	Anti-A	ASPERG et al., 1968
Phaseolus lunatus	D-Gal α-D-GalNAc	Anti-A-B Anti-A	GALBRAITH et al., 1972
Sophora japonica	α- und β-D-Gal D-GalNAc	Anti-A-B	PORETZ et al., 1974
Lotus tetragonolobus	α-L-Fukose	Anti-H	YARIV et al., 1967
Ulex europaeus	α-L-Fukose	Anti-H	MATSUMOTO et al., 1969
Bandeirarea simplicifolia	α-D-Galaktose	Anti-B Anti-A-B	BESSLER et al., 1973 HAYES et al., 1974
Helix pomatia	α/β-D-GalNAc	Anti-A	PROKOP et al., 1965

Tabelle 28 Vergleich von Lektinen mit N-Acetyl-D-Galaktosamin-Spezifität (nach SCHNITZLER, 1978)

Lektin aus	Spezifität		Agglutination von	
	Chemo-spezifität	Blutgruppen-spezifität	Normal-zellen	Tumortrans-formierten Zellen
Glycine max	α-β-D-GalNAc	keine	+	+
Helix pomatia	α-β-D-GalNAc	A_1, A_2	—	+
Dolichos biflorus	α-D-GalNAc	A_1	—	—

biflorus), LAA (Laburnum alpinum) und andere gilt.

Daß eine Beziehung zwischen Blutgruppenspezifität und Chemospezifität (Blutgruppe „B" – Chemospezifität β-D-Galaktosid) besteht, zeigt Tabelle 27.

Zwangsläufig läßt sich aber aus der Chemospezifität nicht eine Blutgruppenspezifität ableiten, wie in Tabelle 28 am Beispiel einiger N-acetyl-galaktosaminspezifischer Lektine gezeigt werden kann.

Über die Agglutination von Erythrozyten verschiedener Tierspezies wird in Tabelle 29 berichtet.

Tabelle 29 Reaktion von Viscum-Lektin (0,3 mg/ml) mit einigen gewaschenen, frischen Tiererythrozyten. Titration auf Mikrotiterplatten mit Mikroliterpipetten von Eppendorf (100 μl), Ablesung nach 30 min RT

Tierart	Endtiterstufe
Mensch – Blutgruppe B (Kontrolle)	128
Hund	512
Rind	∅
Pferd	∅
Ratte	128
Meerschwein	128
Maus	∅–4[1]
Kaninchen	64
Schaf	∅[1]
Schwein	128[1]
Hamster	64
Taube	32
Fasan	64

∅ = keine Agglutination

[1] Bei der Agglutination tierischer Erythrozyten blieben mögliche Blutgruppen bei Tieren unberücksichtigt. Lediglich vom Schwein wurden Erythrozyten von 100 verschiedenen Tieren mit dem Viscum-Lektin F_1 (s. Kap. C. III.) getestet, wobei die Agglutinationsstärke zwischen negativ und 128 lag!

Über eine Unterscheidung von Blutgruppen beim Schwein bzw. Schaf mit dem Lektin HPA (aus Helix pomatia) wurde bereits 1967 berichtet (Schmidt et al., 1967; Schmidt und Uhlenbruck, 1972).

Lymphozyten und Mitogenität

Verschiedene Versuche, *menschliche Lymphozyten* mit VAA zu stimulieren, scheiterten an der selbst bei hoher Verdünnung noch auftretenden Zytotoxizität. Auch bei Einsatz von lediglich über Sephadex G 75 fraktionierten Proben (F_2) wurde gegenüber Lymphozyten eine hohe Toxizität gefunden. Die toxische Wirkung der Fraktion F_2 war bis zur Verdünnung von 4 ng/ml Zellkultur festzustellen. Unterhalb von 4 ng/ml sahen wir keine toxische aber auch keine mitogene Wirkung. Bei Verwendung des gereinigten Lektins (VAA I) waren 25 ng/ml Zellkultur noch toxisch und führten zu keiner Stimulation (Luther et al., 1980; Franz, 1985b). Auch nach Neuraminidase-Behandlung der Lymphozyten konnten wir keine Stimulation erreichen (Luther et al., 1980).

Über die Toxizität gegenüber tierischen und menschlichen Zellen wird im Kap. C. VII. berichtet.

Weiterhin wurde geprüft, ob methodisch bedingte Unterschiede in der Inkubationszeit oder die Konzentration der Zellsuspension oder eine unterschiedliche Behandlung der Lymphozyten nach der Blutabnahme (z. B. mit oder ohne Heparin, Zentrifugation) einen Einfluß auf eine mögliche Stimulation der Lymphozyten ausüben. In keiner der unterschiedlichen Zellpräparationen wurde eine mitogene Stimulation der Lymphozyten nachgewiesen.

Auch mit den Viscum-Lektinen VAA I und VAA II konnte keine Stimulierung menschlicher Lymphozyten erreicht werden, vielmehr war nach der Inkubationszeit von 72 h die Mehrheit der Lymphozyten abgetötet. Beide Lektine (VAA I und VAA II) aus Viscum album zeigten im LTT nach 72 h keine Stimulation. Im Zytotoxizitätstest mit Trypanblau (nach 72 h) waren in allen Proben die Lymphozyten zu 90% abgetötet oder geschädigt.

Durch Dillner et al. (1975) wissen wir, daß allein die Bindung eines Lektins an **Lymphozyten** noch nicht zur Stimulation führt. HPA, das Lektin aus Helix pomatia, reagiert spezifisch über einen sogenannten „Helix-pomatia-Lymphozyten-Rezeptor" mit bestimmten Lymphozytenpopulationen. Nach Dillner et al. (1975), Uhlenbruck et al. (1977) führt die Reaktion des Helix-pomatia-Lektins mit „normalen" Lymphozyten zu keiner Transformation, stimuliert aber nach Neuraminidasebehandlung spezifisch periphere B- und T-Lymphozyten.

Die mitogene Wirkung von Lektinen ist für Lymphozyten verschiedener Spezies unterschiedlich. Das gegenüber menschlichen Lymphozyten mitogene Invertebraten-Lektin (Tridacnin) aus Tridacna maxima (UHLENBRUCK et al., 1977a) wirkt nicht mitogen auf Rinderlymphozyten (NEWMAN und UHLENBRUCK, 1977).

Die Vielfalt der Vorgänge an der Lymphozytenoberfläche, die zur Transformation führen, wird dadurch weiter veranschaulicht, daß bestimmte Lymphozytenpopulationen unterschiedlich durch einzelne Lektine stimulierbar sind. Das eben erwähnte „Tridacnin“ (β-galaktosylspezifisch) stimuliert humane B- und T-Lymphozyten gleichermaßen vor und nach Neuraminidasebehandlung. Ein anderes β-galaktosylspezifisches Lektin (aus Axinella polypoides) stimuliert dagegen nach PHILIPS et al. (1976) speziell T-Lymphozyten. Ähnlich verhält es sich auch mit dem β-galaktosylspezifischen Lektin aus Arachis hypogaea (UHLENBRUCK et al., 1969). Mit unbehandelten Zellen reagiert es nicht. Nach Neuraminidasebehandlung der Lymphozyten können diese durch das Lektin stimuliert werden.

Eigene Ergebnisse mit menschlichen Lymphozyten, die keinen meßbaren ^{3}(H)-Thymidineinbau zeigten (keine Stimulation), ergaben folgende zytotoxischen Einflüsse auf die Zellen (Tabelle 30).

Tabelle 30 Zytotoxizität von VAA I und VAA II in menschlichen Lymphozytenkulturen. Je Kulturansatz werden 100 μl Lektin zu 4 ml Kultur (Medium RPMI-1640) gegeben

Lektin	Verhältnis lebender und toter Lymphozyten (in %) nach 6 h bei 37 °C + CO_2	
	lebend	tot
VAA I 1,9 mg/ml[1]	25	25
VAA II 1,3 mg/ml[2]	32	18

[1] Titer gegen menschliche B-Erythrozyten 1 : 4000.

[2] Titer gegen menschliche B-Erythrozyten 1 : 256.

Nach Abspalten der Neuraminsäure aus Rezeptoren werden Strukturen frei, mit denen das Arachis-Lektin reagieren kann, was zur Stimulation führt. Auch hier handelt es sich um eine spezifische T-Zell-Stimulation (NOVOGRODSKY et al., 1977; NEWMAN et al., 1978). Auch das Lektin aus Robinia pseudoaccacia der Wirtspflanze des von uns benutzten Viscum-album-Materials, ist mitogen und stimuliert nur T-Lymphozyten (SHARIF et al., 1977). SHARIF et al. (1978) fanden weiter, daß der Thymidineinbau in Lymphozyten höher als bei Kulturen mit „reinen“ B- oder T-Zellfraktionen war. Sie konnten zeigen, daß es in Gegenwart von T-Zellen und Robinia-Lektin zu einer Proliferation von B-Zellen kommt (Aktivierung von B-Zellen).

Wie auch bei der Blutgruppenspezifität ist keine physikochemische Eigenschaft der Lektine – auch nicht deren Chemospezifität – erkennbar, die in einem zwingenden Zusammenhang zur Mitogenität steht. Einen kurzen Überblick von Lektinen mit gleicher Chemospezifität zeigt Tabelle 31.

Tabelle 31 Lektine, die menschliche Lymphozyten mitogen stimulieren (Literaturzusammenstellung)

Lektin	Zuckerspezifität	Lymphozytenmitogen[1]	
		ja	nein
Canavalia ensiformis	D-Mannose, D-Glukose	×	
Pisum sativum	D-Mannose, D-Glukose		×
Lens culinaris	D-Mannose, D-Glukose	×	
Phaseolus vulgaris	D-Gal-NAc	×	
Helix pomatia	D-Gal-NAc		×
Phaseolus coccineus	D-Gal-NAc		×
Sophora japonica	D-Gal-NAc		×

[1] unbehandelte Lymphozyten

Zusammenfassend können die Wechselwirkungen zwischen gereinigten Lektinen aus Viscum album und lebenden Zellen wie folgt charakterisiert werden (LUTHER et al., 1980; LUTHER, 1982; FRANZ, 1985b):

- Menschliche Lymphozyten von gesunden bzw. auch von erkrankten Personen konnten durch Viscum-album-Lektine nicht stimuliert werden. Das Lektin wirkte noch bis zu einer Verdünnung von 4 ng/ml Zellkultur toxisch (Inkubationszeit 48 bzw. 72 h). Mit geringeren Konzentrationen war keine Stimulation erkennbar.
- Nach Neuraminidasebehandlung der Lymphozyten war ebenfalls keine Stimulation der Lymphozyten erzielbar. Es zeigte sich in subtoxischen Bereichen keine Stimulation, bei höheren Konzentrationen eine toxische Wirkung.
- Menschliche Leukozytensuspensionen, die auf eine Histaminausschüttung überprüft wurden, zeigten bei einer Inkubation mit 60 ng VAA I/ml Leukozytensuspensionen auch nach 6 h keine (bzw. eine schwache) Zytotoxizität und keine Histaminausschüttung (s. Kap. C. VIII.).
- Menschliche mononukleare Zellen (MNZ) und Granulozyten sowie Makrophagen von Meerschweinchen wurden vom Lektin (VAA I) ohne einen erkennbaren zytotoxischen Einfluß auf die Zellen nach 30 min bis 6 h agglutiniert (s. Kap. C. IV.).
- Ehrlich-Aszites-Tumorzellen von Mäusen wurden stark agglutiniert. Das Lektin zeigte nur geringe zytotoxische Einflüsse nach 3 h (s. Kap. C. VII.).

Die negativen Ergebnisse hinsichtlich einer mitogenen Stimulation menschlicher Lymphozyten mit gereinigten Viscum-Lektinen finden ihre Bestätigung auch in den Arbeiten von SCHERBAUM et al. (1978) bzw. indirekt in den Arbeiten, in denen die Hemmung der Proteinsynthese durch Viscum-album-Lektine beschrieben wurden (s. Kap. C. V.). SCHERBAUM et al. kamen zu folgenden Resultaten mit Lymphozyten des Meerschweinchens:

„Das Viscum-Lektin führte in Lymphozytenkulturen zu keiner Stimulation, da 0,0025 bis 0,008 mg Lektin/ml Zellkultur (1×10^6/ml Lymphknotenzellen von Meerschweinchen) im LTT keine Stimulation zeigten, Con A unter gleichen Bedingungen führte zu einer sehr guten Stimulation. Im Zytotoxtest wurden nach 6 h nur tote Zellen beobachtet."

Andererseits können mit VAA I menschliche und auch tierische Phagozyten aktiviert werden bzw. kann das Lektin in den Histaminfreisetzungsmechanismus bei menschlichen basophilen Granulozyten eingreifen (siehe folgende Abschnitte), ohne erkennbare toxische Einflüsse.

Dagegen konnte nach unseren Versuchen mit Iscador (LUTHER et al., 1984) eine schwache, aber deutlich meßbare Immunstimulation an menschlichen Lymphozyten beobachtet werden. Worauf die Stimulation durch Iscador zurückzuführen ist, ist bisher nicht erklärbar, da es sich bei diesem Präparat aus Viscum album (s. Kap. D. II.) um ein Gemisch verschiedener Inhaltsstoffe handelt und zusätzlich eine Fermentation erfolgt ist.

Eine immunmodulierende Wirkung von Iscador in bezug auf Lymphozyten wurde bereits von NIENHAUS et al. (1970) beschrieben, die durch intraperitoneale Injektionen eine Thymusvergrößerung erreichten und davon eine Immunstimulation ableiteten.

Diese Ergebnisse griffen BLOKSMA et al. (1979) auf, als sie einen immunstimulierenden Effekt mit Iscador bei Mäusen erzielten. Sie führten den Effekt auf Bestandteile von Milchsäurebakterien zurück. Das Präparat Iscador wird während seiner Herstellung einer Milchsäuregärung unterzogen, die dann abgebrochen wird, so daß abgetötete Bakterien im Iscador vorhanden sind (s. Kap. D. II.). 1981 erweiterten RENTEA et al. die Versuche von NIENHAUS et al. (1970), als sie eine 29fache Steigerung der normalen Con-A-Stimulation von Thymuszellen erreichten, wenn sie die Tiere vorher mit Iscador immunisierten. Die Ergebnisse sind in Tabelle 32 dargestellt.

Die Autoren beobachteten weiterhin nach Immunisierung mit Iscador eine deutliche Zunahme des Thymusgewichtes (siehe auch NIENHAUS) bei dem genannten Rattenstamm bzw. bei CD-1-Mäusen und eine erhöhte Proliferation von kortikalen Thymozyten. Es wird der Schluß gezogen, daß „Iscador is able to stimulate a variety of cell types which are not stimulated by most antigens".

Tabelle 32 Einfluß einer Immunisierung mit Iscador auf eine Con-A-Stimulation von Thymuszellen bei Sprague-Dawley-Ratten (nach RENTEA et al., 1981). Die Immunisierung erfolgte durch i. p. Injektionen von 38 mg Iscador (Mali)/kg Ratte an 6 Tagen je Woche 8 Wochen lang. Die Ergebnisse sind in einer ^{3}H-Thymidineinbaurate als Gradmesser der mitogenen Stimulation angegeben

	Con-A-stimuliert	Nicht stimuliert
Mit Iscador immunisierte Ratten	152000 ± 7000	2500 ± 1100
Nicht immunisierte Ratten	10000 ± 4000	4200 ± 900

Weitere Resultate im Sinne einer Immunmodulation durch Iscador erzielten HAJTO und LANZREIN (1983). Durch i.v. Infusionen bei Patienten mit 1 ml Iscador M 2% in 250 ml NaCl konnte eine deutliche Stimulation der „large granular lymphocytes" (LGL) erzielt werden. Da die LGL, eine Subpopulation der T-Lymphozyten, eine Rolle bei der antikörperabhängigen Zytotoxizität spielen und Killerzellfunktion haben können, wird die positive Beeinflussung des Immunstatus bei Tumorpatienten durch Iscador im Zusammenhang mit diesen Ergebnissen gesehen.

Eine mitogene Stimulation menschlicher Lymphozyten fand schließlich auch RIBEREAU-GAYON, der eine sehr schwache Stimulation mit Iscador (Quercus), aber eine gute Stimulation durch Iscador (Mali) mit 0,05–0,5 mg/ml Kultur erzielte. Die Stimulation wurde durch ^{3}H-Thymidineinbau in Lymphozyten gemessen. Nicht unerwähnt sollen auch die umfangreichen klinischen Versuche von SALZER et al. in Wien (1978, 1981b, 1983) sowie von BÖCK (1983) in bezug auf die Wechselwirkung zwischen Viscum-album-Präparaten (Iscador) und Lymphozyten bleiben. Bei Behandlungen von Pleurakarzinomen mit Iscador, das sie in die Pleurahöhle gaben, konnte in 47 von 51 Fällen eine „Trockenlegung" des Karzinoms erreicht werden. Diese positiven Ergebnisse konnten durch zytologische Befunde (regelmäßige Punktionen) gestützt werden, die ergaben, daß die Anzahl der Tumorzellen abnahm, die Anzahl der Eosinophilen und Lymphozyten aber stark zunahm.

Während alle bisherigen Ergebnisse zeigten, daß Viscum-Lektine keine Stimulation von Lymphozyten hervorrufen, das Viscum-album-Präparat Iscador offensichtlich aber dazu befähigt ist, scheinen neueste Ergebnisse von FRANZ (1985a) hier eine Brücke zu bilden. Bei Arbeiten mit Iscador muß man auch an Polysaccharide denken, die eine Immunstimulation hervorrufen können (Iscador enthält als Gesamtextrakt solche), da verschiedene andere Polysaccharide, speziell von Bakterien, auch mitogen sind. Anders ist es bei der gereinigten Lektinfraktion bzw. der A-Kette des Lektins, die keine freien Polysaccharide enthalten.

In einer Übersicht berichten FRANZ et al. (1984), daß ML I (= VAA I) und die B-Kette des VAA I den Einbau von ^{3}H-Thymidin in Zellen verringern (also nicht mitogen), die A-Kette aber Lymphozyten stimulierte. Dieser bemerkenswerte Befund könnte ebenfalls die Ergebnisse mit Iscador erklären, da durch den Gärungsprozeß bei der Herstellung des Iscadors (s. Kap. D. II.) auch Lektine gespalten werden könnten und so A-Ketten vorhanden wären (theoretisch).

Die Lymphozytenstimulationen wurden nur mit Konzentrationen zwischen 0,1–1,0 μg A-Kette/10^6 Zellen erreicht; geringere oder höhere Konzentrationen zeigten keinen Effekt. Es muß noch geklärt werden, wie die A-Kette (kein Bindungsort) an die Zelle herankommt, da die B-Kette (besitzt den Bindungsort) zytotoxisch und nicht mitogen wirkt.

Die unterschiedlichen Ergebnisse hinsichtlich der Immunstimulation bzw. der Zytotoxizität von Viscum-album-Präparationen können weiterhin darin begründet liegen, daß verschiedene Methoden zur Immunstimulation, unterschiedliche Inkubationszeiten, unterschiedliche Zellzahlen und Lektinkonzentrationen sowie verschiedene Lektinpräparationen oder Mistelpräparate benutzt wurden.

Außerdem hat wahrscheinlich jede Zellpopulation ihren eigenen, spezifischen Rezeptor für eine mitogene Stimulation, der für das eine oder andere Lektin zugänglich nicht zugänglich oder erst nach RDE-Behandlung (Entfernung der endständigen Neuraminsäure) zugänglich wird.

C. VI.
Reaktionen mit humanen Serumproteinen; Phagozyten und Phagozytose

Die ersten, experimentell gesicherten Befunde über eine Steigerung der Phagozytoseaktivität durch Mistelextrakte erzielte vermutlich ZSCHIESCHE (1966), als er bei Mäusen durch einmalige Gabe von Iscador (i.v.) einen signifikanten Anstieg der **Phagozytoseaktivität** fand, die er im retikulohistiozytären System bei i.v. und abgeschwächt bei i.p. Injektion fand. SCHERBAUM et al. (1978) fanden bei Versuchen mit Viscum-Lektin (VAA I) und Meerschweinchen-Makrophagen, daß die Ausbreitung der Makrophagen sowohl durch VAA I (Konzentration zwischen 0,01–0,00001 g/l) als auch durch Con A (als Kontrolle) gehemmt wurde. Ähnliche Ergebnisse fanden die Autoren mit Leukozyten im Leukozytenmigrationstest.

STIRPE et al. (1982) fanden mit Viscumin (identisch mit VAA I) bei der Testung von 8 verschiedenen Zellinien, daß Makrophagen der Maus die größte Empfindlichkeit (Aktivierung) zu VAA I zeigten (gemessen als ^{14}C-Leucin-Einbau).

Alle genannten Ergebnisse, die eine Aktivierung der **Makrophagen** beschreiben, stehen sehr gut in Übereinstimmung mit unseren eigenen (REUTGEN) Ergebnissen. Zunächst sei erwähnt, daß bei den benutzten Konzentrationen keine toxischen Einflüsse meßbar waren, wie wir sie bei Reaktionen mit Lymphozyten (siehe vorheriger Abschnitt) beschrieben haben. Das liegt zum einen an unterschiedlich langen Inkubationszeiten, aber auch an der anderen Form der Wechselwirkung zwischen Lymphozyten und Viscum einerseits und Makrophagen und Viscum andererseits. Natürlich sei auch auf die beiden unterschiedlichen toxischen Regime der Mistel verwiesen (s. Kap. C. IX.).

Unsere früheren Versuche bestätigten die Ergebnisse von KOCH (1938) und VESTER et al. (1968), daß in Mistelextrakten starke zytotoxische Substanzen enthalten sind. In Viscum-R fanden wir gegenüber Ehrlich-Aszites-Tumor-Zellen eine zytotoxische Wirkung, die um ein vielfaches höher liegt als die Agglutination (Tabelle 33).

Die hohe Toxizität des Rohextraktes gegenüber Ehrlich-Aszites-Tumorzellen wurde nach einer Fraktionierung von Viscum-R über Sephadex G 75 (F_1, F_2) bzw. bei Verwendung von VAA nicht mehr gefunden. Bei gleicher Agglutinationsstärke gegenüber dem Rohextrakt wurden nur schwache toxische Wirkungen auf EATM nachgewiesen. Gegenüber Meerschweinchenmakrophagen wurde mit VAA I keine oder nur eine sehr geringe zytotoxische Wirkung erzielt, obwohl die Zellen stark agglutiniert wurden (siehe Tab. 34).

Tabelle 33 Agglutinationstiter und Toxintiter von Viscum-Fraktionen gegenüber Ehrlich-Aszites-Tumor-Zellen der Maus. Reaktionen auf Glastüpfelplatten, Reaktionszeit: 30 min RT; die Zahlen bedeuten abgestorbene Zellen in %

	Kontrolle	Agglutinationstiter					
		128	256	512	1024	2048	...32000
Viscum-R[1]	—	+++	++	+	—	—	—
	15	95			95		60
F_1	—	+++	+	—	—	—	—
	12	18			16		19
VAA I,	—	+++	++	+	—	—	—
0,7 mg/ml	17	20			15		17

Agglutinationsstärke: +++ stark ++ mittel + schwach — negativ

[1] Viscum-R enthält alle toxischen Lektine (VAA I, II) und Viscotoxine. Der zytotoxische Einfluß ist auf die Viscotoxine zurückzuführen.

Tabelle 34 Agglutinationstiter von Meerschweinchenmakrophagen (3%ige Suspension) mit VAA I (0,7 mg/ml). Die Zahlen bedeuten abgestorbene Zellen in %, gemessen mit Trypanblau mit mikroskopischer Auswertung (Agglutination 30 min, Trypanblaueinwirkung 2 min)

Kontrolle (NaCl)	Titer 1:2	4	8	16	32	64	128	256	512	1024
—	++++	++++	++++	++++	+++	++	+	+—	—	—
10	15			12			8	8		

Agglutinationsstärke:

++++ vollständig   ++ mittel   +— fraglich
+++ stark   + schwach   — negativ

Da 80% der Makrophagen des Meerschweinchens nach Kontakt mit VAA I (Tab. 34) bei anschließender Inkubation mit 1%iger Neutralrotlösung noch zu einer Phagozytose fähig waren, wurde davon ausgegangen, daß das Lektin die Funktionsfähigkeit der Makrophagen nicht beeinflußt. Die starke Fähigkeit, Makrophagen durch VAA I zu stimulieren, fanden auch Metzner et al. (1985b) jüngst in Tierversuchen. Die Autoren beschrieben, daß 2 μl/ml VAA I Meerschweinchenmakrophagen agglutinierten und daß 1 μg Lektin für 10^7 Makrophagen nicht toxisch war (Trypanblautest). Gleiche Ergebnisse wurden mit der B-Kette des VAA I erreicht, während die A-Kette keinen Einfluß auf die Phagozytoseaktivität ausübte.

Neuere Ergebnisse bei anderer Versuchsanordnung zur Beeinflußbarkeit der Phagozytose menschlicher Zellen durch VAA I fügen sich folgerichtig in die tierexperimentellen Ergebnisse ein: Die Prüfung der Phagozytoseaktivität wurde mit Hilfe einer von Süss et al. (1982) beschriebenen und von uns weiter modifizierten Methode durchgeführt, wobei die Isolierung der mononuklearen Zellen (MNZ) bzw. Granulozyten (G) nach der von Böyum (1974) beschriebenen Methode aus „peripheral blood" und die der Alveolarmakrophagen (AM) aus bronchoalveolärer Lungenspülflüssigkeit vorgenommen wurde. Der Test beruht auf der Messung der Phagozytose von opsonierten Zellen von Saccharomyces cerevisiae (Bäckerhefe) durch humane MNZ, G und AM, wobei nach der Phagozytose die extrazellulär verbliebenen Hefezellen mit ^{75}Se-Methionin markiert und so leicht bestimmt werden können. Da in diesem System durch die Lektine aus Viscum album als auch durch andere Lektine oder Immunmodulatoren über spezielle Rezeptoren auf der Zellmembran Einfluß auf die Phagozytoseaktivität genommen werden kann, können Rückschlüsse auf unspezifische Immunabwehrmechanismen gezogen werden. Der Einfluß des VAA I auf die phagozy-

Tabelle 35 Einfluß verschiedener Lektine auf die Phagozytose von menschlichen mononuklearen Zellen (MNZ) und Granulozyten (G), angegeben als Phagozytoseindex in % zu der Kontrolle

Lektine	Zellen	Kontrolle	Lektinkonzentration in μg/ml									
		0,0	0,05	0,1	0,2	0,4	0,8	1,6	3,2	12,5	25	50
PNA	G	100	–	97	99	–	93	–	92	96	97	93
HPA		100	–	–	103	–	101	–	93	76	52	–
VAA I		100	108	108	–	110	–	106	–	–	–	–
WGA		100	–	97	98	–	97	–	86	56	43	29
PNA	MNZ	100	–	–	103	–	97	–	104	110	109	100
HPA		100	–	–	93	–	89	–	91	92	87	93
VAA I		100	133	163	–	115	–	87	–	–	–	–
WGA		100	–	107	102	–	98	–	95	89	49	14

tische Aktivität der MNZ-Fraktion (eingestellt auf 3×10^5 Monozyten pro Teströhrchen) und der Granulozytenfraktion (eingestellt auf 1×10^6 Zellen/Teströhrchen) ist aus Tabelle 35 zu entnehmen. Während die MNZ-Fraktion eine von der eingesetzten VAA-Konzentration abhängige deutliche Beeinflussung der Phagozytoseaktivität zeigt, bleibt die Granulozytenfraktion im getesteten Bereich weitgehend unbeeinflußt, d. h., sie wird nicht signifikant stimuliert.

Bereits 0,03 μg VAA I aktivieren die MNZ-Fraktion (maximale Stimulation bei 0,12 μg mit 163 % gegenüber dem Kontrollwert). Mit steigender Konzentration geht dieser Stimulierungseffekt zurück und schlägt schließlich ab 0,85 μg/ml in eine Hemmung um. Dieser bei zunehmender Konzentration überwiegende Hemmeffekt dürfte darauf zurückzuführen sein, daß die beginnenden toxischen Einflüsse des VAA I zu einer Zellschädigung führen, die sich aber noch nicht in einer veränderten Viabilität (Trypanblautest) manifestiert. Die bei der Testung von Iscador bereits bei 1 μg/ml gefundene Hemmung des Phagozytoseindexes (86,2 % zur Kontrolle) bei gesunden Personen dürfte durch den Viscotoxingehalt des Präparates bedingt sein. Sowohl die Alveolarmakrophagen von gesunden Kontrollpersonen als auch von gesunden Mäusen konnten durch VAA I stimuliert werden. Auch hier zeigte sich ein von der eingesetzten Konzentration abhängiges Verhalten. Wie Untersuchungen sowohl mit unmarkiertem als auch ^{125}I-markiertem VAA I gezeigt haben (Reutgen et al., 1984), wird offenbar neben der Phagozytose besonders der „Killing"-Vorgang aktiviert. Das trifft auch zu für den „Killing"-Vorgang bei humanen Monozyten und Granulozyten. Bei Arbeiten mit VAA I (ML I) und den isolierten A- und B-Ketten des Lektins zur Phagozytose fanden Metzner et al. (1985 b) ebenfalls, daß Makrophagen vom Meerschweinchen durch VAA I keinen zytotoxischen Einfluß zwischen 10^{-14}–10^{-8} M zeigten. Während VAA I und die B-Kette die physiologische Funktion der Makrophagen des Meerschweinchens erhöhten (siehe auch unsere Ergebnisse mit menschlichen Zellen), zeigte die A-Kette hier keinen Effekt (keine Veränderung der physiologischen Funktion und keine Veränderung der elektrophoretischen Mobilität). Die Aktivität von VAA I bzw. seiner B-Kette war folgerichtig durch Galaktose bzw. Laktose hemmbar. Bemerkenswert ist der Befund, daß die Autoren fanden, daß lediglich die B-Kette die Phagozytose-Kapazität bei menschlichen Leukozyten steigerte, nicht aber das gesamte Lektin bzw. die A-Kette.

Reaktionen mit humanen Serumproteinen

Immunantikörper agglutinieren Erythrozyten in physiologischer NaCl-Lösung. Erfolgt die Reaktion in AB-Mischserum, ist die Agglutination gewöhnlich verstärkt (Supplementeffekt). Anders verhält es sich bei Lektinen, z. B. VAA I, das nach Serumzugabe nicht mehr fähig war, Erythrozyten zu agglutinieren. Das gleiche Resultat der Agglutinationshemmung wurde mit verschiedenen Seren erreicht. Auch bei geringeren Serumzugaben (1 Teil Serum : 3 Teilen VAA I) erfolgte eine vollständige Agglutinationshemmung des Viscum-Lektins. Erste Hinweise dafür fanden wir bereits 1973, als wir das Lektin aus Vicia faba untersuchten und bei Verwendung von Vollbluten eine deutlich schwächere Agglutination fanden.

Zusammen mit Franz et al. (1977) gingen wir damals davon aus, daß unbehandelte Plasmaproteine „Lektin-Rezeptoren" besitzen müssen, ähnlich wie es von Erythrozyten bekannt ist, d. h. Kohlenhydratstrukturen, die für das Lektin aus Viscum album zugänglich sind. Zur Klärung dieser Fragen wurden einige Serumbestandteile isoliert, Viscum-album-Lektin hinzugegeben

Tabelle 36 Agglutinationshemmende Wirkung einiger humaner Serumproteine auf die durch Viscum album-Lektin vermittelte Agglutination humaner B-Erythrozyten

B-Erythrozyten, Suspensionsmedium	Endtiterstufe
NaCl (Kontrolle)	1 : 128
IgG	∅
IgM	∅
IgA	∅
α-2-Makroglobulin	1 : 2
Albumin	1 : 8
Transferin	1 : 8

und die inhibierende Wirkung überprüft (Tab. 36).
Dabei konnte gezeigt werden, daß zumindest die Immunglobuline A, M und G Kohlenhydratanteile besitzen, mit denen das Viscum-album-Lektin mit einer starken Bindung reagiert. Diese Erkenntnis wurde später zu Affinitätsversuchen zur Isolierung des Lektins aus Viscum-R in der Art eines „Batch“-Verfahrens mit glutaraldehydvernetztem IgG genutzt (Ziska et al., 1978).

Aufgrund der Adsorption des VAA I an IgG wurde auch eine Wechselwirkung zwischen dem VAA-I-Lektin und IgE vermutet. Die Viscum-Lektine reagierten im Radioallergo-sorbent-Test (RAST) mit allergenspezifischem IgE und verhindern auf diesem Wege eine allergenspezifische Histaminfreisetzung, die über IgE auf den Leukozyten abläuft (s. Kap. C. VIII.). Die Reaktion Viscum-Lektin mit IgE wurde auch affinitätschromatographisch nachgewiesen. Das Viscum-Lektin wurde dabei an bromzyan-

Tabelle 37 Präzipitationsreaktion des Lektins aus Viscum album (VAA I) und einiger anderer Lektine mit den wichtigsten menschlichen Serumproteinen (neuraminidasebehandelt); aus Uhlenbruck et al. (1979) und Luther et al. (1980)

Serum-Glykoproteine nach Neuraminidasebehandlung	Phaseolus vulgaris	Agaricus bisporus	Arachis hypogaea	Concanavalin A	Helix pomatia	Viscum album
Antithrombin III	—	++	—	++	—	+
Haemopexin	++	—	—	++	—	—
Transferrin	—	—	—	—	—	+
α_1-S-Glykoprotein	++	—	—	+	—	++
Fetuin I/III	++	—	++	—	—	+
β_2-Glykoprotein I	++	—	—	++	—	—
Cholinesterase	++	++	++	++	+	+
$\alpha_1\beta$-Glykoprotein	+	—	—	++	—	—
3,1S-α_2-Glykoprotein	+	—	—	++	—	—
α_1-Antitrypsin	+	—	—	++	—	—
α_2HS-Glykoprotein	—	++	—	++	—	—
α_2-Makroglobulin	+	++	—	++	—	+
α_1-Antichymotrypsin	++	—	—	++	—	++
8S-α_3-Glykoprotein	++	++	++	++	—	++
β_2-Glykoprotein III	—	+	++	—	—	++
Ge-Globulin	++	—	—	—	—	—
„Secretory piece“	++	++	—	++	—	—
Laktoferrin	++	—	—	++	—	—
Prothrombin	++	—	—	—	—	+
Inter-α-trypsin-inhibitor	++	—	++	++	—	+
C3-Aktivator	+	—	—	++	—	—
3,8S-α_2-Glykoprotein	++	—	—	++	—	—
Coeruloplasmin	++	—	—	++	—	+
C1-Inaktivator	+	++	++	++	—	+
9,5S-α_1-Glykoprotein	++	—	—	++	—	++
Haptoglobin	++	—	—	++	—	+
Thyroxin-binding-globulin	+	—	—	++	—	+
IgA	++	++	++	+	—	+
IgM	++	—	—	+	—	+
IgD	++	++	++	++	—	+
IgG	+	++	—	+	—	+
IgE	++	—	—	++	—	+

— keine Präzipitationsreaktion
\+ schwache Präzipitation
++ starke Präzipitation

aktivierte Sepharose gekoppelt und zur Affinitätschromatographie benutzt. Dazu wurde von uns Serum mit sehr hohem IgE-Gehalt auf die Säule aufgetragen, wobei davon ausgegangen wurde, daß das IgE von der „Viscum-Säule“ festgehalten wird. Die Säule wurde mehrfach gewaschen und anschließend das Adsorbat mit 0,14 M Galaktose eluiert. Wir erhielten 3 Fraktionen, die in der Mancini-Technik mit monospezifischem Anti-IgE (Pharmacia, Schweden) getestet wurden.

Ergebnis:

1. Ausgangsprobe: 30000 I. U. IgE (Kontrolle)
2. Durchlauf (nicht adsorbierter Teil des Serums): ∅
3. Eluat (durch VAA adsorbierter und später eluierter Serumteil): 27000 I. U. IgE

Es ist zu erkennen, daß praktisch das gesamte IgE von dem Viscum-Lektin festgehalten wurde (Durchlauf negativ) und sich auch wieder eluieren ließ. Das Viscum-Lektin reagiert hier wie bei den anderen Immunglobulinen mit dem Kohlenhydratanteil, der sich jeweils am Fc-Abschnitt des Immunglobulins befindet:

IgG: 3 % Kohlenhydrate
IgA: 8 % Kohlenhydrate
IgM: 12 % Kohlenhydrate
IgE: 11 % Kohlenhydrate
IgD: 14 % Kohlenhydrate

Da fast alle Serumproteine Glykoproteine sind, sollten einige auch mit dem Viscum-Lektin reagieren, wenn sie Galaktosidstrukturen besitzen. Wie beschrieben, konnte das bei einigen – insbesondere bei Immunglobulinen – nachgewiesen werden.
Zur Aufklärung der Struktur der Serumglykoproteine ist es günstig, durch Neuraminidasebehandlung die Neuraminsäure zu entfernen, um „innere“ Kettenstrukturen erfassen zu können. Dabei werden häufig Galaktosidstrukturen freigelegt. Deshalb reagierten verschiedene Humanserumglykoproteine erst nach Neuraminidasebehandlung mit dem VAA I. In gemeinsamen Untersuchungen (Uhlenbruck et al., 1979, Luther et al., 1980) wurden entsprechende Versuche durchgeführt. Sie zeigten die Ergebnisse, die in Tabelle 37 dargestellt werden.

C. VII.
Lektine, Tumorzellen, Immuntoxine und immunologische Eigenschaften des VAA

Aus den Reaktionen zwischen Viscum-album-Lektinen und menschlichen Zellen (Granulozyten, Makrophagen, Lymphozyten u. a.), die in den vorangegangenen Kapiteln beschrieben wurden, konnte erwartet werden, daß sich viele Arbeitsgruppen mit der Erforschung der Wechselwirkungen zwischen Lektinen und **Tumorzellen** befassen. Diese weltweit mit hoher Intensität betriebenen Forschungsarbeiten mit Krebszellen brachten eine große Zahl von interessanten Ergebnissen mit verschiedenen Lektinen, einschließlich dem Lektin aus Viscum album (VAA). Zum besseren Verständnis werden in diesem Kapitel auch Ergebnisse mit anderen Lektinen an Tumorzellen oder Tumorgeweben im Vergleich zu VAA vorgestellt. Die Ergebnisse mit dem VAA-enthaltenden Mistelpräparat Iscador werden im Kapitel D. II. gesondert dargestellt. In den vergangenen Jahren hat es nicht an Bemühungen und auch nicht an erfolgversprechenden, euphorischen Berichten gefehlt, in denen über diagnostische oder therapeutische Erfolge mit Hilfe von Lektinen bei Krebs berichtet wurde.
Die meisten dieser Hoffnungen ließen sich nicht bestätigen. So waren es vor allem die Arbeiten Max Burgers in den Jahren zwischen 1967 und 1973 und Prokops et al. (1965, 1968, 1974a, b), die zunächst die Hoffnung auf tumorspezifische Lektine nährten. Auch wenn diese Hoffnung nicht erfüllt werden konnte, brachten diese Arbeiten doch einen beträchtlichen Erkenntnisgewinn über die Vielfalt der Reaktionsmöglichkeiten zwischen Lektinen und Tumorzellen. Auch wir waren bei früheren Arbeiten (Luther et al., 1973a, 1973b, 1982) von der hohen selektiven Agglutination von Maus-Tumorzellen durch Viscum-Lektine im Vergleich mit Erythrozyten beeindruckt. Bei anderen Spezies, einschließlich Mensch, fanden wir keine tumorzell-

Tabelle 38 Agglutinationsergebnis des Viscum-Lektins (VAA I), 0,4 mg/ml, mit Aszites-Tumorzellen und Erythrozyten derselben Art
Reaktionszeit: 30 min, Raumtemperatur

Art	Agglutinationstiter des Viscum-Lektins			
	Erythrozyten		Aszites-Tumorzellen	
Mensch	Blutgruppe B (Kontrolle)	256		n. u.
	Blutgruppe B (Tumorpatient)	128		1024
	Blutgruppe B (Leukosepatient)	128		256
Maus		∅[1]	Ehrlich-Karzinom	1024
		∅	Sa Ia-Sarkom	256
		∅	SOV 16-Virusleukose	4096
Ratte		128	Zajdela-Hepatom	128

[1] Erythrozyten der Maus werden gelegentlich durch VAA agglutiniert (Blutgruppen bei Mäusen!).
n. u. = nicht untersucht

spezifischen Agglutinationen (Tab. 38). Daß die Erkennung (Agglutination) der Tumorzellen durch das Lektin erfolgt, die sofortige Abtötung der Zellen (nach 30 min) aber nicht durch das Lektin, sondern durch Viscotoxine erfolgt, war ebenfalls aus früheren Untersuchungen (LUTHER et al. 1973b, 1976, 1977) bekannt:

1. Lektinhaltige Rohextrakte (Viscum-R) erkannten und agglutinierten die Tumorzellen stark und töteten die Zellen nach 30 min vollständig (100 %) ab.
2. Rohextrakte ohne Lektin (nach Affinitätschromatographie, von uns als Viscum-Ü bezeichnet) erkannten bzw. agglutinierten keine Zellen, töteten sie aber gleichermaßen vollständig ab.
3. Gereinigte Lektine (ohne Viscotoxin) erkannten zwar alle Zellen (Agglutination), ließen jedoch keine toxische Wirkungen an den Zellen nach 30 min erkennen (s. Kap. C. IX.).

Sehr stark agglutiniert wurden auch eine Reihe von Aszites-Tumorzellen vom Mensch (Bronchialkarzinom) und der Maus (Ehrlich-Karzinom und Virusleukose SOV 16). Wegen der fehlenden Vergleichsmöglichkeit mit der entsprechenden nichttransformierten Zelle kann nur mit Vorbehalt aus diesen Experimenten auf eine gewisse Tumorspezifität der Wechselwirkung mit dem VAA I geschlossen werden (Tab. 38).

Auch bei histologischen Arbeiten wurden keine tumorspezifischen Lektine gefunden. Versuche, mit markierten, „tumorspezifischen Lektinen" am Gewebsschnitt Veränderungen zu finden, die sich diagnostisch nutzen lassen, scheiterten.

Lektine mit selektiven, tumorspezifischen Reaktionen wurden bisher nicht gefunden, und es ist davon auszugehen, daß es sie nicht gibt. Neue Hoffnungen, mit Lektinen doch noch der medizinischen Herausforderung unseres Jahrhunderts – dem Krebs – begegnen zu können, keimten mit den ersten Ergebnissen mit sogenannten **Immuntoxinen.** Welche Ideen lagen hier zugrunde?

Ende der 70er Jahre wurden immer mehr die sogenannten toxischen Lektine wie z. B. aus Ricinus communis, Abrus precatorius und Viscum album interessant. Besonders der Arbeitsgruppe um OLSNES ist es in ausgezeichneten Arbeiten gelungen, am Beispiel der Lektine aus Ricinus (RCA I und II) und Abrus (APA I und II) frühzeitig deren Bedeutung zu erkennen (OLSNES, 1976; OLSNES und PIHL, 1978). Die B-Ketten (Untereinheiten) der toxischen Lektine aus Viscum, Ricinus, Abrus usw. besitzen einen Bindungsort zu Galaktosid-Rezeptoren. Diese Strukturen kommen aber nicht nur gehäuft auf Tumorzellen vor (daher die starke Reaktion!), sondern auch abgeschwächt auf anderen Zellen.

Tabelle 39 Agglutination von Human-0-Erythrozyten nach Enzymbehandlung

Lektin	Zucker-spezifität	Agglutination (Titer als Medianwert)					
		unbe-handelt	RDE 50 U/ml	Influenza-Neura-minidase 8 NE	Papain 0,1 %	Trypsin 0,1 %	Pronase 0,1 %
PNA 0,3 mg/ml	D-Gal-β-1-3-D-Gal-NAc	∅	128	64	∅	∅	∅
VAA I 0,2 mg/ml	D-Gal-β-1-3	16	32	16	128	32	512
RCA I 0,1 mg/ml	D-Gal-β-1-3	32	128	32	256	64	512
SBA 3 mg/ml	D-Gal-NAc-α-1-3-D-Gal	8	1024	64	2048	16	>4096
HPA 0,4 mg/ml	D-Gal-NAc	∅	128	∅	∅	∅	∅
Con A 4 mg/ml	D-Man-α-1	∅	256	∅	128	∅	256
WGA 3 mg/ml	D-Glu-NAc NANA	16	8	4	2	2	8

RDE = receptor destroying enzyme
NE = Neuraminidase-Einheiten
∅ = keine Agglutination

Die sehr unterschiedlichen Reaktionen verschiedener Lektine mit Zellen, die – bedingt durch Behandlung mit verschiedenen Enzymen – veränderte Zelloberflächen haben, zeigt Tabelle 39. Deshalb mußte man bei der Suche nach einer Tumorspezifität nach einem neuen Erkennungssystem suchen. Dies gelang auch, da man durch die bahnbrechenden Arbeiten von Köhler und Millstein (Nobelpreis 1984) gelernt hatte, durch „Verschmelzen“ von 2 verschiedenen Zellen solche zu züchten, die nur Antikörper einer einzigen Spezifität (monoklonal) produzierten (Köhler et al., 1975).

Das Schema der Hybridomtechnik zur Produktion monoklonaler Antikörper zeigt Abb. 54.

Durch Selektion kann man einzelne Zellklone gewinnen, die Antikörper gegen nur ein bestimmtes Tumorantigen produzieren. Diese Antikörper sind hoch spezifisch (monoklonal), können aber die Tumorzellen nicht abtöten.

Durch Kombination von monoklonalen Antikörpern und toxischen Lektinen gewinnt man ein Immuntoxin (Abb. 55).

Diese elegante Verbindung wurde ihrer Wirkungsweise entsprechend auch mit Begriffen aus der Geschichte bzw. Strategie versehen, um ihre Bedeutung herauszustellen:

Uhlenbruck (1981a u. b) nannte es: „trojanisches Prinzip“, weil die B-Kette das Immuntoxin gezielt an den „Feind“ Tumorzelle bringt, nach der Bindung aber die hoch toxische A-Kette des Lektins wirksam wird. An anderer Stelle wurde die Bezeichnung „Geschoß mit Zielsuchkopf“ für das Immuntoxin geprägt (Karcher, 1982). Der große Vorteil der Immuntoxine liegt darin, daß es jetzt möglich ist, das allgemein zellschädigende oder abtötende Toxin selektiv an die Tumorzelle zu bringen bzw. in die Tumorzelle einzuschleusen, wie es auch mit dem Gesamtlektin geschehen würde (s. Kap. C. IX.). Der Vorgang des Einschleusens (Pinozytose) ist in Abb. 56 (verändert nach Köttgen und Gerok, 1979) dargestellt.

Trotz guter Erfolge im Tierexperiment sind auch hier Hoffnungen für eine Tumortherapie noch verfrüht. Das liegt zum einen

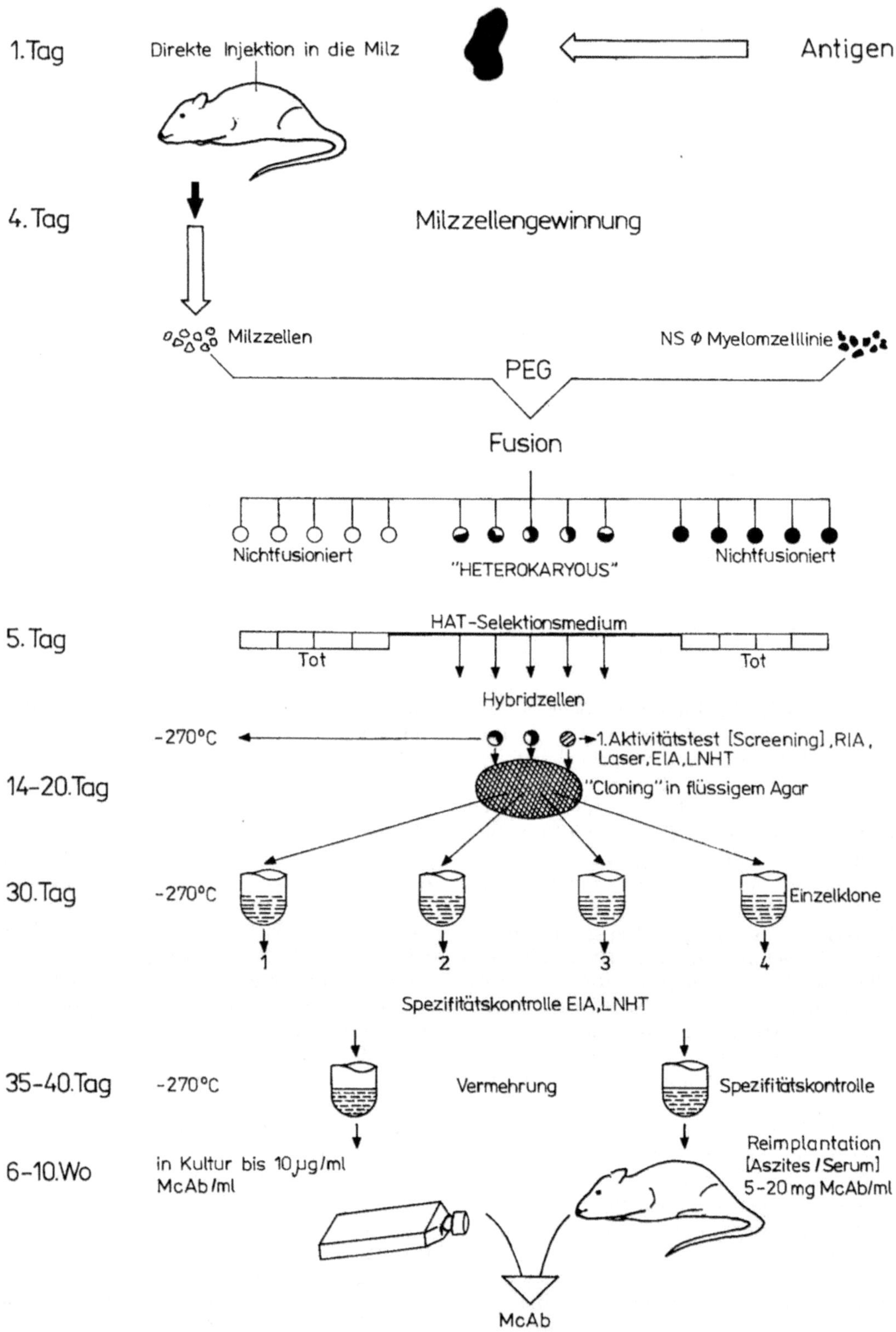

Abb. 54 Schematische Darstellung der Hybridomtechnik zur Gewinnung monoklonaler Antikörper (McAb)

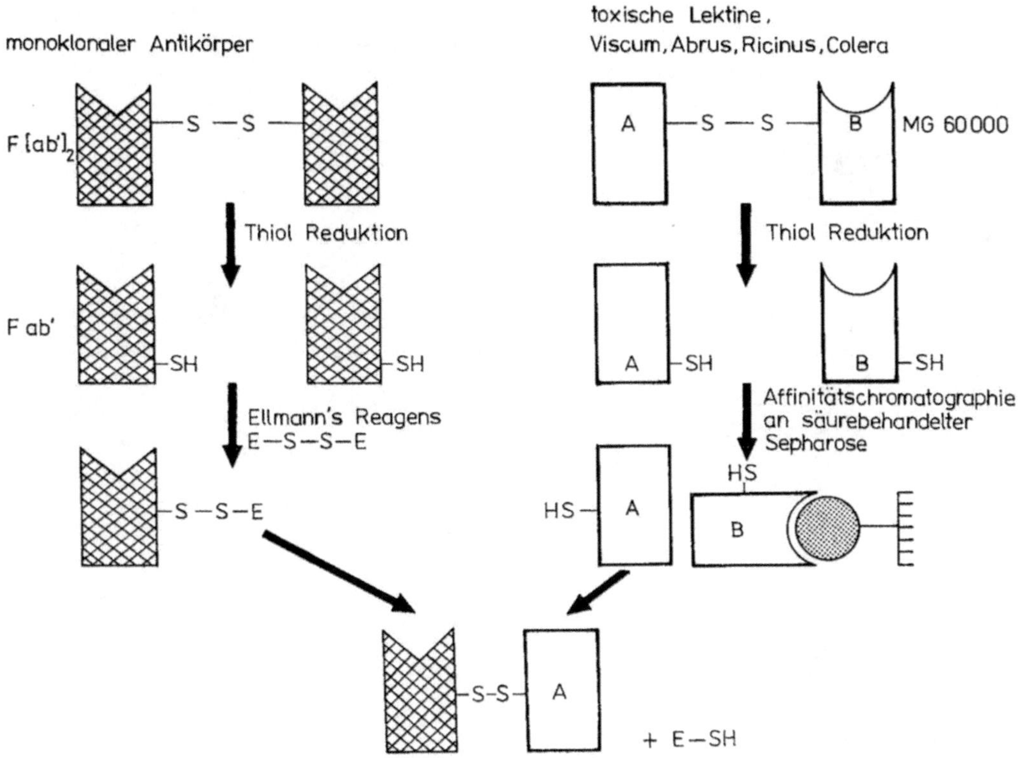

Abb. 55 Schematische Darstellung der Kombination von monoklonalen Antikörpern mit einem toxischen Lektin zur Gewinnung eines Immuntoxins

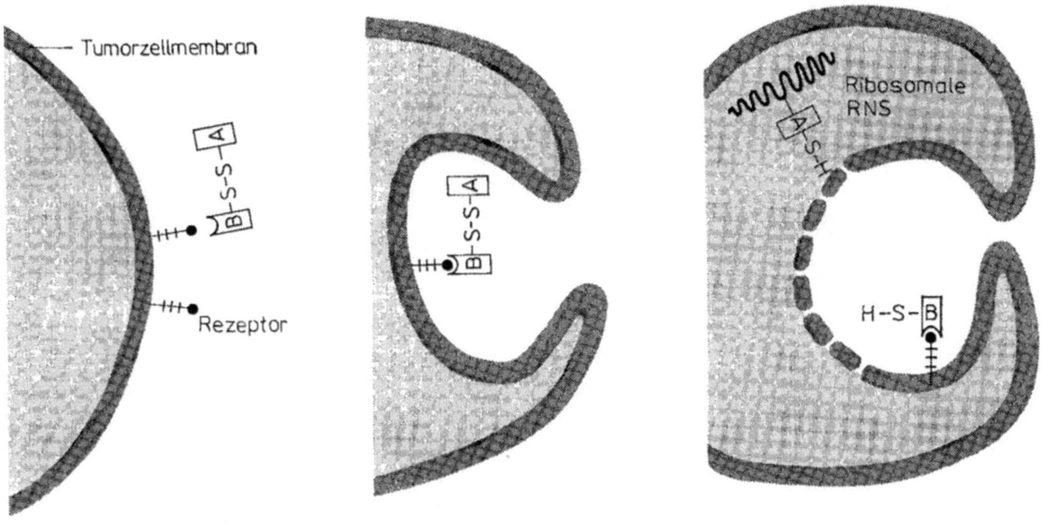

Abb. 56 Vorstellung des „Einschleusens" der toxischen A-Kette eines Lektins in die Zelle (Pinozytose). Die A-Kette hemmt die Proteinsynthese an Ribosomen (verändert nach Köttgen und Gerok 1979)

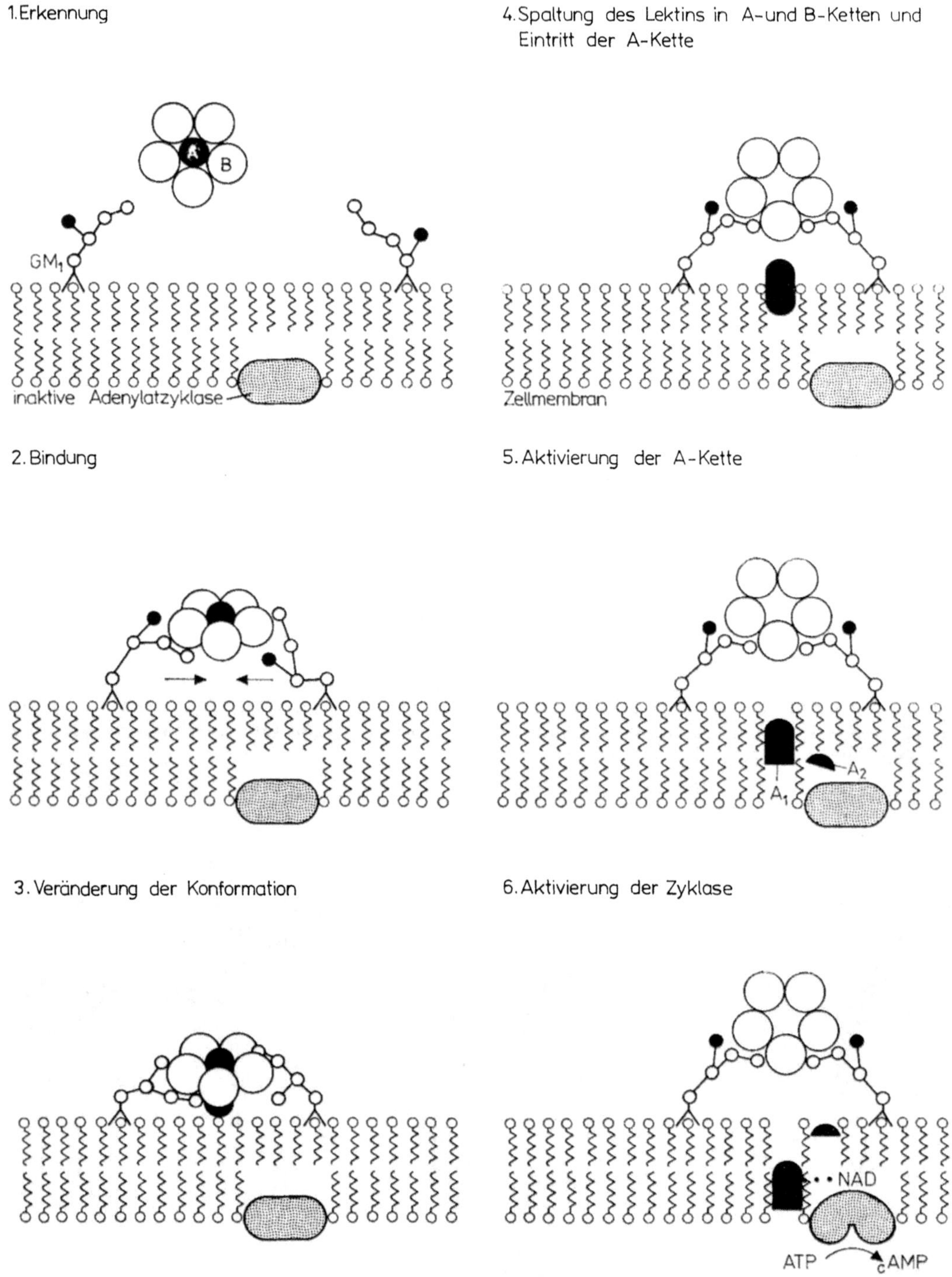

Abb. 57 Schematische Darstellung der Wirkungsweise eines toxischen Lektins (von Vibrio cholerae)

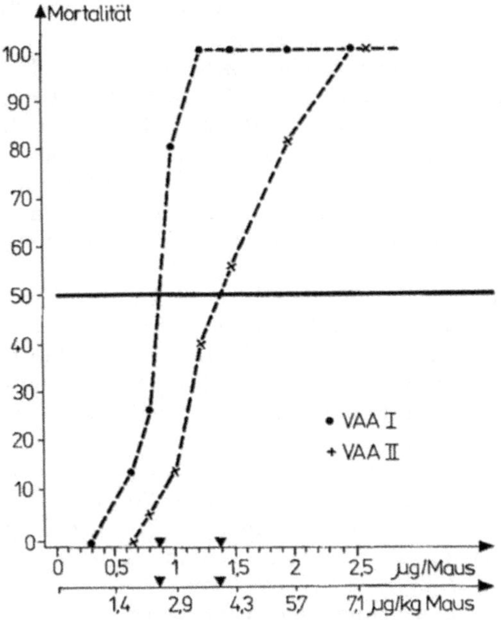

Abb. 58 Bestimmung der Toxizität (LD_{50}) von VAA I und VAA II an Mäusen

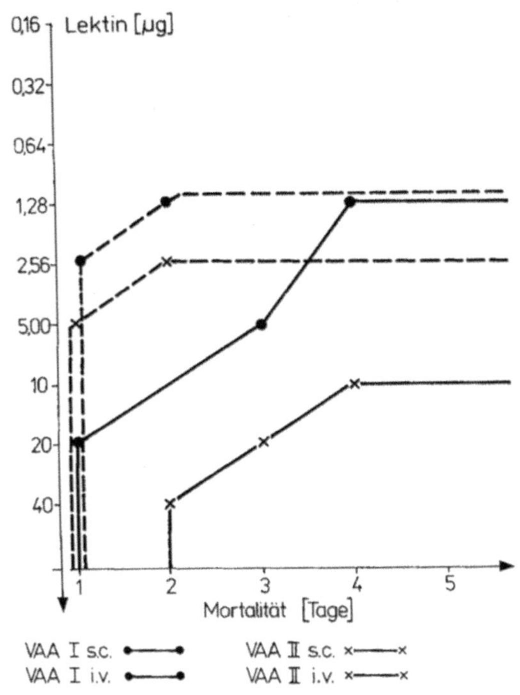

Abb. 59 Mortalität an Mäusen durch subkutane (s.c.) und intravenöse (i.v.) Gaben von VAA I und VAA II

daran, daß die Lektin-Antikörper-Konjugate in der Leber bzw. auch durch das Immunsystem im Organismus weitgehend inaktiviert werden können, ehe sie die Zielzellen erreichen. Andererseits konnten noch keine optimalen Konjugationen hinsichtlich des Erhaltens der Toxizität der A-Kette erzielt werden (durch die Konjugation verliert die A-Kette einen großen Anteil ihrer aggressiven Toxizität!). Bekannt geworden und wohl am besten erforscht sind diese Vorgänge mit dem toxischen Lektin von Vibrio cholerae (Abb. 57). Die Bindung des Cholera-Lektins erfolgt an das Gangliosid GM 1 der Zellmembran, das an einer Seitenkette eine Neuraminsäure (NANA) besitzt (dunkler Kreis). Das Cholera-Lektin besteht aus einer A-Untereinheit (schwarz) und 5 B-Untereinheiten (hell). Nach der Bindung der B-Untereinheiten an das GM 1 ändert das Lektin seine Konformation, so daß die A-Untereinheit in die Zellmembran eintreten kann, wo sie die Adenylzyklase der Zelle „über"-aktiviert, so daß ein großer Flüssigkeitsverlust entsteht und es zu den bekannten Dehydrations-Symptomen der Cholera kommt (nach Sharon, 1980; Uhlenbruck, 1981b).

Die Toxizität der Viscum-album-Lektine sowie der strukturell ähnlichen Lektine aus Ricinus communis (RCA) und Abrus precatoricus (APA) ist sehr unterschiedlich. Die von uns ermittelte LD_{50} gegenüber Mäusen (35 g) hat für VAA die folgenden Werte (Abb. 58, 59). Als LD_{50}-Werte im Vergleich mit RCA und APA fanden wir:

VAA I	0,86 µg/Maus
VAA II	1,38 µg/Maus
RCA I	>20,0 µg/Maus (praktisch nicht toxisch)
RCA II	0,25 µg/Maus
APA I	>10,0 µg/Maus (praktisch nicht toxisch)
APA II	0,13 µg/Maus

Hieraus ist zu sehen, daß die strukturell bzw. physiko-chemisch sehr ähnlichen Lektine aus Viscum, Ricinus oder Abrus zellbiologisch doch große Unterschiede zeigen.

Das zeigt sich auch beim Vergleich der Lektine bei Versuchen zur Hemmung des Tumorzellwachstums. Bei Arbeiten mit einer besonders lektinempfindlichen Tumorzell-

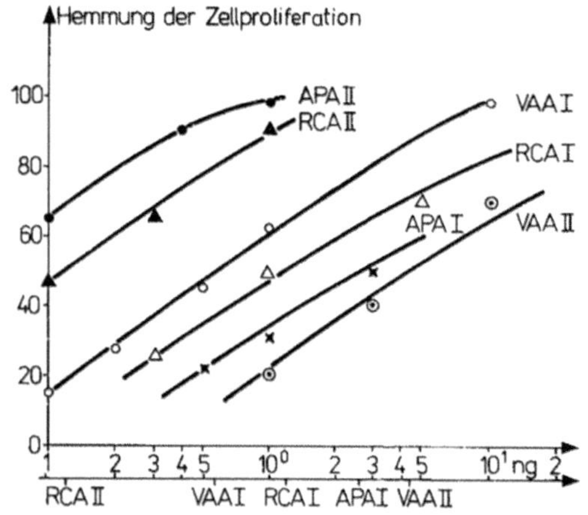

Abb. 60 Hemmung des Tumorzellwachstums um 50 % (Ehrlich-aszites-mammary-carcinom) durch die Lektine VAA, RCA, APA

linie (hyperdiploide Linie des Ehrlich-aszites-mammary-carcinoms) wurde nach einer Inkubation von 24 h bei 37 °C (verschiedene Lektinkonzentrationen wurden zu 25×10^3 Zellen/ml gegeben) mit VAA I beispielsweise noch mit 0,5 ng Lektin eine 50%ige Tumorzellwachstumshemmung **er**zielt. Einen Überblick vermittelt Abb. 60 (Samtleben et al., 1984).

Die unterschiedlichen zellbiologischen Ergebnisse fanden wir nicht nur bei Viscum, Ricinus und Abrus (Pflanzen, die botanisch übrigens keinerlei Verwandtschaft besitzen!), sondern auch zwischen VAA I und VAA II und sogar bei den verschiedenen Isolektinen von VAA I und II (s. Kap. C. III.).

Die Ergebnisse der folgenden Untersuchungen, die freundlicherweise für uns von Riberéau-Gayon und Jung (Straßburg/Frankreich) mit einer Ratten-Hepatomzellinie (HTC) durchgeführt wurden, zeigt Abb. 61.

Die Isolektine der Mistel scheinen sich nach unseren Erfahrungen mit über 200 verschiedenen Viscum-Lektin-Präparationen in 3 Typen zu unterscheiden (s. Kap. C. III. und C. IV.).

Bei Beachtung der Ergebnisse mit den Ratten-Hepatomzellinien bzw. auch mit Ehrlich-Aszites-Tumorzellen scheint eine Korrelation zwischen Toxizität und Isolektintyp zu bestehen:

Die Isolektine vom „acid type" besitzen offenbar eine höhere Toxizität gegenüber

Viscum - Lektine		Maurer	SDS	SDS+ME	HTC-Tumorzellen Wachstumshemmung von 100ng/ml Zellkultur am 4.Tag
VAA I	1 Sorbus	—	=	=	n.t.
	2 Acer	—	=	=	20 %
	3 Robinia	—	—	≡	30 %
	4 Robinia	—	—	=	50 %
VAA II	5 Sorbus	≡	=	=	30 %
	6 Acer	—	—	≡	>100 %
	7 Robinia	≡	=	=	80 %

SDS = Sodium Dodecyl Sulfate
ME = ß-Mercaptoethanol ; n.t. = nicht getestet

Abb. 61 Hemmung des Tumorzellwachstums um 50 % (Hepatic tissue culture, HTC) durch verschiedene Isolektine von Viscum album

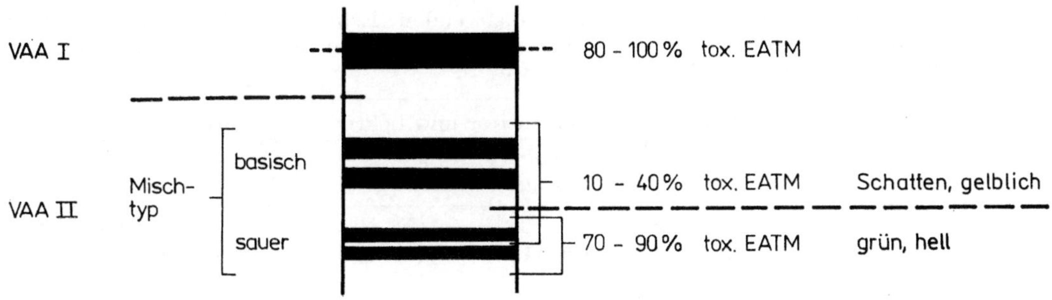

Abb. 62 Überblick der möglichen Isolektinmuster des Lektins aus Viscum album und deren verallgemeinerte Zuordnung zu Umwelteinflüssen und Toxizität

Tumorzellen als Isolektine vom „basic type". Dabei scheint nach unseren Beobachtungen eher eine Abhängigkeit der Toxizität bzw. des Lektintyps zum Standort der Mistel auf der Wirtspflanze zu bestehen als zu der Art der Wirtspflanze selbst (Samtleben et al., 1985): Lektine aus Misteln, die an der Peripherie der Bäume wuchsen (hohes Licht- bzw. Sonnenangebot) waren kräftig grün gefärbt und gehörten zum „acid type" der Lektine; Lektine von Misteln, die im „Innenraum" der Bäume wuchsen, wenig Licht oder Sonne erhielten und/oder schlecht ernährt waren (blaßgrüne bis gelbliche Farbe) gehörten mehr zum „basic type" der Lektine (siehe auch Abb. 62).

Weitere interessante Arbeiten (Schirrmacher et al., 1979a, 1980) mit Lektinen wurden mit metastasierenden und nicht metastasierenden Tumorzellinien durchgeführt.

Bei dem von Schirrmacher aufgebauten Modell gelang es, eine Tumorzellinie in eine metastasierende (stark zur Metastasenbildung neigende Linie: Esb) und nicht metastasierende (Eb) Form zu züchten. Mit einigen markierten Lektinen (z. B. aus Arachis hypogaea, PNA) gelang es, diese beiden Zellinien zu unterscheiden. Die diagnostische Bedeutung, zur Metastasenbildung neigende Tumorzellen von solchen, die keine Neigung zur Metastasenbildung besitzen, mit Lektinen zu unterscheiden, wäre nicht hoch genug einzuschätzen.

Versuche, die wir mit VAA I, VAA II und anderen Lektinen in Heidelberg (DKFZ und Universität) mit R. Brossmer und

Tabelle 40 Agglutination der Lektine aus Viscum album (VAA) und Ricinus communis (RCA) mit metastasierenden (Esb) und nicht metastasierenden (Eb) Tumorzellen in vitro; die Zellzahl betrug jeweils etwa 5×10^5 Zellen/ml

Lektine		Zellen Eb/ml	Kontrolle	Lektintiter						
				1 : 2	4	8	16	32	64	128
VAA I	0,5 mg/ml	$4,5 \times 10^5$	—	+	+—	—	—			
VAA II	0,5 mg/ml		—	+	+	+	+—	—		
RCA I	0,55 mg/ml		—	++	+	++	+	+	+—	—
RCA II	0,56 mg/ml		—	++	+	+	+			
VAA I	0,5 mg/ml	Esb/ml	—	++	—	—	—			
VAA II	0,5 mg/ml	$4,5 \times 10^5$	—	++	—	—	—			
RCA I	0,55 mh/ml		—	++	+	—	—			
RCA II	0,56 mg/ml			+++	++	+	—			

+++ starke Agglutination
++ mittlere Agglutination
+ schwache Agglutination
+— fragliche Agglutination
+ keine Agglutination

Tabelle 41 Zellwachstumshemmung von metastasierenden (Esb) und nicht metastasierenden (Eb) Tumorzellinien (SCHIRRMACHER et al., 1979) mit Lektinkonzentrationen von VAA und RCA in vitro bei 24-h-Kultur im CO_2-Brutschrank mit 37 °C,

	Zellzahl (Einsaat)	Zellzahlen (Kontrolle) Eb	Lektintiter und Lektinkonzentrationen			
			1 : 64 391 ng	256 95 ng	1024 24 ng	2040 12 ng
VAA I	3×10^5	$6{,}0 \times 10^5$	∅	—	∅	**$6{,}6 \times 10^4$**
VAA II	$3{,}5 \times 10^5$	$7{,}5 \times 10^5$	**$1{,}3 \times 10^5$**	$3{,}9 \times 10^5$	*$5{,}5 \times 10^5$* ●	—
RCA I	4×10^5	$8{,}0 \times 10^5$	∅	—	∅	—
RCA II	3×10^5	$6{,}9 \times 10^5$	∅	—	∅	—
		Esb				
VAA I	3×10^5	$5{,}0 \times 10^5$	∅	$3{,}0 \times 10^4$	—	**$1{,}0 \times 10^5$**
VAA II	3×10^5	$5{,}5 \times 10^5$	∅	**$3{,}8 \times 10^4$**	—	$2{,}3 \times 10^5$
RCA I	$3{,}2 \times 10^5$	4×10^5	∅	**$2{,}7 \times 10^4$**	—	$2{,}0 \times 10^5$
RCA II	$3{,}5 \times 10^5$	$5{,}8 \times 10^5$	∅	∅	—	∅

A. SAUER durchführten, ließen weder in der Agglutination der Zellen noch in der Hemmung der Wachstumsrate deutliche Unterschiede zwischen Esb-Tumorzellen und Eb-Tumorzellen mit RCA und VAA erkennen (Tab. 40).
Bei der Überprüfung der Beeinflussung der Zellproliferation durch VAA und RCA fanden wir sowohl in Heidelberg (R. BROSSMER und A. SAUER, 1985) als auch in Berlin zwei bemerkenswerte Aspekte: Einmal wurde eine Hemmung der Zellproliferation noch mit außerordentlich niedrigen Lektin-Konzentrationen erzielt (RCA II beispielsweise hemmte das Tumorzellwachstum noch mit 40 Pikogramm/ml Zellkultur), zum an-

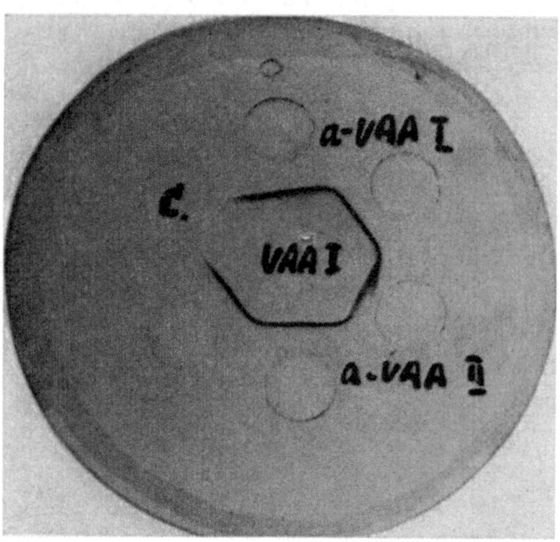

Abb. 63 Ouchterlony-Gelpräzipitationstest. Reaktionen zwischen dem Lektin aus Viscum album (VAA I) mit einem Kaninchen-Anti-VAA I (a-VAA I) und Kaninchen-Anti-VAA II (a-VAA II). Der Sporn zwischen a-VAA I und a-VAA II zeigt an, daß VAA I und VAA II gemeinsame und nicht gemeinsame Determinanten besitzen

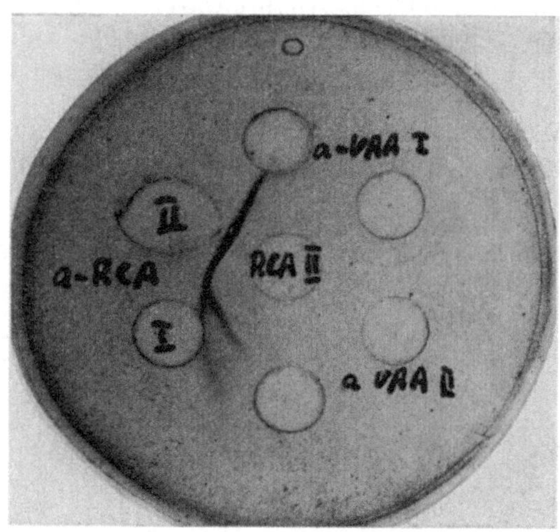

Abb. 64 Ouchterlony-Gelpräzipitationstest. Reaktionen zwischen einem Lektin aus Ricinus communis (RCA II) mit Anti-RCA I, Anti-RCA II (a-RCA), Anti-VAA I (a-VAA I) und Anti-VAA II (a-VAA II). Die Abbildung zeigt wie bei den Lektinen aus Viscum eine Teilidentität zwischen RCA I und RCA II, aber keine Identität (größere Unterschiede) zu VAA I und VAA II

∅ = kein erkennbares Zellwachstum, — = nicht getestet, T = Tausend, halbfette Zahlen = signifikante Toxizität gegen die Tumorzellen, schräggestellte Zahlen, (●) = ca. 50 % Tumorzellwachstumshemmung

4069 6 ng	8192 3 ng	16 T 1,5 ng	64 T 375 pg	128 T 188 pg	256 T 94 pg	512 T 47 pg
$1{,}0 \times 10^5$	*$3{,}5 \times 10^5$* ●	*$5{,}0 \times 10^5$*	—			
$6{,}0 \times 10^5$	—	$6{,}5 \times 10^5$	—			
$3{,}5 \times 10^4$	$5{,}0 \times 10^5$	*$6{,}5 \times 10^5$* ●	—			
∅	—	4×10^4	**6×10^4**	1×10^5	*$3{,}5 \times 10^5$* ●	*$6{,}1 \times 10^5$*
$3{,}5 \times 10^5$	*$3{,}9 \times 10^5$* ●	—	$4{,}5 \times 10^5$			
4×10^5 ●	—	—	$5{,}5 \times 10^5$			
$3{,}3 \times 10^5$ ●	—	—	$4{,}5 \times 10^5$			
∅	—	**$4{,}2 \times 10^4$**	$1{,}0 \times 10^5$	$1{,}0 \times 10^5$	*$2{,}3 \times 10^5$* ●	*5×10^5*

deren konnten lediglich VAA II und RCA I deutliche Unterschiede in der Toxizität zwischen der metastasierenden und der nichtmetastasierenden Tumorzellinie anzeigen (Tabelle 41). Die Wachstumshemmung der Tumorzellen war noch mit geringeren Konzentrationen erreichbar als mit EATM (gezeigt in Abb. 60) und korrelierte gut mit unseren früheren Ergebnissen (Samtleben et al., 1984).

Die **immunologischen Eigenschaften** von VAA unterscheiden sich nicht von denen anderer toxischer Lektine.

Wie fast alle Pflanzenproteine sind auch die Viscum-album-Lektine sehr starke Immunogene, so daß ohne Mühe Antikörper (z. B. im Kaninchen) erhalten werden können. Wegen der großen Toxizität empfiehlt es sich, mit Toxoiden zu immunisieren, die durch Reaktion der Lektine mit Formaldehyd gebildet werden. Im Gegensatz zur Situation bei vielen anderen Toxinen ist es sehr schwierig, den toxischen Effekt der Viscum-Lektine mit Formaldehyd vollkommen zu entfernen. Reaktionszeiten von mehreren Tagen bei hoher Formaldehydkonzentration (3 %) sind notwendig, um ein Präparat mit hinreichend niedriger Toxizität zu erhalten (Oslnes et al., 1982). Mit den erhaltenen Kaninchenantiseren konnte eine immunologische Kreuzreaktivität nur zwischen VAA I und VAA II mit der weniger empfindlichen Ouchterlony-Technik erzielt werden (Abb. 63, 64).

Mit den strukturverwandten Agglutininen aus Abrus precatorius und Ricinus communis fanden wir Kreuzreaktionen in dem empfindlicheren ELISA-Test (Tab. 42).

Tabelle 42 Immunologische Kreuzreaktionen zwischen Abrus-, Ricinus- und Viscum-Agglutininen im ELISA-Test (Samtleben et al., 1985)

	VAA I	VAA II	RCA I	RCA II	APA I	APA II
Anti VAA I	++++	+++	+++	++	+	+/—
Anti VAA II	+++	++++	++	+++	+/—	+
Anti RCA I	+++	+++	++++	+++	++	+
Anti RCA II	++	++	+++	++++	+	++

Die immunologische Kreuzreaktivität wurde durch einen ELISA-Test gemessen. Er wurde in fünf Stufen quantifiziert: +/— ≙ 0–10 %, + = 10–20 %, ++ ≙ 20–50 %, +++ ≙ 50–80 %, ++++ ≙ 80–100 % der homologen Immunreaktion. Alle Versuche wurden in Gegenwart von 0,2 M Galaktose durchgeführt, um unspezifische Lektin-Immunglobulin-Wechselwirkungen auszuschließen.
VAA = Viscum-album-Agglutinin, RCA = Ricinus-communis-Agglutinin, APA = Abrus-precatorius-Agglutinin

Unter den genannten Bedingungen (s. Tab. 42) wurde keine Kreuzreaktivität der vier Antiseren mit Con A sowie den Lektinen aus der Erdnuß (PNA), Sojabohne (SBA), aus Weizenkeimen (WGA) und der Weinbergschnecke (HPA) gefunden.

Antikörper, die gegen ein bestimmtes Lektin erzeugt wurden, reagieren mit einem anderen Lektin nur dann, wenn die beiden Proteine gemeinsame Strukturdeterminanten besitzen. In unseren Versuchen konnte gezeigt werden, daß Lektine aus so verschiedenen Quellen, wie den Samen der Paternostererbse (Abrus precatorius; Leguminosae) und Ricinus communis (Euphorbiaceae) sowie den Blättern der Mistel (Viscum album; Viscaceae), verwandte Strukturelemente besitzen. Auf gänzlich anderem Wege bestätigen FODSTAD et al. (1984) unsere Versuche. In einer Phase-I-Studie behandelten sie 54 Tumorpatienten mit Ricin (RCA II). Dabei wurde in einem Fall eine starke allergische Reaktion bei einem Patienten beobachtet, der zuvor mit dem Mistelpräparat „Iscador" behandelt worden war (s. Kap. D. II.). Obwohl auch dieser zufällige Befund auf eine immunologische Kreuzreaktivität zwischen bestimmten Proteinen aus Ricinus und Viscum hindeutet, müssen vor einer endgültigen Bewertung noch weitere Tests zur Spezifität der Antikörper abgewartet werden.

Immunologische Kreuzreaktivitäten und strukturelle Homologien zwischen verschiedenen Gruppen von Lektinen sind schon seit längerer Zeit vor allem bei den Leguminosenlektinen bekannt (SHANSON, 1983). Bei der Gruppe der strukturell eng verwandten Nachtschattenlektine (Kartoffel, Tomate, Stechapfel) hat sich jedoch gezeigt, daß die kreuzreagierenden Antikörper vorwiegend gegen die in allen drei Lektinen gleiche Zuckerkomponente gerichtet sind (ASHFORD et al., 1982).

C. VIII.
Allergie und Viscum-album-Lektine

Bevor auf eine Einflußnahme von Viscum-album-Lektinen auf allergische Reaktionen eingegangen wird, sollen die immunologischen und biochemischen Grundlagen dieser Vorgänge charakterisiert werden.

1. Grundlagen und Mechanismen der allergischen Sofortreaktion (Typ-I-Reaktion)

Atopische Erkrankungen, wie allergische Rhinitis, Konjunktivitis, Dermatitis, Extrinsic-Asthma und anaphylaktischer Schock, unterliegen einer einheitlichen **Immunregulation,** der allergischen Reaktion vom Soforttyp (oder Typ-I-Raktion genannt). Die primären Zielzellen der allergischen Typ-I-Reaktion sind die basophilen Granulozyten des peripheren Blutes, deren Anteil etwa bei 0,5 % der Gesamtleukozytenanzahl liegt, sowie die Mastzellen des Gewebes. Beide zeichnen sich durch eine Reihe gemeinsamer funktioneller Eigenschaften aus, deren wichtigste das Vorhandensein spezifischer Rezeptoren für Antikörper der IgE-Klasse (früher als Reagine bezeichnet) auf der Membran dieser Zellen ist. Die IgE-Rezeptoren bestehen aus zwei Polypeptiden, einer α-Untereinheit mit einem Molekulargewicht von ca. 50000 Dalton und einer β-Untereinheit mit ca. 30000 Dalton. Die glykosylierte α-Kette mit einem Kohlenhydratanteil von rund 30 % ist an der Oberfläche der Zelle lokalisiert und enthält den Bindungsort für das Fc-Fragment des IgE-Moleküls, während die β-Untereinheit in die Membran integriert ist und möglicherweise eine Übermittlerfunktion ausübt (METZGER et al., 1982; CONRAD et al., 1983). Das Startsignal für das Ingangsetzen der allergischen Reaktion wird durch die Brückenbildung von zwei IgE-Rezeptoren („bridging") als Folge der Bindung divalenter Antigene an die Fab-Fragmente der rezeptorfixierten IgE-Moleküle gegeben. Die Reaktion kann auch durch einen Antikörper gegen das zellgebundene IgE oder gegen den Rezeptor eingeleitet werden (ISHIZAKA et al., 1969; ISHIZAKA, 1982a + b). Untersuchungen mit Anti-Rezeptor-Antikörpern bewiesen, daß nur divalente Antikörper bzw. ihre $F(ab)_2$-Fragmente auslösend wirken, Fab.-Monomere bleiben ohne Wirkung (ISHIZAKA, 1982b). Die allergische Reaktion wird in vivo nicht nur durch Allergene ausgelöst. Komplementfragmente (C_{5a} und C_{3a}), die Anaphylatoxine, sind dazu ebenso in der Lage wie Lymphokine, die damit ein Bindeglied zwischen der allergischen Reaktion vom zellvermittelten Typ (Typ-IV-Reaktion nach GELL und COOMBS) und der anaphylaktischen Typ-I-Reaktion bilden (Hock et al., 1975; Thueson et al., 1979; Ezeamuzie und Assem, 1983; Dvorak et al., 1984; Lett-Brown et al., 1984).

Nach Stimulation der allergischen Reaktion laufen in den Zellen eine Vielzahl biochemischer Prozesse ab. Am Anfang steht dabei die Aktivierung eines membranassoziierten proteolytischen Enzyms, einer Serinesterase. Als weitere Enzyme werden zwei Methyltransferasen aktiviert, die die Phospholipidmethylierung in der Plasmamembran katalysieren. Phosphatidylethanolamin wird dabei von der zytoplasmatischen Seite der Membran an die äußere Oberfläche transportiert und die Membranviskosität reduziert (Axelrod und Hirata, 1982). Es kommt zum Einstrom von Ca-Ionen in die Zelle, einer der entscheidendsten Schritte in der **Zellaktivierung**. Ob der Calciumeinstrom durch das Öffnen von Calciumkanälen und passiver Diffusion auf der Basis eines Konzentrationsgefälles zustande kommt (Diamant, 1980), oder, wie es jüngste Untersuchungen wahrscheinlicher machen, über einen „Carrier" in Form des Calmodulins (Douglas und Nemeth, 1982), ist noch nicht eindeutig geklärt. Weiterhin scheint ein Phosphatidylinositumbau ebenso in die Aktivierungsprozesse einzugreifen (Cockcroft und Gomperts, 1979), in deren Gefolge es zur Freisetzung von Arachidonsäure kommt, der zunehmend eine zentrale Bedeutung als Prekursor einer großen Anzahl biologisch aktiver Substanzen eingeräumt wird.

Die Transformation dieser 4fach ungesättigten C_{20}-Fettsäure erfolgt auf zwei unterschiedlichen Wegen: Prostaglandine und Thromboxane entstehen über die Wirkung einer Cyclooxygenase, während Hydroperoxy- und Hydroxyeicosatetraensäuren und Leukotriene Produkte von Lipoxygenaseaktivitäten sind (Peters et al., 1982, vgl. Abb. 65).

Ähnlich wie bei anderen Sekretionsvorgängen wird auch hier den cyclischen Nukleotiden eine Steuerungsfunktion zugeschrieben; cAMP-abhängige Proteinkinasen sollen als Bindeglied zwischen dem in der Plasmamembran synthetisierten cAMP und seinen biologischen Effekten fungieren, indem sie über Phosphorylierungen von Proteinen den Ca^{++}-Einstrom steuern (Winslow und Austen, 1982).

Am Ende dieser Kette biochemischer Vorgänge steht die Freisetzung und Ausschüttung der Mediatoren der Anaphylaxie, deren kombinierte lokale und systemische Effekte in entscheidendem Maße die klinischen Manifestationen der allergischen Erkrankungen bedingen. Diese Mediatoren liegen entweder präformiert in den Granula der Mastzellen und basophilen Granulozyten vor, wie z. B.

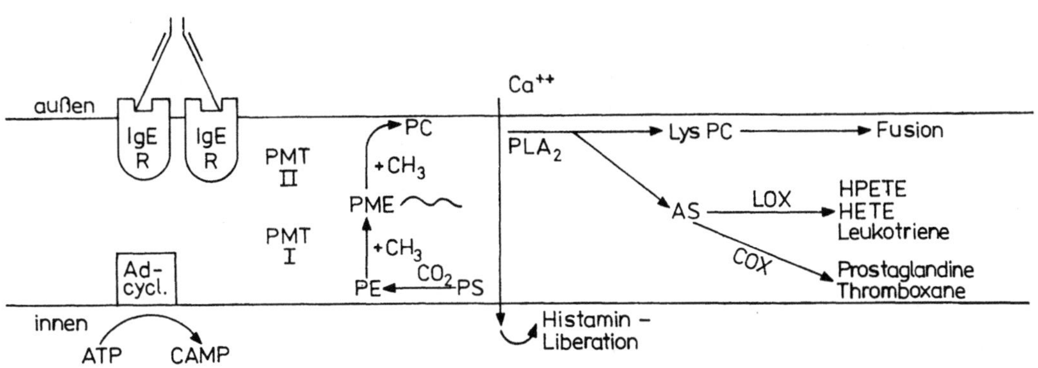

Abb. 65 Aktivierungsmechanismen in der Membran der Zielzellen nach Allergenkontakt (modifiziert nach Axelrot und Hirata, 1982)

IgER – IgE-Rezeptor; Adcycl – Adenylatcyclase; PMT I – Phospholipidmethyltransferase I; PMT II – Phospholipidmethyltransferase II; PS – Phosphatidylserin; PE – Phosphatidylethanolamin; PME – Phosphatidyl-N-monomethylethanolamin; PC – Phosphatidylcholin; PLA_2 – Phospholipase A_2; Lys PC – Lysophosphatidylcholin; AA – Arachidonsäure; LOX – Lipoxygenase; COX – Cyclooxygenase; HPETE – Hydroperoxyeicosatetraensäure; HETE – Hydroxyeicosatetraensäure; $Ca^{++}\downarrow$ Verminderung der Membranviskosität

Histamin, ECF-A (eosinophile chemotaktische Faktoren der Anaphylaxie), NCF (neutrophiler chemotaktischer Faktor der Anaphylaxie), Heparin u. a., oder sie werden erst neu gebildet wie beispielsweise SRS-A (slow reacting substance of anaphylaxis), als Leukotriene LTC_4/D_4 E_4 identifiziert (Samuelsson, 1982). Innerhalb der Gruppe der präformierten Mediatoren ist die Bindungsaffinität zur Granulamatrix sehr unterschiedlich. Zu den schnell freigesetzten Mediatormolekülen gehören biogene Amine und chemotaktische Faktoren, während Heparin und Proteasen nur sehr langsam liberiert werden bzw. überhaupt an der Granulamatrix verbleiben.

2. Histamin, ein präformierter Mediator der allergischen Sofortreaktion

Unseren Untersuchungen lag die Hypothese zugrunde, daß Lektine, also auch Lektine aus Viscum album, die Histaminfreisetzung aus Zellen blockieren können. Andererseits war bekannt, daß Substanzen aus Viscum album (Vester et al., 1968a) Allergien auslösen.

Histamin (β-Imidazolylethylamin) ist der am längsten bekannte und gleichzeitig einer der wichtigsten Mediatoren der allergischen Sofortreaktion. Im peripheren Blut findet es sich nur in den basophilen Granulozyten, die zusammen mit den Mastzellen die bedeutendsten Histaminträger darstellen. Histamin wird durch Decarboxylierung aus der Aminosäure L-Histidin unter Beteiligung einer spezifischen zytoplasmatischen Histidindecarboxylase gebildet (Abb. 66) und in den Granula von Mastzellen und basophilen Granulozyten abgelagert, wo es ionisch gebunden an Carboxylgruppen in einem Heparin-Protein-Komplex vorliegt (Uvnäs et al., 1970).

In dieser biologisch inaktiven Form wird es nur sehr langsam metabolisiert. Nach Antigenreiz oder Zellstimulierung schleusen die Granula durch Fusion der Perigranulären Membran mit der Plasmamembran ihren Inhalt aus. Das dabei durch Austausch gegen Kationen der Umgebung freigesetzte Histamin wird schnell metabolisiert. Es wurden zwei Hauptwege des Histaminabbaus nachgewiesen:

Methylierung zum N-Methylhistamin und Überführung in Methylimidazolylessigsäure sowie der Abbau zur Imidazolylessigsäure über die Wirkung einer Diaminoxidase (Histaminase) und Aldehydoxidase.

Daneben spielen in beschränktem Umfang auch noch die Bildung eines Histaminnukleotides und die N-Acetylierung mittels Histamintransacetylase zum N-Acetylhistamin eine Rolle.

Histamin ist ein pharmakologisch hochwirksames Molekül. Aus der Vielzahl der bewirkten Effekte seien hervorgehoben:

- Kontraktion der glatten Muskulatur des Respirations- und Intestinaltraktes sowie des Uterus,
- relaxierende Wirkung auf die glatte Muskulatur der Gefäße, die zur Blutdrucksenkung führt,
- Permeabilitätssteigerung der kleinen Blutgefäße,
- Steigerung der Sekretion exokriner Drüsen (s. Kap. D. I.).

Nach heutiger Auffassung werden alle bekannten **pharmakologischen Effekte** des Histamins über spezifische Histaminrezeptoren, H_1- und H_2-, vermittelt. Ein H_1-vermittelter Effekt ist beispielsweise der Anstieg des intrazellulären cGMP-Spiegels, während H_2-Rezeptor-Stimulation eine Hemmung der antigeninduzierten Histamin-

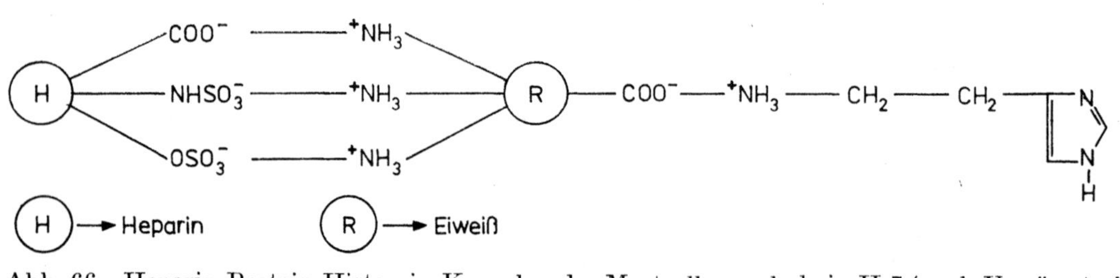

Abb. 66 Heparin-Protein-Histamin-Komplex der Mastzellgranula bei pH 7 (nach Uvnäs et al., 1970)

liberation aus Basophilen und möglicherweise auch aus Mastzellen bewirkt, wahrscheinlich über eine Erhöhung des cAMP-Spiegels. In-vitro-Untersuchungen belegen, daß eine H_2-Rezeptorblockade die Feed-Back-Kontrolle aufhebt, durch die das Histamin auf seine eigene Sekretion regulierend einwirkt (BOURNE et al., 1981; LICHTENSTEIN und GILLESPIE, 1973; TUNG et al., 1982).

Für die Untersuchung der Mechanismen der allergischen Reaktion sowie für die praktische Anwendung zur In-vitro-Diagnostik atopischer Erkrankungen sind empfindliche und spezifische Methoden zur quantitativen Bestimmung der Mediatoren unbedingte Voraussetzung, um die geringen Konzentrationen, um die es hier geht, sicher erfassen zu können. Für Histamin existieren eine Anzahl relativ gut praktikabler Bestimmungsverfahren. Die klassische, auch in der Gegenwart noch angewendete Methode ist der Bioassay, der auf der Kontrahierbarkeit glatter Muskulatur durch Histamin basiert und vorzugsweise am Meerschweinchenileum ausgeführt wird. Die Nachweisgrenze liegt bei 3–10 ng. Eine sehr spezifische und elegante Methode stellt die radioenzymatische **Histaminbestimmung** dar. Mit ihr lassen sich noch 0,1–0,5 ng Histamin erfassen.

Am häufigsten angewendet wird die fluorometrische Methode, wie sie von SHORE et al. (1959) eingeführt wurde und in Anlehnung an die von MAY et al. (1970) angegebene Modifikation auch unseren Untersuchungen zum Einfluß von Lektinen auf Zielzellen der anaphylaktischen Reaktion zugrunde liegt (SEHRT et al., 1977). Extraktionsschritte zur Entfernung von Histidin und anderen störenden Substanzen aus dem biologischen Material müssen der eigentlichen Histaminanalyse vorausgehen. Histamin bildet mit o-Phthaldialdehyd ein in saurer Lösung relativ stabiles Kondensationsprodukt, das nach Anregung bei 360 nm eine blaue Fluoreszenz mit einem Maximum bei 450 nm aufweist. Die untere Erfassungsgrenze liegt bei 1 ng Histamin.

Die Leukozyten von sensibilisierten Patienten reagieren auf eine Stimulation mit dem spezifischen Allergen, wie z. B. Pollen, Hausstaub, Schimmel, Epidermisbestandteile von Tieren u. a. mit einer Ausschüttung von Histamin, dessen quantitative Bestimmung Aussagen über die allergische Reaktion in vivo ermöglicht. Die nachgewiesene enge Korrelation zwischen den Ergebnissen von Histaminfreisetzungstest und inhalativem Provokationstest (IAT) unterstreicht die praktische Bedeutung dieser biochemischen Methode für die In-vitro-Diagnostik des allergischen Asthma bronchiale, gilt doch ein positiver Ausfall des IAT als Beweis für das Vorliegen einer klinisch aktuellen Sensibilisierung. Der Histaminfreisetzungstest kann als In-vitro-Methode auch dann durchgeführt werden, wenn auf den IAT wegen fortgeschrittener Obstruktion der Atemwege oder dem Vorliegen eines überhöhten Sensibilisierungsgrades verzichtet werden muß. Darüber hinaus stellt er aber auch ein sehr geeignetes System für die Testung antiallergischer, freisetzungshemmender oder umgekehrt freisetzungsinduzierender Effekte interessierender Substrate dar.

Das häufigste Modell für derartige Untersuchungen bilden die peritonealen Rattenmastzellen, da sie relativ einfach gewonnen und angereichert werden können und einen höheren Histamingehalt aufweisen als basophile Zellen. Andererseits konnte jedoch gezeigt werden, daß Kinetik, Biochemie und Morphologie der Degranulation von Rattenmastzellen und ihrer Modulation sich in manchen Aspekten anders verhalten als die von basophilen Granulozyten und Mastzellen des Menschen und anderer Spezies. Das bedeutet, daß die Zielzellen der anaphylaktischen Reaktion in ihrer Antwort auf Stimulatoren oder Inhibitoren der Mediatorliberation differieren können. Daraus ergeben sich zwei wichtige Konsequenzen für humanmedizinisch relevante Fragestellungen: am Modell tierischer Zellen gewonnene Ergebnisse reichen nicht aus, um vorhersagen zu können, ob

a) eine gegebene Substanz beim Menschen als Releaser wirkt bzw. eine Releaseraktivität auszuschließen ist und

b) gefundene antiallergische Eigenschaften auch gegenüber Humanzellen wirksam werden. Daher wurden die Untersuchungen zum Einfluß von Viscum-Lektin auf die allergische Reaktion am Modell der humanen basophilen Granulozyten durchgeführt.

3. Untersuchungen zur Wechselwirkung zwischen Viscum-album-Lektinen und den Zielzellen der allergischen Reaktion vom Soforttyp

a) Histaminfreisetzung durch Lektine aus Viscum album (VAA)

Zur Klärung der Frage nach möglichen Wechselbeziehungen zwischen Lektinen und den Zielzellen der allergischen Reaktion wurde untersucht, ob VAA in der Lage ist, als Stimulator dieser Zellen zu wirken und die Aktivierungsprozesse in Gang zu setzen.

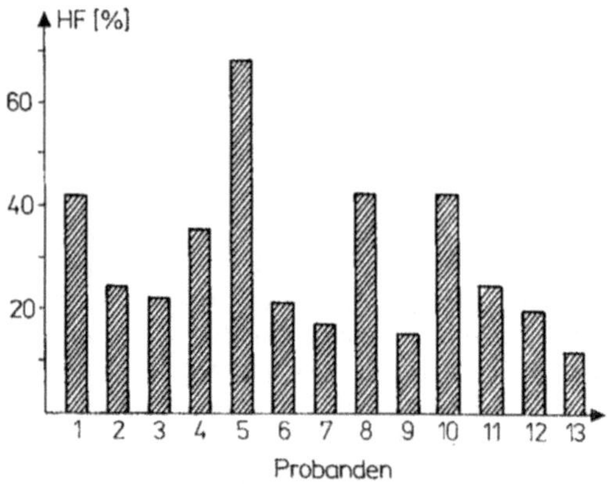

Abb. 67 Einfluß von Viscum-album-Rohextrakt (Viscum-R) auf die Histaminfreisetzung (HF) basophiler Granulozyten

Bei den Testleukozyten handelte es sich um Zellen von Probanden, bei denen ein Kontakt mit Mistelpräparaten mit großer Wahrscheinlichkeit auszuschließen war und eine Sensibilisierung gegen Bestandteile aus Viscum album nicht vorlag.

Die aus peripherem Blut isolierten Leukozyten werden nach wiederholtem Waschen und Zentrifugieren in einem speziellen mit Ca^{++}- und Mg^{++}-Ionen angereicherten Trispuffergemisch resuspendiert. 2 ml dieser Leukozytensuspension werden mit den zu testenden Viscum-Fraktionen 1 h bei 37 °C inkubiert, die Zellen abgetrennt und im Überstand die Anteile an freigesetztem Histamin nach mehreren Extraktionsschritten quantitativ fluorometrisch bestimmt. Spontane Freisetzung und eventuelle Eigenfluoreszenzen der Testsubstrate werden in Abzug gebracht. Die Angabe der ermittelten Freisetzungsrate erfolgt in Prozent zum Gesamthistamingehalt der Zellen.

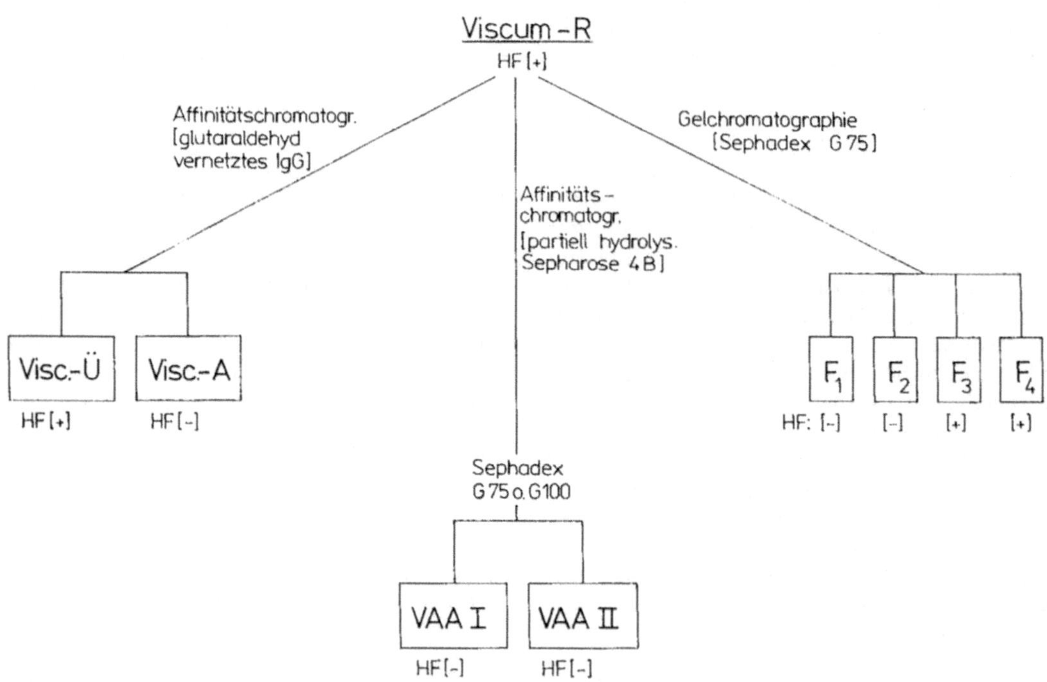

Abb. 68 Übersicht zum Einfluß verschiedener Viscum-album-Fraktionen auf die Histaminfreisetzung (HF) aus basophilen Granulozyten

Tabelle 43 Einfluß unterschiedlicher Viscum-Fraktionen sowie der Lektine VAA I und VAA II auf die HF humaner basophiler Granulozyten

Viscum-Fraktionen Viscum-Lektine	Anzahl der untersuchten Personen	HF (%) $\bar{x} \pm s$
Viscum-R	13	29,4 ± 15,8
Viscum-Ü	3	15,6 ± 14,1
Viscum-A	6	<10 %
F_1	7	<10 %
F_2	8	<10 %
F_3	3	15,1 ± 16,4
F_4	6	38,0 ± 20,0
VAA I	22	<10 %
VAA II	8	<10 %

Als positiv werden Freisetzungsraten von ≥10 % bewertet.

Testung des **Rohextraktes** von Viscum album: Jeweils 0,1 ml eines Rohextraktes (Viscum-R), auf einen Titer von 1 : 64 eingestellt, wurden mit Leukozytensuspensionen von 13 unterschiedlichen Spendern inkubiert. Dabei kam es in jedem Fall zu einer Ausschüttung von Histamin, wobei sich starke interindividuelle Unterschiede mit Freisetzungsraten zwischen 11 und 68 % (Mittelwert: 29 ± 16 %) ergaben (Abb. 67).

Testung unterschiedlicher **Viscum-Fraktionen:** Wurde Viscum-R einer Affinitätschromatographie an glutaraldehydvernetztem humanen Immunglobulin G unterworfen und der nach Zentrifugation erhaltene lektinfreie Überstand (Viscum-Ü) untersucht, so war eine HF aus basophilen Granulozyten nachweisbar, während das Eluat (Viscum-A) des mit Glycin-HCl-Puffer (pH 2,8) behandelten Sedimentes das Lektin enthielt und keine HF bewirkte.

Erfolgte eine Auftrennung des Rohextraktes mittels Gelfiltration über Sephadex G 75, so verhielten sich die vier erhaltenen Fraktionen unterschiedlich: Fraktion F_1 und F_2 bewirkten keine HF; in Gegenwart von Fraktion F_3 war eine geringe HF nachweisbar, F_4 jedoch induzierte eine ausgeprägte HF mit Freisetzungsraten zwischen 27 und 78 % (Mittelwert: 38 ± 20 %) (Abb. 68).

Testung der **Viscum-Lektine I und II:** Viscum-Lektin I (VAA I) sowie Viscum-Lektin II (VAA II) vermögen basophile Granulozyten nicht zur Freisetzung von Histamin zu stimulieren (Tab. 43). Von 22 getesteten Probanden (VAA-I-Konzentration 4,2 µg/ml) reagierten lediglich zwei mit einer geringen HF von 10,5 bzw. 18,6 %. Beide waren Nichtallergiker und ohne nachweislichen Kontakt zu Viscum album, während umgekehrt die Granulozyten eines Atopikers mit hoher HF-Rate gegenüber Inhalationsallergenen wie Pollen und Hausstaub, der berufsbedingt häufigen Umgang mit Mistelpräparationen hatte, auf VAA I nicht reagierten, das in einem Konzentrationsbereich von 0,8–42 µg/ml getestet wurde.

Eine Übersicht der Histaminfreisetzung durch Viscum-album-Fraktionen vermittelt Tabelle 43.

Wie auch bei anderen Untersuchungen erschien es in diesem Zusammenhang in-

Tabelle 44 Einfluß der Lektine von Abrus precatorius (APA I und APA II), Ricinus communis (RCA I und RCA II) und Viscum album (VAA I) auf die HF humaner basophiler Granulozyten; die Lektinkonzentration betrug 4,2 µg/ml

Versuchsreihe	HF (%)					
	APA I	APA II	RCA I	RCA II	VAA I	Con A[1]
1	3	1	0	0	3	12
2	6	5	5	3	11	17
3	3	1	0	0	1	23
4	0	0	1	0	2	24
5	2	4	1	0	1	22
6	1	0	3	0	2	23
7	3	1	3	0	7	34
8	7	–	2	–	3	27

[1] Es handelt sich um verschiedene Chargen von ConA-Präparationen aus unterschiedlichen Laboren

teressant, Lektine mit ähnlicher Zuckerspezifität wie VAA in die Untersuchungen einzubeziehen. Die Lektine aus Abrus precatorius (APA I und APA II), Ricinus communis (RCA I und RCA II) sowie aus Canavalia ensiformis (Con A) als Kontrolle wurden unter jeweils den gleichen Versuchsbedingungen mit Zellen des gleichen Spenders inkubiert. Dabei führten die toxischen Lektine VAA, RCA und APA zu keiner HF, während das nichttoxische Con A eine deutliche Histaminausschüttung bewirkte (Tabelle 44).

Faßt man die Ergebnisse dieses Kapitels zusammen, kann gesagt werden, daß Rohextrakte aus Viscum album in den primären Zielzellen der allergischen Reaktion eine Ausschüttung von Histamin bewirken, während die gereinigten Lektine dazu nicht in der Lage sind. Eine Auftrennung der Mistelinhaltsstoffe mit der Molekülsiebtechnik ließ eine ansteigende histaminfreisetzende Aktivität mit abnehmendem Molekulargewicht in den gewonnenen Fraktionen erkennen. So ergaben die ersten beiden Peaks bei der Gelchromatographie an Sephadex G 75, die Fraktionen F_1 und F_2, im HF-Test ein negatives Ergebnis, während basophile Granulozyten mit der Fraktion F_3 und in noch ausgeprägterem Maße mit Fraktion F_4 positiv reagierten. F_1 und F_2 enthielten die volle agglutinierende Wirkung des Ausgangssubstrates Viscum-R, während die Fraktionen F_3 und F_4 über keine agglutinierende Aktivität verfügten. Diese Ergebnisse legen den Schluß nahe, daß F_1 und F_2 in ihrem Verhalten zur HF den Lektinen VAA I und VAA II entsprechen könnten, die ja ebenfalls nicht als Stimulatoren einer Histaminsekretion wirken (s. Kap. C. III.).

Die histaminfreisetzende Aktivität des Mistelrohextraktes (Viscum-R) scheint an seine niedermolekularen Bestandteile gebunden zu sein. Es könnte sich dabei um die von Samuelsson nachgewiesenen Viscotoxine (A_2, A_3 und B) handeln (Samuelsson, 1973), die sich durch eine große Anzahl von Lysin- und Argininresten auszeichnen. Diese Hypothese wird durch die Parallelen gestützt, die sich zum Protaminsulfat ergeben, einem ebenfalls basischen Protein von etwa entsprechender Molekülgröße, das als potenter nichtzytotoxischer Histaminreleaser bei Rattenmastzellen wirksam wird (Kazmierczak und Diamant, 1978; Schnitzler et al., 1980) und dessen histaminfreisetzende Eigenschaft wir auch bei humanen Basophilen nachweisen konnten (Sehrt and Luther, 1982). Für eine durch die niedermolekularen Bestandteile des Viscum-R bewirkte Histaminsekretion spräche auch, daß nach affinitätschromatographischer Auftrennung an glutaraldehydvernetztem IgG histaminfreisetzende Aktivität nur im Überstand (Viscum-Ü) gefunden wurde, der keine agglutinierende Eigenschaften besaß, während das den Lektinanteil enthaltende Eluat die erwartete agglutinierende Wirkung entfaltete, jedoch keine Histaminsekretion bewirkte. Unseres Wissens ist in der Literatur bisher noch nicht über Untersuchungen berichtet worden, die sich mit dem Einfluß der Viscum-album-Lektine auf die Zielzellen der allergischen Reaktion, den basophilen Granulozyten und Mastzellen, befassen. Vom Lektin der Jack-Bohne (Canavalia ensiformis), dem Concanavalin A (Con A) ist dagegen bekannt, daß es als Histaminreleaser von humanen Basophilen und Rattenmastzellen agiert (Siraganian und Siraganian, 1974, 1975; Sullivan et al., 1975). Viele Befunde sprechen dafür, daß Con A dabei die anaphylaktische Reaktion simuliert, indem es sich an Zuckerreste des Fc-Teils des IgE-Moleküls bindet, die nahe der $C_\varepsilon 1$-Determinanten der $C_\varepsilon 2$-Domäne lokalisiert sind (Magro und Bennich, 1977). Wird das Fc-Fragment des IgE-Moleküls mit monomerem Anti-Fc-IgE blockiert, so wird die Con-A-induzierte HF gehemmt (Siraganian und Siraganian, 1975). Eine Inhibition wird auch durch Methyl-α-D-mannosid erzielt (Hook et al., 1974; Siraganian und Siraganian, 1975), ein Befund, der das Zustandekommen der Con-A-Wirkung über einen spezifischen, gegen das Lektin gerichteten Antikörper, unwahrscheinlich macht.

Auf der Basis dieser bei Con A gewonnenen Erkenntnisse ist es zunächst schwer verständlich, daß das VAA nicht auch in der Lage ist, als stimulierendes Agens zu wirken, zumal seine Bindung an IgE-Moleküle nachgewiesen werden konnte (Luther et al., 1978). Zu diskutieren wäre, ob ein sterischer Effekt, bedingt durch die Lage des Fc-Fragmentes in unmittelbarer Nähe der

Membran, das Lektin hindert, sich mit mehr als einem Bindungsort an das IgE zu fixieren, so daß das notwendige „bridging" der IgE-Rezeptoren als Startsignal der allergischen Sofortreaktion ausbleibt.
Auch weitere Lektine mit einer ähnlichen Zuckerspezifität wie VAA zeigten keine signifikante Releasereigenschaft, so z. B. die Lektine aus Ricinus communis (RCA I und RCA II), Abrus precatorius (APA I und APA II), Arachis hypogaea (PNA) und Glycine max (SBA). Untersuchungen an humanen Basophilen liegen unseres Wissens bisher mit diesen Lektinen nicht vor; aus Rattenmastzellen setzten RCA und SBA nach Bach und Brashler (1975) Histamin frei, ein Befund, der von Ennis et al. (1981) für SBA nicht bestätigt werden konnte. Widersprechende Ergebnisse betreffen auch den Einfluß von Weizenkeimlektin (WGA) auf Rattenmastzellen. Bach et al. (1975) und Lawson et al. (1978) berichteten über einen histaminfreisetzenden Effekt, Ennis et al. (1981) konnten ihn nur bei gleichzeitiger Zugabe von Phosphatidylserin (PS) bestätigen, während Lansman und Cochrane (1980) eine derartige Wirkung auch bei Konzentrationen bis zu 100 μg/ml nicht nachweisen konnten, obwohl sie das Zustandekommen einer Bindung an die Mastzellen mit an Ferritin oder Fluorescein gekoppeltem WGA belegten. Das entspricht auch unseren bei humanen Basophilen gewonnenen Ergebnissen: WGA bewirkte hier keine Histaminausschüttung, so daß nach den bisherigen Untersuchungen Con A das einzige Lektin ist, das humane Basophile zu einer signifikanten Histaminliberation zu aktivieren vermag.

b) Hemmung der Histaminfreisetzung durch Lektine aus Viscum album L.

Weitere Untersuchungen galten dem Einfluß von einzelnen Viscum-Präparationen

Tabelle 45 Einfluß der Viscum-Fraktionen F1 und F2 auf die allergeninduzierte Histaminfreisetzung (HF) basophiler Granulozyten von Patienten mit allergischem Asthma bronchiale

Induktor	HF (ohne Lektin[1]) %	HF (mit Lektin[1]) %	Inhibition %
Fraktion F_1			
Pollen	47	27	43
Pollen	45	33	27
Pollen	48	34	29
Pollen	45	33	27
Mischmehl	67	31	54
Mischmehl	69	25	64
Mischmehl	69	30	57
Mischmehl	71	26	63
$\bar{x} \pm s$	57,6 ± 12,2	29,9 ± 3,5	45,5 ± 16,1
Fraktion F_2			
Pollen	20	0	100
Pollen	46	10	78
Pollen	18	0	100
Pollen	53	0	100
Pollen	50	0	100
Pollen	91	4	96
Pollen	58	1	98
Pollen	36	5	86
Pollen	39	4	90
Mischmehl	46	4	91
Hausstaub	21	2	91
$\bar{x} \pm s$	43,5 ± 21,0	2,7 ± 3,1	93,6 ± 7,2

[1] Die Konzentration an Lektin in der F_1-Fraktion betrug 20 μg/ml, in der F_2-Fraktion 45 μg/ml.

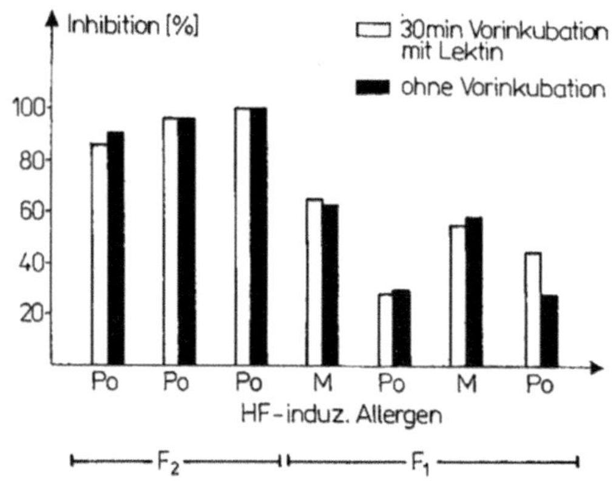

Abb. 69 Einfluß einer Vorinkubation (weiße Säule) gegenüber Ansätzen ohne Vorinkubation (schwarz) mit den Lektin-Fraktionen F_1 und F_2 auf die allergeninduzierte Histaminfreisetzung
Po: Pollen, M: Mehl (als Allergene benutzt)

auf die allergenspezifische HF basophiler Granulozyten von Atopikern.

Dazu wurden die zu testende Viscum-Fraktion in der angegebenen Konzentration (Tab. 45) sowie das spezifische Allergen den Zellsuspensionen zugefügt und 60 min lang inkubiert. Als Vergleichsansätze fungierten die unter den gleichen Bedingungen aus aliquoten Anteilen der Zellsuspension mitgeführten Proben ohne Lektinzusatz. Wie aus Tabelle 46 ersichtlich ist, bewirken sowohl die Fraktion F_1 wie auch die Fraktion F_2 eine Verminderung der Menge an freigesetztem Histamin im Vergleich zu den Kontrollansätzen.

Der **Hemmeffekt** lag bei Fraktion F_1 zwischen 27 und 64 %, im Mittel bei 46 %. Er ist damit niedriger als der mit der Fraktion F_2 erzielten, der zwischen 78 und 100 %, im Mittel 94 % betrug. Allerdings ist hierbei zu berücksichtigen, daß bei der Fraktion F_1 die auf das Lektin bezogene Konzentration nur weniger als die Hälfte im Vergleich zu Fraktion F_2 betrug.

Eine 30minütige Vorinkubation der Zellen mit den Viscum-Fraktionen bleibt – wie der Vergleich zu den Ansätzen ohne Vorinkubation zeigt – auf die Höhe der bewirkten Inhibition ohne Einfluß (Abb. 69).

Der Einfluß der gereinigten Viscum-album-Lektine **VAA I und VAA II** auf die allergeninduzierte HF wurde in gleicher Weise getestet wie sie für die Viscum-Fraktionen F_1

Tabelle 46 Einfluß von VAA I auf die allergeninduzierte Histaminfreisetzung (HF) basophiler Granulozyten von Atopikern

Induktor	HF (ohne VAA I[1]) %	HF (mit VAA I) %	Inhibition %
Pollen	78	13	83
Pollen	32	0	100
Pollen	79	47	41
Pollen	76	26	66
Pollen	41	1	98
Pollen	49	2	96
Pollen	43	14	67
Pollen	44	9	80
Pollen	48	2	96
Pollen	84	9	90
Pollen	48	0	100
Pollen	35	0	100
Pollen	20	2	92
Pollen	39	0	100
Pollen	90	7	92
Pollen	23	10	56
Mehl	80	36	55
Mehl	25	0	100
$\bar{x} \pm s$	51,9 ± 23,0	9,9 ± 13,0	84,0 ± 18,8

[1] Die VAA-I-Konzentration betrug 42 μg/ml.

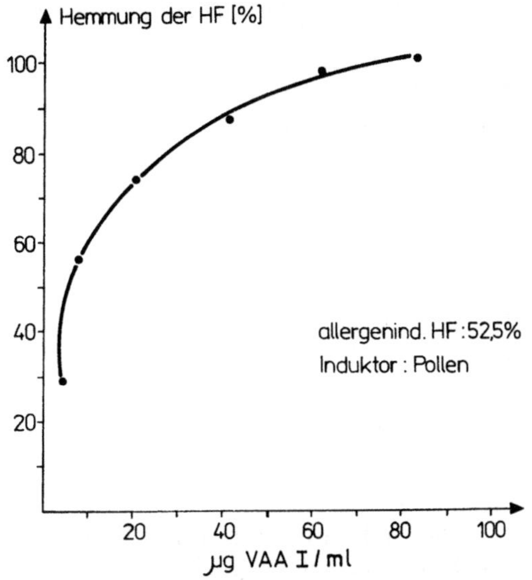

Abb. 70 Einfluß von Viscum-Lektin (VAA I) auf eine polleninduzierte Histaminfreisetzung (HF) der basophilen Granulozyten eines Atopikers in Abhängigkeit von der Lektinkonzentration

und F_2 beschrieben wurde. Wie Tabelle 46 zeigt, wirkt sich der Zusatz von VAA I in einer starken Hemmung der spezifisch induzierten HF aus. Die Inhibitionsrate, bei 16 Pollenallergikern und 2 Patienten mit Bäckerasthma getestet, lag im Mittel bei 84%.

Dieser Hemmeffekt ist konzentrationsabhängig (Abb. 70).

Eine Inhibition der HF mit VAA I wurde auch gefunden, wenn in der sogenannten „Reversed-type"-Reaktion Anti-IgE als Induktor fungierte (Tab. 47).

Wie aus Tabelle 47 zu entnehmen ist, reagierten die Leukozyten von 11 der 13 getesteten Patienten auf VAA-I-Zusatz mit einer Verminderung der durch Anti-IgE-vermittelten Freisetzung. Im Mittel lag die erzielte Hemmrate bei 60%. Sie ist damit im Vergleich zur Inhibition der mittels spezifischen Allergens erhaltenen HF etwas niedriger, was seine Erklärung in der eingesetzten geringeren VAA-I-Konzentration finden dürfte.

In gleicher Weise wie VAA I erwies sich auch das zweite Lektin (VAA II) als ein potenter Inhibitor der allergen- wie auch der Anti-IgE-induzierten HF (Tab. 48).

Einfluß der A- und B-Ketten des Viscum-album-Lektins (VAA I)

Die 2 Untereinheiten mit dem MG von 34500 bzw. 29000, die durch Disulfidbrücken miteinander verbunden sind, lassen sich durch Affinitätschromatographie an partiell hydrolysierter Agarose und Reduk-

Tabelle 47 Einfluß von VAA I auf die Anti-IgE-induzierte Histaminfreisetzung (HF) basophiler Granulozyten von Patienten mit allergischem Asthma bronchiale

Induktor	HF (ohne VAA I)[1] %	HF (mit VAA I) %	Inhibition %
Anti-IgE	40	12	70
Anti-IgE	21	3	86
Anti-IgE	19	0	100
Anti-IgE	15	3	80
Anti-IgE	16	1	94
Anti-IgE	43	44	0
Anti-IgE	22	12	46
Anti-IgE	47	17	64
Anti-IgE	61	37	39
Anti-IgE	15	6	60
Anti-IgE	56	26	54
Anti-IgE	46	46	0
Anti-IgE	55	9	84
$\bar{x} \pm s$	35,1 ± 17,4	16,6 ± 16,4	59,8 ± 32,1

[1] Die Lektinkonzentration betrug 28 µg/ml.

Tabelle 48 Einfluß von VAA II auf die allergen- und anti-IgE-induzierte Histaminfreisetzung (HF) basophiler Granulozyten von Atopikern

Induktor	Ohne VAA II		Mit VAA II	
	HF (%)	Konzentration (μg/ml)	HF (%)	Inhibition (%)
Pollen	38	8,3	16	57
Pollen	84	12,5	36	57
Pollen	86	12,5	33	63
Pollen	86	42,0	0	100
Pollen	46	12,5	18	61
Pollen	46	42,0	7	83
Anti-IgE	77	12,5	12	84
Anti-IgE	77	42,0	0	100
Anti-IgE	18	12,5	8	56
Anti-IgE	18	42,0	2	89

tion mit β-Mercaptoethanol isolieren (s. Kap. C. III. und C. IV.).
In ihrem Einfluß auf die immunologisch induzierte HF zeigen beide Ketten ein völlig unterschiedliches Verhalten: während die B-Kette sich als ein potenter Inhibitor erweist, bleibt die A-Kette ohne wesentlichen Effekt (Tab. 49).
Durch Konjugation der A-Kette des VAA mit Histamin (10–50 % aller Lymphozyten sollen einen Rezeptor für Histamin haben) gelang es Eckert et al. (1985), zu zeigen, daß Rezeptoren für Histamin nicht nur auf Suppressor-T-Lymphozyten vorkommen, sondern wahrscheinlich auf allen immunkompetenten Zellen. Die Autoren fanden, daß das Konjugat aus Histamin und der A-Kette des VAA I (Toxophor) 15 % der B-Lymphozyten, 27 % der Milzzellen und 60 % der T-Lymphozyten abtötete, während Histamin allein (nicht toxisch) und die A-Kette allein (keine Bindungsmöglichkeit an der Zelle) keinen Einfluß hatten.
Zwischen den Lektinen aus Viscum album, Ricinus communis und Abrus precatorius besteht eine bemerkenswerte Ähnlichkeit, obwohl sie aus verwandtschaftlich weit entfernten Pflanzenarten stammen. Sie sind Glykoproteine, bestehen aus 2 Peptidketten von ungefähr gleichem MG, die durch Disulfidbrücken miteinander verbunden sind, hemmen die Proteinsynthese und weisen eine sehr ähnliche Zuckerspezifität auf (Olsnes et al., 1982; Stirpe et al., 1982; Franz et al., 1982). So erschien es naheliegend, sie auch in ihrem Einfluß auf die Mediatorausschüttung vergleichend zu testen. Gleichzeitig sollte untersucht werden, ob

Tabelle 49 Einfluß der A- und B-Kette des Viscum album-Lektins (VAA I) auf die Histaminfreisetzung (HF) basophiler Granulozyten von Atopikern

Induktor	HF (%)	Inhibition der HF			
		Konzentration (μg/ml) (A)	Inhibition (%)	Konzentration (μg/ml) (B)	Inhibition (%)
Pollen	38	6,0	0	7,0	100
Pollen	87	7,0	12	6,5	77
Pollen	44	7,0	0	6,5	100
Pollen	98	12,0	13	12,5	89
Anti-IgE	38	6,0	0	7,0	56
Anti-IgE	17	7,0	7	6,5	95
Anti-IgE	39	7,0	13	6,5	90
Anti-IgE	22	7,0	n. u.	6,5	80
Anti-IgE	55	12,0	9	12,5	100

n. u. = nicht untersucht

Tabelle 50 Einfluß der Lektine aus Abrus precatorius (APA I und APA II) und Ricinus communis (RCA I und RCA II) auf die immunologisch induzierte HF basophiler Granulozyten von Atopikern

Induktor	Ohne Lektin	Mit APA I		Mit APA II (Abrin)		Mit RCA I		Mit RCA II (Ricin)	
	HF (%)	HF (%)	Inhibition (%)	HF (%)	Inhibition (%)	HF (%)	Inhibition (%)	HF (%)	Inhibition (%)
Pollen	38	11	72	0	100	0	100	0	100
Pollen	48	0	100	41	13	0	100	14	71
Pollen	20	0	100	6	69	5	77	0	100
Pollen	70	27	60	40	43	31	55	43	37
Pollen	39	0	100	15	61	8	81	0	100
Mehl	25	13	50	21	17	16	38	13	50
Anti-IgE	38	1	97	8	80	3	92	5	86
$\bar{x} \pm s$	40 ± 16	7 ± 10	83 ± 22	19 ± 16	55 ± 32	9 ± 11	78 ± 24	11 ± 15	78 ± 26

Die Lektinkonzentration betrug 42 µg/ml.

ein unterschiedliches Verhalten zwischen den hochtoxischen RCA II (Ricin) und APA II (Abrin) auf der einen Seite und den kaum toxischen Agglutininen RGA I und APA I auf der anderen Seite besteht. In Tabelle 50 sind die Ergebnisse dieser Untersuchungen dargestellt. Alle 4 Lektine waren in der Lage, die auf immunologischem Wege entweder mittels spezifischen Allergens oder über anti-IgE induzierte HF zu inhibieren. Die mittlere Inhibitionsrate war mit 83 % bei APA I und jeweils 78 % bei RCA I bzw. RCA II praktisch gleich hoch, während sie mit APA II 55 % betrug, doch ließ sich dieser Unterschied statistisch nicht sichern (Sehrt et al., 1985).

C. IX. Viscotoxine

Bei der Abhandlung der Viscotoxine sei unbedingt noch einmal auf die Unterschiede zu den ebenfalls toxischen Lektinen der Mistel verwiesen. Eine Übersicht zur Präparation sowie eine Kurzcharakteristik im Vergleich zu den Lektinen befindet sich im Kapitel C. II.
Die Entdeckung der Viscotoxine beginnt sicher bei den durch Gaulthier (1912) beschriebenen aufsehenerregenden blutdrucksenkenden Eigenschaften von Mistelextrakten (s. Kap. D. I.).

Es wurden umfangreiche analytische Arbeiten mit Mistelextrakten durchgeführt. Bei dieser Suche erarbeiteten Winterfeld und Dörle (1942) durch Fällung von Mistelextrakten mit Cholesterinlösungen ein „Filtrat“, das sie durch Chromatographie an Al_2O_3 weiter reinigten und als „hochtoxisch“ fanden. Als Vergleich zu den toxischen Lektinen sollen die einzelnen Schritte der Aufarbeitung von Winterfeld kommentiert werden:
Ausgangssubstanzen sind wie bei den Lektinen (s. Kap. C. II.) Blätter und dünne Stengel, die getrocknet und zerkleinert (pulverisiert) werden. Hier sei vermerkt, daß wir bei diesen Arbeiten durch Einatmen von „Mistelstaub“ heftige allergische Reaktionen auslösen konnten (s. Kap. C. VIII.).
Die getrocknete Substanz wurde dann mit Essigsäure extrahiert und weiter mit Azeton gefällt. Welche Substanzen hierbei verlorengegangen sind, verändert (Ionenbindungen?, Disulfidbrücken?) oder zerstört wurden, läßt sich nicht nachvollziehen.
Das erhaltene Glykoprotein, das Winterfeld und Leiner (1956) später durch 17 verschiedene Aminosäuren und einige Zucker charakterisierten, nannten Winterfeld und Bijl 1948 „Viscotoxin“. Die Toxizität dieser sowohl herztoxischen als auch blutdrucksenkenden Substanz betrug 1,8 mg als LD_{100} je kg Kaninchen.

Durch weitere Fällung mit Benzol konnten die Autoren die genannten wirksamen Prinzipien trennen, wobei die blutdrucksenkende Substanz in Lösung blieb und aus der filtrierten, in Wasser gelösten Mischung, durch Azeton ein Präzipitat mit der herzwirksamen Komponente erhalten wurde.

Durch weitere Reinigungs- und Anreicherungsschritte erreichten WINTERFELD und BIJL (1948) für diese „herzwirksame Substanz" eine LD_{100} von 0,8 mg/kg Kaninchen, die immer noch weit unter der letalen Dosis der Lektine liegt. Das Viscotoxin wurde von WINTERFELD in 4 Fraktionen unterteilt. Ob es sich dabei um die Fraktionen von SAMUELSSON (1961):

A2, A3, B oder um die von KONOPA et al. (1980) I, II, III, IV handelt, ist nicht bekannt. Alle Fraktionen enthielten 17 Aminosäuren (Glycin, Alanin, Serin, Phenylalanin, Tyrosin, Tryptophan, Histidin, Valin, Leucin, Arginin, Lysin, Asparaginsäure, Glutaminsäure, Threonin, Prolin, Cystein bzw. Cystin und Methionin), aber auch einige Zucker wie Galaktose, Glukose, Arabinose.

WINTERFELD und LEINER (1956) definierten das Viscotoxin schließlich als „Protein, ausschließlich aus Aminosäuren bestehend, die von Zuckern begleitet sind".

Durch den Einsatz von zu dieser Zeit moderneren chromatographischen Methoden – z. B. der Ionenaustauschchromatographie an schwach saurem Amberlit IRC 50 – konnte SAMUELSSON (1958) direkt an die Arbeiten von WINTERFELD anknüpfen und isolierte 3 unterscheidbare, aber sehr ähnliche Viscotoxinfraktionen: A2, A3, B.

Im Gegensatz zu WINTERFELD charakterisiert SAMUELSSON die Viscotoxine als aus nur 11 verschiedenen Aminosäuren bestehende Proteine, die keine Zucker enthalten. Die Bezeichnung „Viscotoxin" führte schließlich zu einem „Streit" mit WINTERFELD (Priorität!). In den folgenden Jahren wurden immer mehr physikochemische Eigenschaften beschrieben. Der ursprüngliche Zweck – die medizinische Anwendung – trat dagegen völlig in den Hintergrund.

Zunächst charakterisieren SAMUELSSON et al. (1968) das Viscotoxin A3 als basisches Protein mit einem MG von 5123 und der Aminosäurensequenz von insgesamt 46 Aminosäuren.

OLSON und SAMUELSSON (1970) reinigten und charakterisierten dann Viscotoxin A2 durch Chromatographie an DEAE-Zellulose. Sie fanden ein MG von 5126 und Unterschiede zu A3 in der Sequenz von nur 3 Aminosäuren. Im gleichen Jahr wird Viscotoxin B charakterisiert (SAMUELSSON und PETTERSON, 1970). Das Molekulargewicht von A2 wird später von OLSON und SAMUELSSON (1972) auf 4833 korrigiert.

In der folgenden Zeit werden weitere Toxine aus Viscaceen („Misteln") beschrieben: 1-Ps aus Viscum album ssp. austriacum (SAMUELSSON et al., 1974), Phoratoxin aus der amerikanischen Mistel, Phoradendron tomentosum ssp. macrophyllum (MELLSTRAND und SAMUELSSON, 1973) sowie Denclatoxin, die sich alle nur geringfügig in der Aminosäurenfolge unterscheiden, was in Tabelle 51 gezeigt wird.

Bemerkenswert hierzu ist, daß zu diesem Zeitpunkt bereits die Arbeiten von VESTER et al. (1968a, b) über basische, kanzerostatische und zytotoxische Proteine sowie die Arbeiten von PARDOE et al. (1970) über ein Phythämagglutinin bzw. LUTHER et al. (1973a, b) über ein Lektin mit Erythrozyten- und tumorzellagglutinierenden Eigenschaften erschienen waren, ohne daß die schwedische Gruppe darauf Bezug genommen hätte.

In einer vorläufig letzten Übersicht von SAMUELSSON über Viscotoxine (1974a) werden noch einmal alle 5 bekannten unterscheidbaren Viscotoxine charakterisiert. Die medizinische Bedeutung klingt nur in einem Nebensatz zu Beginn der Übersicht wie folgt an: „. . . hypotensive effects on parenteral administration . . ." In den Arbeiten von WOYNAROWSKI und KONOPA (1980) und KONOPA et al. (1980) werden die Viscotoxine I, II, III und IVb beschrieben, wobei nach diesen Autoren aber II, III und IVb mit B, A2, A3 identisch sind. Neu für die Viscotoxine sind die zytotoxischen Aktivitäten, die an 2 Tumorzellinien geprüft wurden, wobei eine 50%ige Wachstumshemmrate mit 0,2–1,7 μg/ml Zellkultur (HeLa-Zellen) erreicht wurde.

Interessant ist, daß diese Autoren fanden, daß das Viscotoxin IVb (A3?) an DNA-Strukturen der Zelle gebunden wird und einen protektiven Effekt bei Hitzebehand-

Tabelle 51 Sequenz der Aminosäuren verschiedener Viscotoxine (nach SAMUELSSON, 1974a)

Viscotoxine	Sequenz der Aminosäuren															
	1	2	3	4	5	6	7	8	9	10	11	12	13	14	15	16
Viscotoxin A2	Lys –	Ser –	Cys –	Cys –	Pro –	Asn –	Thr –	Thr –	Gly –	Arg –	Asn –	Ile –	Tyr –	Asn –	Thr –	Cys –
Viscotoxin A3	Lys –	Ser –	Cys –	Cys –	Pro –	Asn –	Thr –	Thr –	Gly –	Arg –	Asn –	Ile –	Tyr –	Asn –	Ala –	Cys –
Viscotoxin B	Lys –	Ser –	Cys –	Cys –	Pro –	Asn –	Thr –	Thr –	Gly –	Arg –	Asn –	Ile –	Tyr –	Asn –	Thr –	Cys –
Viscotoxin 1-Ps	Lys –	Ser –	Cys –	Cys –	Pro –	Asn –	Thr –	Thr –	Gly –	Arg –	Asn –	Ile –	Tyr –	Asn –	Thr –	Cys –
Denclatoxin B	Lys –	Ser –	Cys –	Cys –	Pro –	Thr –	Thr –	Ala –	Ala –	Arg –	Asx –	Glx –	Tyr –	Asx –	Ile –	Cys –
Phoratoxin	Lys –	Ser –	Cys –	Cys –	Pro –	Thr –	Thr –	Thr –	Ala –	Arg –	Asn –	Ile –	Tyr –	Asn –	Thr –	Cys –
	17	18	19	20	21	22	23	24	25	26	27	28	29	30	31	32
Viscotoxin A2	Arg –	Phe –	Gly –	Gly –	Gly –	Ser –	Arg –	Glu –	Val –	Cys –	Ala –	Ser –	Leu –	Ser –	Gly –	Cys –
Viscotoxin A3	Arg –	Leu –	Thr –	Gly –	Ala –	Pro –	Arg –	Pro –	Thr –	Cys –	Ala –	Lys –	Leu –	Ser –	Gly –	Cys –
Viscotoxin B	Arg –	Leu –	Gly –	Gly –	Gly –	Ser –	Arg –	Glu –	Arg –	Cys –	Ala –	Ser –	Leu –	Ser –	Gly –	Cys –
Viscotoxin 1-Ps	Arg –	Phe –	Gly –	Gly –	Gly –	Ser –	Arg –	Glu –	Val –	Cys –	Ala –	Arg –	Ile –	Ser –	Gly –	Cys –
Denclatoxin B	Arg –	Leu –	Pro –	Gly –	Thr –	Pro –	Arg –	Pro –	Val –	Cys –	Ala –	Ala –	Leu –	Ser –	Gly –	Cys –
Phoratoxin	Arg –	Phe –	Gly –	Gly –	Gly –	Ser –	Arg –	Pro –	Val –	Cys –	Ala –	Lys –	Leu –	Ser –	Gly –	Cys –
	33	34	35	36	37	38	39	40	41	42	43	44	45	46		
Viscotoxin A2	Lys –	Ile –	Ile –	Ser –	Ala –	Ser –	Thr –	Cys –	Pro –	Ser –	Tyr –	Pro –	Asp –	Lys		
Viscotoxin A3	Lys –	Ile –	Ile –	Ser –	Gly –	Ser –	Thr –	Cys –	Pro –	Ser –	Tyr –	Pro –	Asp –	Lys		
Viscotoxin B	Lys –	Ile –	Ile –	Ser –	Ala –	Ser –	Thr –	Cys –	Pro –	Ser –	Tyr –	Pro –	Asp –	Lys		
Viscotoxin 1-Ps	Lys –	Ile –	Ile –	Ser –	Ala –	Ser –	Thr –	Cys –	Pro –	Ser –	Tyr –	Pro –	Asp –	Lys		
Denclatoxin B	Lys –	Ile –	Ile –	Ser –	Gly –	Thr –	Gly –	Cys –	Pro –	Pro –	Gly –	Tyr –	Arg –	His		
Phoratoxin	Lys –	Ile –	Ile –	Ser –	Gly –	Thr –	Lys –	Cys –	Asp –	Ser –	Gly –	Trp –	Asn –	His		

lung der DNA ausübt (keine Denaturierung!). Diese protektive Wirkung liegt sicher an der hohen Stabilität der Viscotoxine selbst. SAMUELSSON (1973) bestimmte für das relativ kleine Molekül von A2 und A3 jeweils 3 Disulfidbrücken. Daraus läßt sich eine kompakte Struktur ableiten und als Folge daraus eine Unempfindlichkeit gegenüber denaturierenden Einflüssen (Erhitzen für 30 min bei 100 °C zerstört nicht die Toxizität).

Ein halbes Jahr nach den Arbeiten von KONOPA vertraten CARASCO et al. (1981) die Ansicht, daß Polypeptide (Thionins) aus verschiedenen Pflanzen, z. B. Weizen (Triticum vulgare – die Pflanze besitzt das Lektin WGA), homolog zu den Viscotoxinen sein sollen.

Beide, Viscotoxine und Thione, verursachen eine Hemmung der DNA- und RNA-Synthese bei BHK-Zellen (Baby Hamster Kidney), Ergebnisse, die ähnlich auch für die A-Kette des Viscum-Lektins beschrieben wurden (s. Kap. C. V. und C. VIII).

Sowohl für Thionin als auch Viscotoxin werden von SAMUELSSON (1973) als zellbiologische Eigenschaften genannt: Toxizität nur bei parenteraler Gabe, Bradykardie, Blutdrucksenkung, negativen inotropen Effekt am Herzmuskel. Diese Eigenschaften wurden auch schon von JARISCH (1939) für Mistelpräparationen publiziert.

Der Frage der pharmakologischen Wirkung und der Zuordnung zu bestimmten Verbindungen in der Mistel widmeten sich WAGNER et al. (1984), indem sie die Hauptinhaltsstoffe der Mistel auflisteten und versuchten, diese den schon bekannten oder beschriebenen therapeutischen Effekten zuzuschreiben:

Viscotoxine Histamin Lektine	antiarthrose Wirkung
Lektine	zytostatische Wirkung
Amine α-Aminobuttersäure Flavonoide Syringin	kardiotone Wirkung

Wenngleich die molekulare Struktur und die Aminosäurensequenz der Viscotoxine als geklärt angesehen werden kann, müssen ihre klinischen Effekte noch nachgeprüft werden. Ebenso interessant könnten Untersuchungen verlaufen, die die Beziehungen zwischen Lektinen und Viscotoxinen zum Gegenstand haben.

Nachdem über 10 Jahre „Viscotoxin-Gruppen" SAMUELSSON, KONOPA, CARASCO u. a.) und „Viscum-Lektin-Gruppen" (LUTHER, FRANZ, OLSNES u. a.) praktisch nebeneinander arbeiteten, beide jeweils davon ausgegangen waren, daß beide Substanzen nichts Gemeinsames haben, untersuchten FRANZ et al. (1983) das Lektin I aus Viscum album (VAA I) und ein Viscotoxin von SAMUELSSON (A3). Sie fanden, daß das Viscotoxin A3 im Gegensatz zu VAA I nicht die Proteinsynthese im zellfreien System hemmte. Das spricht für unterschiedliche toxische Prinzipien. Auch immunologisch fanden diese Autoren mit einem Anti-VAA I in der Doppeldiffusionstechnik nach OUCHTERLONY keinen Identitätsbeweis für beide Substanzen. Wenngleich die zuletzt genannte Beweisführung nicht restlos überzeugen kann (zu unempfindliche Technik bzw. Nichterkennen von Unterschieden durch ein Anti-VAA I zu A3, wenn tatsächlich das Viscotoxin ein Spaltprodukt von VAA I sein sollte), gibt es genügend Hinweise, daß die toxischen Lektine und Viscotoxine unterschiedliche Angriffspunkte an der Zelle besitzen.

Wir gehen heute davon aus, daß die Toxizität der Lektine auf deren toxische A-Kette zurückzuführen ist und der Ablauf der toxischen Reaktion wie folgt erklärt wird:

Der Kontakt Zelle – Lektin wird über den Bindungsort der B-Kette hergestellt, wobei die Auswahl der Zellen entsprechend der Spezifität des Bindungsortes erfolgt (Anzahl und Zugänglichkeit von Galaktosidstrukturen auf der Zelloberfläche). Nach erfolgter Bindung des Lektinmoleküls (MG 60000) erfolgt an der Zelloberfläche eine Reduktion der Disulfidbrücken, die A- und B-Kette zusammenhalten. Die B-Kette verbleibt am Bindungsort, während die A-Kette, die keine „combining site" besitzt, über Pinozytose in die Zelle „eingeschleust" wird und so schließlich an Ribosomen die Proteinsynthese unterbricht, was schließlich zum Absterben der Zelle führt (s. Kap. C. V. und C. VII.).

Die Membran der Zelle bleibt dabei zunächst intakt und funktionsfähig, was bei der Vitalfärbung dadurch zum Ausdruck kommt, daß kein Farbstoff in die Zelle eindringen kann und solche Zellen als „lebend" zu bezeichnen sind.

Die Reaktion des Absterbens der Zelle dauert mehrere Stunden, wie eigene Versuche mit menschlichen Lymphozyten ergaben (LUTHER, 1982). Viscotoxine bzw. viscotoxinhaltige Rohextrakte (lektinfrei!) zeigen eine völlig andere Toxinwirkung auf Zellen. Bereits in früheren Arbeiten berichteten wir (LUTHER, 1974b, c), daß viscotoxinfreie Lektinfraktionen, von uns als F_1 und F_2 bezeichnet, eine Stunde völlig ohne toxische Wirkung auf Ehrlich-Aszites-Tumorzellen der Maus waren, obwohl die Zellen stark agglutiniert wurden. Lektinfreie, aber viscotoxinhaltige Fraktionen (F_3, F_4) bewirkten bereits nach wenigen Minuten eine dosisabhängige Abtötung der Tumorzellen (der toxische Einfluß wurde mit einer Trypanblaufärbung nachgewiesen).

Gesamtextrakte zeigen, soweit unterscheidbar zu messen, zunächst identische „Viscotoxinwirkung" durch sofortiges Absterben der Zellen in vitro oder in vivo. Diese unterschiedlichen toxischen Wirkstoffe aus der Mistel haben zu verschiedenen Widersprüchen geführt, wenn mit beiden Substanzen gleichzeitig gearbeitet wurde (z. B. Mistelpräparate wie Iscador, Helixor oder Rohextrakte, wie sie von KOCH (1938) und bei unseren ersten Arbeiten (LUTHER et al., 1973) benutzt wurden. Je nach Gehalt der entsprechenden Komponente bzw. Einwirkungsdauer auf Zellen fand man unterschiedliche Toxin-Resultate. KOCH (1938) arbeitete mit „Gesamtextrakten", die nach seinen Ergebnissen (s. Kap. C. VII.) alle Lektine und Viscotoxine enthalten müßten. Gleiche Ergebnisse fanden wir in den Jahren 1973 und 1976 bei Experimenten mit Rohextrakten.

VESTER et al. (1968b, 1977), die verschiedene Verfahren wie das Einsalzen, Aussalzen, Zentrifugieren und Chromatographie an DEAE-Cellulose benutzten, fanden zytotoxische, zytostatische und kanzerostatische Eigenschaften ihrer Proteinfraktionen 161 bis 165. Bei der Hemmung der RNA-Proteinsynthese fanden sie ebenfalls „... zunächst widersprüchlich erscheinende Ergebnisse ...", die sie auf „... Denaturierung einiger Proteinkomponenten ..." zurückführten. Es wäre sehr gut denkbar, daß in diesen Proteinfraktionen sowohl Lektine als auch Viscotoxine enthalten waren, da keine Affinitätschromatographie, die selektiv alle Lektine erfaßt hätte, durchgeführt wurde.

Ähnliche Ergebnisse mit sowohl „Lektin-Toxizität" als auch „Viscotoxin-Toxizität" müssen auch für das Viscum-Präparat Iscador® (s. Kap. D. II.) angenommen werden. Beim angewandten Herstellungsverfahren wird der Lektingehalt stark reduziert. Lektin ist aber in noch wirksamer Konzentration vorhanden (LUTHER et al., 1984b, ZISKA et al., 1985). Ebenso wurden aber auch Viscotoxinwirkungen nachgewiesen (RIBERAU et al., 1983). Wahrscheinlich werden bei der Herstellung des Iscador die Viscotoxine aufgrund ihrer stabilen, kompakten Struktur weniger beeinflußt als die Lektine. Beide Proteine sind aber offenbar in so geringer Konzentration vorhanden, daß keine zytotoxischen Reaktionen in vitro (LUTHER et al., 1984 u. a. Arbeiten) oder in vivo (s. Kap. D. II.) gefunden wurden.

Zusammenfassend lassen sich die Viscotoxine wie folgt charakterisieren (s. folgende Übersicht).

Charakteristik der Viscotoxine

MG: A2: 4833
A3: 4929
B: 4856
Untereinheiten: nein
Zuckergehalt: nein
Tumorhemmung: nein
Toxizität (LD_{50}) i. p. 0,5 mg/kg Maus
i.v. 0,1 mg/kg Maus
Aminosäuren: 46 für A2, A3 und B
Isoelektrischer Punkt: pI 11
Hitzestabilität: Toxizität bleibt bei 100 °C 30 min erhalten

D. Therapeutische Anwendung von Mistelpräparaten

D. I.
Orale Anwendung von Misteltee und Mistelzubereitungen, hauptsächlich als Antihypertonikum

Nach Wichtl (1984) wird Misteltee, rein empirisch, als Adjuvans in der Therapie des **Bluthochdruckes,** bei Schwindelgefühl und Blutandrang zum Kopf verwendet, in der Volksmedizin außer bei Schwindelanfällen auch bei Amenorrhoe und Gelenkserkrankungen. Zur Bereitung des Tees wird empfohlen, 2,5 g feingeschnittene Droge mit kaltem Wasser zu übergießen und bei Raumtemperatur 10–12 h stehenzulassen; dann wird abgeseiht. Die tägliche Dosis beträgt 1–2 Tassen. Die Droge wird auch in Filterbeuteln angeboten. Die Droge ist Bestandteil von etwa 40 Arzneispezialitäten in der Bundesrepublik Deutschland, die nach der Roten Liste (1985) vorwiegend der Gruppe der Antihypertonika, Geriatrika und Arteriosklerosemittel eingeordnet werden. Aber auch in anderen Gruppen, z. B. Kardiaka und Sedativa finden sich Mistelextrakte. Die in der DDR im Handel befindlichen Mistelpräparate wurden von Luther (1974c, 1982) aufgeführt. Nach Baudino (1985) sind Mistelzubereitungen in etwa 20 französischen Arzneimitteln enthalten. Zusätzlich zu den obengenannten Indikationsgebieten gibt Baudino Misteltee und Mistelzubereitungen in Frankreich als Spasmolytikum bei Keuchhusten, Asthma und gewissen Formen von Krämpfen an.

Über die Mistel in der Krebstherapie und als Arthrosemittel (s. Kap. D. II.).

Zu dem Hauptindikationsgebiet Hypertonie und damit zu der Frage, ob die Mistel und daraus hergestellte Extrakte in der Lage sind, den arteriellen Blutdruck zu senken, gibt es zahlreiche Literatur. Gaulthier (1907, 1910) sowie Gaulthier und Chevalier (1907, 1908) hatten eine Reihe von Versuchen zur Blutdrucksenkung sowohl beim Menschen als auch an Tieren durchgeführt. Angeregt worden war Gaulthier durch einen Fall von tuberkulöser Haemophysie, der einzig auf eine Mistelbehandlung angesprochen hatte (Gaulthier, 1938). Die Versuche wurden jeweils durch i.v. Verabreichung von Mistelextrakten durchgeführt. Es zeigte sich dabei eine dosisabhängige Blutdrucksenkung. Biljsman (1927) fand, daß die blutdrucksenkende Wirkung durch eine Erweiterung der Koronar- und peripheren Gefäße zustande kam. In der Folgezeit wurden weitere zahlreiche Versuche zur Blutdrucksenkung durch Mistelextrakte durchgeführt, insbesondere von Arbeitsgruppen um Jarisch (u. a. Jarisch, 1939, Jarisch und Richter, 1940) und Winterfeld (u. a. Winterfeld 1938, 1942; Winterfeld und Kronenthaler, 1942). Diese beiden Arbeitsgruppen haben auch versucht, die blutdrucksenkende Komponente von einer herztoxischen Komponente zu trennen. Während Winterfeld (1938) von einer erfolgreichen Trennung der beiden Komponenten berichtet, wobei er später (1942) angibt, daß es sich bei den blutdrucksenkenden Komponenten um Acetylcholin handele, verneinen Jarisch und Richter (1940), daß eine solche Trennung möglich sei. Außerdem setzen sich die letztgenannten Autoren kritisch mit der „therapeutischen“ Anwendung der Mistel auf Herz und Blutdruck auseinander.

Jarisch und Richter schreiben:

„Das Prädikat ‚therapeutisch‘, das Winterfeld und Dörle ihren Mistelstoffen beilegen, ist bedenklich, denn es ist klinisch bisher weder eine Wirkung der Mistel auf das Herz, noch eine auf den Blutdruck erwiesen. Zwar erscheinen periodisch Berichte medizinischer Schriftsteller über Heilwirkungen von Misteltropfen, doch bleibt die Schulmedizin andauernd zurückhaltend und zwar, wie uns scheint, nicht aus Böswilligkeit, sondern mit Recht, denn die so stark wirksamen Inhaltsstoffe der Mitel werden peroral nicht, oder um den Preis einer schweren Veränderung der Darmschleimhaut resorbiert; das gilt von den ungereinigten Extrakten und ebenso von dem Winterfeldschen hochwirksamen Stoffe. Da aber die Mistel nun einmal an sich außerordentlich beliebt ist und die Geschichte ihrer Anwendung den seltsamsten Wechsel der Indikationen erkennen läßt, Epilepsie, Asthma, Menstruationsbeschwerden, bösartige Geschwülste, Lungenblutungen, Arteriosclerose, Paradentose, Hochdruck, Arthritis und noch einmal bösartige Geschwülste, könnte es geschehen, daß die Misteltropfen noch zum gepriesenen Herzmittel werden, wenn man die Inhaltsstoffe ‚therapeutisch' nennt."

Ende der 50er Jahre wurde die Blutdrucksenkung durch Mistelextrakte nochmals eingehend untersucht (Pora et al., 1957; Sajner und Veris, 1958; 1958; Samuelsson, 1959). Pora et al. (1957) konnten in Abhängigkeit von der Wirtspflanze bei intravenöser Applikation am Hund eine Blutdrucksenkung beobachten, die jedoch immer von einer herz- und atmungstoxischen Wirkung beteiligt war. Nach der Toxizität konnten die Misteln in folgende Reihenfolge eingeordnet werden: Acer, Tilia, Juglans, Robinia, Populus > Betula, Rosa, Fraxinus > Prunus, Abies > Malus silvetris > Malus domestica. Durch Kochen und Abtrennen des dabei auftretenden Niederschlags (Proteine und damit auch Viscotoxin) wurde die toxische Wirkung abgeschwächt (s. Kap. C. VII. und C. IX.), bei Abies verschwand auch die respiratorische Wirkung; der blutdrucksenkende Effekt blieb dagegen beinahe unverändert erhalten. Für die volkstümliche Anwendung von Mistelpräparaten und Misteltee scheinen die Versuche mit oraler Anwendung von 1 g Mistelpulver (von Malus domesticus) täglich oder im Abstand von 2 Tagen interessanter. Bei 16 Personen (von 100), die über längere Zeit beobachtet werden konnten, war nach 14tägiger Applikation des Mistelpulvers eine z. T. lang anhaltende Senkung sowohl der systolischen als auch der diastolischen Maxima festzustellen. Die Behandlung war bei den Patienten, deren Blutdruck nach einer gewissen Zeit (5, 6, 7, 9, 11 und 17 Monate) wieder angestiegen war, erneut mit Erfolg durchzuführen. Neben der Blutdrucksenkung wird berichtet, daß die Patienten 3–5 Tage nach dem Beginn der Behandlung ein plötzliches Wohlbefinden empfunden hätten. Kopfschmerzen, Schwindelanfälle, Flecken vor den Augen und andere Anzeichen der Hypertension seien verschwunden.

Die Autoren nehmen einen zentralnervösen, parasympathischen Mechanismus an. Daneben bestehe noch eine periphere, gefäßerweiternde Wirkung, die sowohl zentralnervös als auch durch das unmittelbare Einwirken des wirksamen Prinzips auf die Blutgefäße bedingt sei. Sajner und Veris (1957, 1958) gehen davon aus, daß neben Acetylcholin Histamin für die blutdrucksenkenden Eigenschaften verantwortlich ist. Im pharmakologischen Test entsprachen 1,0 g der Droge etwa 40 μg reinem Histaminchlorid.

Bei der Isolierung von Viscotoxin fiel auch γ-Aminobuttersäure (Gaba) an, die im Tierversuch eine Blutdrucksenkung hervorrief (Samuelsson, 1959). Allerdings dürfte es sich um eine parenterale Applikation gehandelt haben.

Trotz der zahlreichen Untersuchungen, die zur Frage der hypotensiven Wirkung der Mistel vorliegen und von denen im vorliegenden Kapitel nur ein Teil referiert wurde, ist ein abschließendes Urteil nicht möglich. Zu dieser Auffassung gelangte auch die Kommission beim Bundesgesundheitsamt, die die Monographie für die Standardzulassung „Visci albi herba (Mistelkraut)" erarbeitet hat (Bundesanzeiger, 1984). Unter „Hinweis" lesen wir: „Die blutdrucksenkenden Wirkungen und die therapeutische Wirksamkeit bei milden Formen der Hypertonie (Grenzwerthypertonie) bedürfen einer Überprüfung."

In einer vor kurzem abgeschlossenen pharmakologischen Untersuchung von Lutomskj (1985) an einem Handelspräparat in unterschiedlicher Zubereitung (Mistel-Pflanzensaft Kneipp, 100 ml; enthält einen wäßrigen Extrakt aus 97 g frischem Mistelkraut, und Kneipp Pflanzen-Dragees Mistel,

1 Dragee enthält 200 mg Mistelkraut und 25 mg getrocknetes Kaltmazerat aus Mistelkraut) wurde erneut die Blutdrucksenkung bei Versuchstieren (Ratten, Kaninchen und Katzen) untersucht. Wie zu erwarten war, erwies sich eine parenterale Applikation als zu toxisch. Die Zufuhr der Präparate mittels einer Schlundsonde führte bei Katzen zu Erbrechen, wurde aber von Ratten und Kaninchen gut vertragen. Bei einmaliger Dosierung der auf das Körpergewicht umgerechneten Tagesdosis der Handelspräparate 0,4 ml/kg Körpermasse, konnte bei Ratten keine Blutdrucksenkung beobachtet werden. Mit der zehnfachen Menge ergab sich eine Blutdrucksenkung von 6–8 % im Vergleich zur Ausgangslage über 45 min. Bei Kaninchen war eine Senkung mit der höheren Dosierung von 6–11 % über 75 min zu beobachten.

Wurde die zehnfache therapeutische Tagesdosis über 2 Wochen an normotensive Ratten oral appliziert, so war sowohl mit dem Saft (–30 %) als auch mit den Dragees (–35 %) eine deutliche Blutdrucksenkung zu erreichen. Durch längere Applikation (4 Wochen) konnte der Effekt nicht mehr gesteigert werden. Mit genetisch determinierten hypertensiven Ratten war schon nach einer Woche eine deutliche Blutdrucksenkung (Saft –25 %, Dragees –15 %) zu beobachten. Nach 2 Wochen wurde ähnlich wie bei den normotensiven Tieren eine Blutdrucksenkung von 38 % (Saft) bzw. 35 % (Dragees) erreicht, die sich bei längerer Anwendung des Saftes nach vier Wochen auf 58 % steigern ließ.

Die gewählten Dosierungen (therapeutische und zehnfache Dosis) hatten nach einmaliger Applikation keinen Einfluß auf die Herzfrequenz. Die Atemfrequenz und Amplitude wurden durch die zehnfache Dosis um ca. 13 % vermindert. Einflüsse auf die Koronargefäße und auf die peripheren Gefäße konnten nicht festgestellt werden. Am isolierten Kaninchendarm wurde eine Erhöhung des Darmmuskeltonus bei erhaltener Peristaltik sowohl durch einen verdünnten Mistelsaft als auch durch eine Drageezubereitung beobachtet.

Um Hinweise über den Wirkungsmechanismus zu erhalten, wurden den Ratten nach den Mistelzubereitungen verschiedene hypertensiv wirkende Substanzen (Kardiazol, Adrenalin, Angiotensin) verabreicht. Dabei wurde festgestellt, daß nur bei einer Adrenalin-Verabreichung keine charakteristische Blutdrucksteigerung auftrat. Dies ist ein Hinweis darauf, daß das Mistelpräparat seine Wirkung über eine Beeinflussung des vegetativen Nervensystems entfaltet.

Die dargestellten Ergebnisse von Lutomski (1985) stellen einen wichtigen Beitrag zur kontrovers diskutierten Frage der Blutdruckwirksamkeit von Mistelextrakten und deren Zubereitungen dar. Es sollten weitere Untersuchungen an unterschiedlich hergestellten Präparationen folgen, um möglicherweise das wirksame Prinzip zu erfassen. Im Hinblick auf die Stellungnahme des Bundesgesundheitsamtes wären darüber hinaus kontrollierte klinische Untersuchungen erforderlich.

Trotz der häufigen Anwendung des Präparates sind Nebenwirkungen, abgesehen von gelegentlichen Allergien bei längerer Therapie, offensichtlich nicht aufgetreten. Bei einem einzigen Fall von „Mistelhepatitis“, der in der Literatur beschrieben ist, ist der Kausalzusammenhang zwischen Misteleinnahme und Hepatitis äußerst zweifelhaft (Harvey und Colin-Jones, 1981). Eine Patientin war nach Einnahme eines Phytopräparates, das neben Mistel aus Algen, Leonurus cardiaca und Scuttelaria galericulata bestand, an Hepatitis erkrankt. Obwohl die Autoren weder den Beweis erbringen konnten, daß die Ursache das Phytopräparat war, noch daß unter darin enthaltenen Bestandteilen die Mistel die Hepatitis verursachte, beschrieben sie den Fall als „Mistletoe hepatitis“ (s. auch Kap. D. II.).

Aus einer bei Frohne und Pfänder (1982) aufgeführten Tabelle über häufige Beratungs- und Vergiftungsfälle mit Pflanzen einer Beratungsstelle für Vergiftungen ist zu entnehmen, daß die Mistel 57mal innerhalb eines Zeitraumes von 15 Jahren Anlaß von Beratungen war. In keinem dieser Fälle, überwiegend bei Genuß von Mistelbeeren, wurden bisher Symptome verzeichnet.

D. II.
Klinische Anwendung von Mistelpräparaten zur Krebsbekämpfung unter besonderer Berücksichtigung des Iscador

1. Allgemeine Bemerkungen zur klinischen Anwendung

Die therapeutische Anwendung von Präparaten aus Viscum album zur Tumortherapie geht auf Arbeiten von Steiner (1920), dem Begründer der Anthroposophie, zurück, der 1920 in Vorträgen erste Hinweise zur Herstellung eines Injektionspräparates gegen Krebs aus dem Gesamtextrakt von Viscum album gab. Aus den verschiedensten Kliniken wurde in den letzten Jahren verstärkt über positive Beeinflussung der Krebserkrankung durch Viscum-Präparate berichtet. Aus diesem Grund soll versucht werden, experimentelle Ergebnisse mit den in der therapeutischen Behandlung erzielten Resultaten zu vergleichen.

Während sowohl die klinisch eingesetzten Arzneimittel als auch die verschiedensten Extrakte zum Abschluß dieses Kapitels beschrieben werden, soll am Beispiel des Iscador eine ausführlichere Darstellung eines Präparates aus Viscum album erfolgen. Das erste Mistelpräparat mit der Indikation Krebs unter dem Namen Iscador, das seit 1953 in der Schweiz als Spezialität registriert ist, entstand nach Steiners Angaben im Jahre 1926 (Steiner, 1965).

Die hier beschriebenen experimentellen Ergebnisse mit Iscador stammen zum größten Teil aus eigenen Untersuchungen, die durch Ergebnisse anderer Gruppen ergänzt werden (Rentea et al., 1981; Vester, 1977; Ribéreau-Gayon et al., 1984). Die klinischen Ergebnisse beruhen im wesentlichen auf Publikationen aus dem onkologischen Zentrum der Stadt Wien und aus der Lukas-Klinik in Arlesheim (Schweiz), die die umfassendsten und längsten Erfahrungen in der klinischen Anwendung haben.

Nach Iscador sind weitere Präparate aus Viscum album entwickelt worden, die neben Krebs gegen verschiedene andere Krankheiten empfohlen werden. Außer den klinisch eingesetzten Präparaten gibt es eine Vielzahl von Extrakten, die als prophylaktische Mittel empfohlen werden.

Die gegenwärtige Situation einer „Misteltherapie gegen Krebs" schildert treffend Franz (1985b) als er in einer Gegenüberstellung folgendes schreibt:

„Argumente von Gegnern und Befürwortern einer Misteltherapie des Krebses:

pro

- Komplexe Wirkung (zytostatisch, immunstimulierend)
- in zahlreichen Fällen Verlängerung der Überlebenszeit, Totalremissionen
- Besserung des Allgemeinzustandes, Schmerzlinderung, positive Lebenshaltung des Patienten, „beschwerdearmes Leben mit dem Tumor"

contra

- Wirkungsmechanismus bzw. Wirkstoffe nicht oder zu wenig bekannt
- Patientengruppen zu klein für statistische Signifikanz von Erfolgsresultaten
- Tierversuche einiger Autoren brachten keine Anhaltspunkte für eine signifikante „Antitumorwirkung"

2. Präparation und Konzentration des Iscador

Die heutige Form der Herstellung des Iscador basiert einerseits auf den Hinweisen Steiners, andererseits auf den Ergebnissen verschiedener inzwischen durchgeführter pharmakologischer, biochemischer und biologischer Untersuchungen sowie auf den klinischen Beobachtungen und Ergebnissen seit 1926. Die Iscador-Ursubstanz wird im Laboratorium „Hiscia" des Vereins für Krebsforschung Arlesheim wie folgt hergestellt: Die **Präparationsvorschrift** sieht folgende Schritte vor:

„Die Mistelernte erfolgt einmal im Sommer und einmal im Winter von den entsprechenden Vegetationsformen. Die Pflanzen werden an ausgewählten Orten Frankreichs und der Schweiz von verschiedenen Wirtsbäumen (Apfelbaum, Eiche, Ulme, Weißtanne und Kiefer) unter Aufsicht eines Biologen geholt, der für die Identität und die Kennzeichnung der verschiedenen Mistelarten verantwortlich ist.

Es werden jeweils die ein- bis zweijährigen Triebe der Mistelbüsche mit Stengeln, Blättern, Knospen, Blüten und Beeren verwendet. Die Pflanzen werden unter Kühlung transportiert und innerhalb von 24 Stunden nach der Ernte verarbeitet."

Weiter wird geschrieben:

„Die Herstellung bis zu einem Zwischenprodukt, ‚Viscum 50%‘, erfolgt unter aseptischen Bedingungen. Die zerkleinerten Pflanzenteile werden gewalzt und dem Gewicht entsprechend mit der gleichen Menge sterilem, destilliertem Wasser vermischt. Dieser Extrakt wird einer kontrollierten Milchsäuregärung unter Sauerstoffausschluß unterzogen.

Nach 4–6 Wochen ist der Gärprozeß, der bei *p*H 3,5–4 abläuft, zum Stillstand gekommen und die Zwischenprodukte, ‚Viscum 50% Wintersaft‘ und ‚Viscum 50% Sommersaft‘ werden bis zur Herstellung des Iscadors gelagert.

Zur Herstellung der 10%igen Iscador-Ursubstanz werden Viscum Sommer- und Wintersaft nach entsprechender Verdünnung in einer hochtourigen Maschine gemischt. Die Ampullierung erfolgt je nach Anwenderland im Laboratorium Hiscia des Vereins für Krebsforschung, Arlesheim, oder in den verschiedenen Laboratorien der Vertriebsfirma Weleda, in den für den klinischen Gebrauch notwendigen verschiedenen Verdünnungsstufen. Zur Sterilisierung wird entsprechend den Vorschriften der Länder entweder die Keimfiltration oder eine schonende Erwärmung benutzt.“

3. Anwendung und Dosierung von Iscador

Zur Anwendung und Dosierung werden von den Herstellern folgende Empfehlungen gegeben:

Nach ärztlichen Beobachtungen und Erfahrungen haben sich in der klinischen Anwendung 3 Indikationen für die Misteltherapie gegen den Krebs ergeben:

- Die prophylaktische Behandlung von Risiko-Patienten;
- die postoperative Rezidivprophylaxe, d. h. die adjuvante Therapie;
- die Behandlung inoperabler Tumoren.

Die Iscadortherapie ist differenziert und wird der Malignomart und Lokalisation sowie dem Tumorstadium angepaßt. Wesentlich für die Behandlung ist die stufenweise Steigerung der Konzentration der subkutan zu verabfolgenden Injektionen, die im Rahmen einer Serie gegeben werden.

Eine Isacador-Serie besteht aus 14 Ampullen, die in 2 Gruppen von 7 unterteilt sind. Man beginnt mit der schwächsten Konzentration und steigert diese in 7 Schritten (der meist jeden 2. Tag gegebenen Injektionen) bis zur gewünschten stärksten Konzentration. Nach einer Pause von 2 bis 3 Tagen beginnt man erneut mit der schwächsten Stufe und macht nach Erreichen der stärksten eine etwas längere Pause (5–7 Tage) bis zur nächsten Serie. Dieses Verfahren begünstigt die immunologische Wirkung. Die „Richtlinien für die Iscador-Behandlung“ (Leroi, 1984) orientieren über die Wahl der Präparate, die genaue Dosierung und sonstige Einzelheiten. Folgende Präparate stehen zur Verfügung:

Iscador-Sorten:

M	Qu	P	U c. Hg A
M c. Arg.	Qu c. Arg.	P c. Hg	
M c. Cu	Qu c. Cu		
M c. Hg	Qu c. Hg.		

Konzentrationen in den Serien:

1 Ampulle á 1 ml mit der Konzentration in St. (= Stufe) oder % von:	enthält bezogen auf die Frischpflanze:
St. 4	0,1 mg
St. 3	1 mg
St. 2	10 mg
2%	20 mg
3%	30 mg
5%	50 mg

Rezepturbeispiel:

Rp. Iscador M c. Arg. Serie I

M – Wirtspflanze der Mistel ist Malus (Apfel)

Qu – Wirtspflanze der Mistel ist Quercus (Eiche)

P – Wirtspflanze der Mistel ist Populus (Pappel)

U – Wirtspflanze der Mistel ist Ulmus (Ulme)

A – Wirtspflanze der Mistel ist Acer (Ahorn)

c. Arg, Cu, Hg — Zusatz von Metallsalzen

Jede Iscador-Sorte ist in drei Konzentrationsfolgen als Serie I, II und III erhältlich. Hiervon abweichende Konzentrationsfolgen können als 7er bzw. 14er Reihe verordnet werden.

Serie I:				
Konzentration	St. 4	St. 3	St. 2	
Stück	2×2	2×2	2×3	
Serie II:				je = 14 (2×7) Amp.
Konzentration	St. 3	St. 2	St. 2	
Stück	2×2	2×2	2×3	
Serie III:				
Konzentration	St. 2	2 %	3 %	
Stück	2×2	2×2	2×3	

4. Immunologische, biochemische und experimentelle Ergebnisse mit Iscador

Die experimentellen Untersuchungen wurden mit Iscador Qu 5 % durchgeführt.

a) Ermittlung der LD_{50}

Da über Zwischenfälle durch Toxinwirkung nach Iscador-Injektionen keine Hinweise in der Literatur vorlagen, wurde zur Bestimmung von LD_{50}-Werten bei Mäusen das unverdünnte Präparat subkutan gegeben:

Art: NMRI-Mäuse, weiblich, ∅-Gewicht: 30 g
n: 20 Tiere
Immunisierung: subkutan, dorsal, 0,2 ml/Tier
(das entspricht 10 mg Iscador/Tier)
Ergebnis: Nach 10 Tagen verhielten sich alle Tiere normal.

Eine 5fache Konzentrierung des Präparates Iscador durch Lyophilisieren brachte folgende Resultate (Tab. 52).

b) Ermittlung des Lektingehaltes in Iscador

Die Ermittlung der Lektinkonzentration erfolgte mit einem Enzymimmunoassay (EIA) unter Verwendung von Kaninchen-Antikörpern und Meerschweinchen-Antikörpern gegen die gereinigten Lektine aus Viscum album (K-Anti-VAA I, K-Anti-VAA II, M-Anti-VAA II).
Da aufgrund der relativ hohen immunogenen Identität von VAA I und VAA II Kreuzreaktivität auftrat, wurde nur mit Anti-VAA I geprüft:
(Angaben in ng Lektin/ml Iscador Qu 5 %)

Geprüfte Ampullen (n)	Mittelwert $\bar{x}$	Medianwert (M)	Bereich (R)
10	210	200	120–400

Auch Ziska et al. (1985) fanden bei verschiedenen Iscador-Proben (verschiedene Wirtsbäume, unterschiedliche Chargen) Konzentrationen um 200 ng Lektin je ml Iscador und als Vergleich etwa 4000 ng Lektin/ml in dem Mistelpräparat Helixor. Das in Iscador tatsächlich nur sehr wenig aktives Lektin vorhanden ist, zeigt auch Hofstetter (1985), der bei Agglutinationsversuchen (Nachweisgrenze liegt nicht im ng-Bereich) mit Iscador A, M, P, Qu und U (5 %) keine Agglutination fand. Auch Ribereau-Gayon et al. (1985) mit gel- bzw. affinitätschromatografischen Methoden (Nachweisgrenze auch oberhalb des μg-Bereiches) bzw. Hofstetter (1985) mit reversed-phase-Hochdruckflüssigkeitschro-

Tabelle 52 LD_{50}-Bestimmung von Iscador Qu 5 % an NMRI-Mäusen. Die intravenösen (i.v.) Injektionen erfolgten in die Schwanzvene der Mäuse, die subkutanen (s.c.) Injektionen erfolgten an vier Stellen in den Rücken
Die LD_{50} der Maus wurde mit 500 mg Iscador Qu 5 %/kg Maus bei intravenösen Injektionen und 1200 mg Iscador Qu 5 %/kg Maus bei subkutanen Injektionen ermittelt

Präparat Iscador 5fach konzentriert	Tiere (n)	Verstorbene Tiere Tag 1	2	3	4	5	6	7	8	9	10
50 mg i.v.	10	10									
25 mg i.v.	10	6	4								
12,5 mg i.v.	20	4	3	1	–	1	–	–	–	–	–
50 mg s.c.	10	3	1	–	–	–	–	–	–	–	–
25 mg s.c.	10	–	–	–	–	–	–	–	–	–	–

matographie (RP-HPLC) fanden keine VAA-I-Lektinpeaks im Iscador.
Es kann daraus geschlossen werden, daß in Iscador die noch vorhandenen Lektine unterhalb 1 μg/ml liegen.

c) Die kanzerostatische Wirkung an Tumorzellen

Die kanzerostatische Wirkung an Tumorzellen wurde in einer Ehrlich-Aszites-Tumor-Zellinie geprüft, wobei entsprechende Untersuchungen von SAMTLEBEN et al. (1984), die eine Tumorhemmung mit den gereinigten Lektinen aus Viscum album fanden, als Vergleich diente. Entsprechend der dort beschriebenen Versuchsanordnung wurde mit Konzentrationen zwischen 10 und 100 μg Iscador Qu 5% gearbeitet, wobei 30 μg Iscador eine 50%ige Wachstumshemmung der Tumorzellen bewirkte. Ein Vergleich der Tumorhemmung durch gereinigte Lektine und dem Lektingehalt von Iscador läßt den Schluß auf einen entscheidenden Lektineinfluß bei der Tumorwachstumshemmung zu (s. Kap. C. III. 4.). Hier sei auch auf die Arbeiten von RIBÉREAU-GAYON et al. (1984) verwiesen, der ähnliche Tumorwachstumshemmraten im Vergleich mit Iscador und Viscum-Lektinen erzielte.

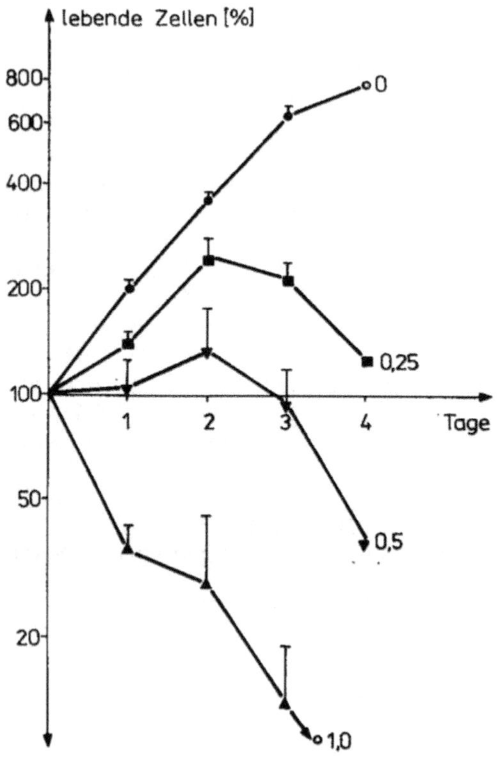

Abb. 71 Zytotoxischer Effekt von Iscador Quercus auf das Wachstum von Rattenhepatomzellen (HTC) in Kultur.
0 = kein Iscador; 0,25 = 0,25 μg Iscador; 0,5 = 0,5 μg Iscador; 1,0 = 1,0 μg Iscador (je ml Zellkultur)

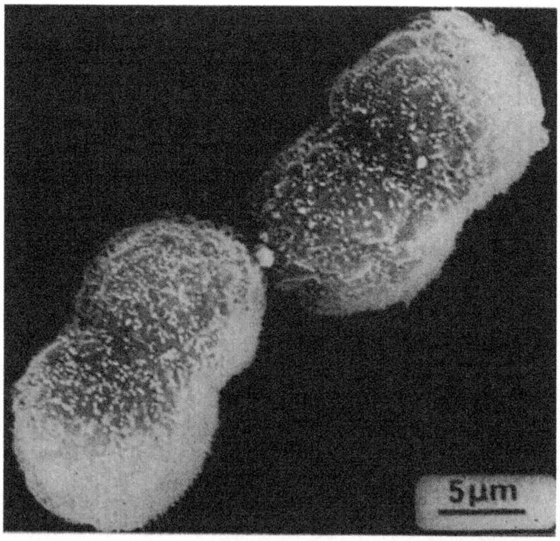

Abb. 72 Rasterelektronenmikroskopisches Bild von Rattenhepatomzellen vor dem Kontakt mit Iscador

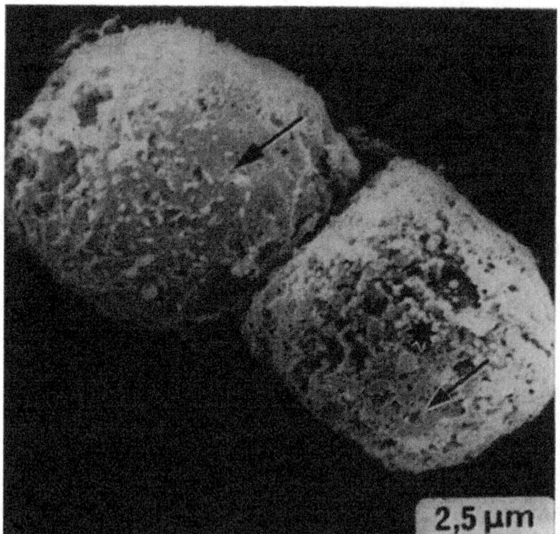

Abb. 73 Rasterelektronenmikroskopisches Bild von Rattenhepatomzellen, 1 h nach Iscadorzugabe

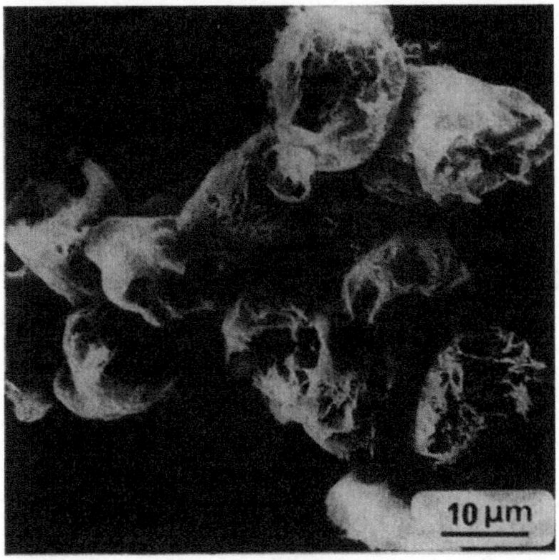

Abb. 74 Rasterelektronenmikroskopisches Bild von Rattenhepatomzellen 24 h nach Iscadorzugabe

Neuere Ergebnisse (RIBÉREAU-GAYON et al., 1986) zeigten, daß neben einer lektinanalogen Wirkung auch eine viscotoxinanaloge Wirkung mit dem Präparat Iscador zu erzielen ist. Die Autoren erzeugten in vitro in Zellkulturen (HTC) eine dosisabhängige Lyse maligner Zellen (Abb. 71).
Die Autoren konnten zeigen, daß im Phasenkontrastmikroskop die Auflösung der vorher intakten Zellmembran sichtbar wird. Deutlicher wird der Prozeß mit der Rasterelektronenmikroskopie. Die Abb. 72 zeigt intakte Zellen des Rattenhepatoms, HTC, gegen Ende der Teilungsphase mit ihren Zotten. Nach Zusatz von Iscador beginnt nach 1 h eine stellenweise Durchlöcherung der Zellmembran (Abb. 73). Nach 24 h sind die Zellen vollständig aufgelöst (Abb. 74).

d) Prüfung der Stimulierbarkeit menschlicher Lymphozyten

Die Prüfung der Immunstimulation menschlicher Lymphozyten wurde mit dem Lymphozytentransformationstest (LTT) vorgenommen.

Der LTT wurde in der von KRAMER et al. (1979) beschriebenen Mikromodifikation durchgeführt, wobei als Kontrollen die Stimulierbarkeit durch das Lektin aus Ph. vulgaris (PHA) gemessen wurde. Als Zellzüchtungsmedium diente RPMI 1640 (Gibco), als Gradmesser der Stimulierung diente der H^3-Thymidineinbau in die Zelle (ein mehr als 2facher Anstieg des H^3-Thymidineinbaues gegenüber der Spontaneinbaurate als Kontrolle wurde positiv gewertet). Je Patient wurden 8 verschiedene Iscador-Konzentrationen getestet, darüber hinaus je eine PHA-Kontrolle. Je Ansatz wurden 4 ml RPMI-Medium mit 30 µl Iscador gemischt und in Verdünnungsstufen zwischen 0,37–0,005 µl Iscador zu etwa 150000 Zellen gegeben. Alle Ansätze erfolgten 3fach, so daß 24 Kulturen mit Iscador je Patient gemessen wurden.

Lymphozyten von je 10 gesunden Personen und 10 Patienten mit Bronchialkarzinom wurden untersucht, zwischen beiden Gruppen bestand kein signifikanter Unterschied. Allgemein konnte eine deutliche Immunstimulation beobachtet werden:
16 Probanden zeigten einen >2fachen Anstieg (Thymidineinbau)
3 Probanden zeigten einen 2fachen Anstieg (Thymidineinbau)
1 Patient zeigte keinen Anstieg.

HAJTO und LANZREIN, 1983, 1985) berichteten weiterhin über eine Aktivierung einer Lymphozytensubpopulation, den „large granular lymphocytes" (LGL), die sowohl eine von Antikörpern abhängige Zytotoxizität besitzen (ADCC) als auch selbst Zellen direkt vernichten können und somit NK-Zellfunktion (NK – Natural Killer) (ERMELIN, 1980) haben.
Durch intravenöse Infusionen von 2%igem Iscador werden diese Aktivitäten deutlich stimuliert, wie aus dem Immunogramm ersichtlich wird (HAJTO und LANZREIN, 1983). Bei 21 Patienten mit fortgeschrittenem Mammakarzinom, die bisher unter diesen Bedingungen untersucht wurden, zeigten die Immunogramme stets den gleichen Duktus (Abb. 75): Nach einem Temperaturanstieg bis ca. 39–40° erfolgte kurz darauf eine Verdoppelung bis Verdreifachung der Leukozytenzahl. Danach zeigte sich ein kurzfristiger Abfall der Lymphozytenzahl. Am nächsten Tag begann ein kräftiger Anstieg der NK- und ADCC-Aktivität der LGL mit langsamem Absinken in den weiteren Tagen. Interessant sind Berichte von BASH, daß nach einmaliger Injektion von Leukozyteninterferon bei Patienten mit fortgeschrittenem Karzinom eine ähnliche Kurve in bezug auf NK- und ADCC-Aktivität gemessen wurde (BASH et al., 1983).

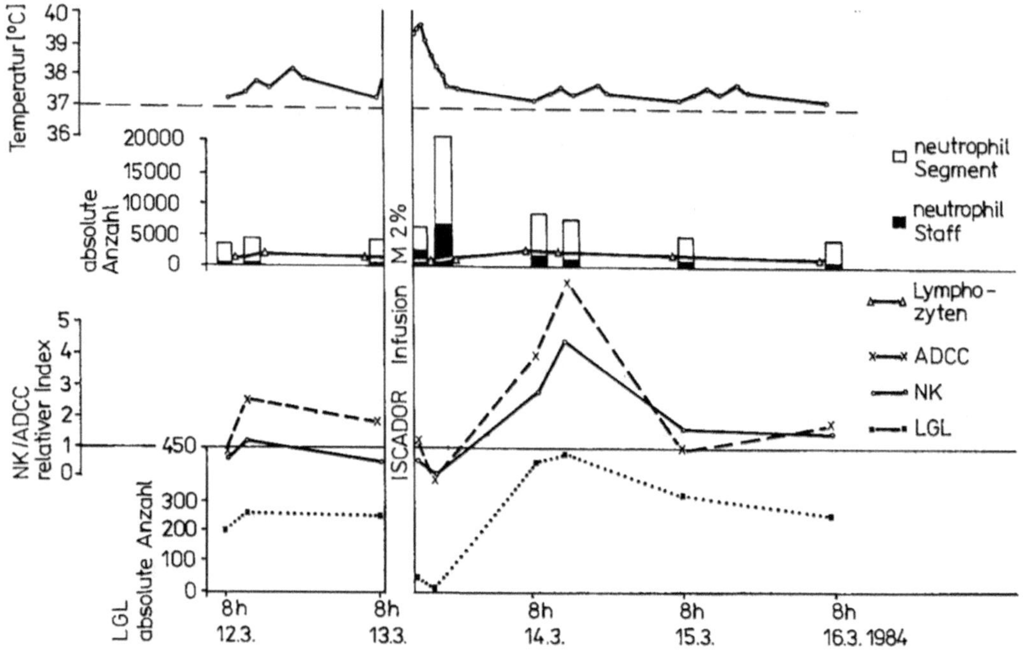

Abb. 75 Immunogramm einer 53jährigen Patientin mit Mammakarzinom, Stadium IV, mit Killer-Zell-Aktivitäten (Lukas-Klinik, Arlesheim)
NK: natürliche Killerzell-Aktivität, LGL: „large granular lymphocytes", ADCC: Antikörperabhängige Zytotoxizität

e) Einfluß auf die Phagozytoseaktivität

Der Einfluß auf die Phagozytoseaktivität wurde nach der von Süss et al. (1982) beschriebenen Methode durchgeführt, wobei die Isolierung der mononukleären Zellen (MNZ) und Granulozyten (G) nach der von Böyum (1974) beschriebenen Methode vorgenommen wurde (s. Kap. C. VI.).
Der Test beruht auf der Messung der Phagozytose von opsonierten Zellen von S. cerevisiae (Hefe) durch humane MNZ und G, wobei nach der Phagozytose die extrazellulär verbliebenen Hefezellen mit ^{75}Se-Selenomethionin markiert und so leicht bestimmt werden können. Da in diesem System durch die Lektine aus Viscum album als auch durch andere Lektine oder Immunmodulatoren über spezielle Rezeptoren auf der Zellmembran Einfluß auf die Phagozytoseaktivität genommen werden kann (s. Kap. C. VI.), können Rückschlüsse auf unspezifische Immunabwehrmechanismen gezogen werden. Die ungeraden Iscadorkonzentrationen in der folgenden Tabelle ergeben sich durch die anschließende Einstellung auf eine definierte Zellzahl. Es wurden MNZ (95 % Lymphozyten, 5 % Monozyten) und G von 30 Patienten mit Bronchialkarzinom, Sarkoidose und Gesunde untersucht, wobei keine signifikanten Unterschiede in der Phagozytoseaktivierung durch Iscador bei Granulozyten gefunden wurden. Iscador Qu wurde in den Konzentrationen von 1 mg und 2 mg/ml eingesetzt (1 Ansatz enthielt je 0,5–4 $\times 10^6$ MNZ bzw. 0,5–3 $\times 10^6$ G je ml).
Bei der MNZ-Fraktion kam es zu einer differenzierten Aktivierung der Phagozytose durch Iscador gegenüber PBS als Kontrolle:

Iscador

1 mg/ml			2 mg/ml		
Tm	Sa	N	Tm	Sa	N
93,7	126	86,2	86,2	111	74

PBS
(Kontrolle)

Tm	Sa	N
100	100	100

Zahlenangaben: Phagozytoseindex (in % zu PBS)
Tm: Patienten mit Bronchialkarzinom
Sa: Patienten mit Sarkoidose
N: Gesunde Freiwillige

Von KHWAJA et al. (1983) wurden Experimente in vivo im National Cancer Institute (USA) durchgeführt. Bei Mäusen mit L 1210-Leukämie und subkutan transplantierten Melanomen zeigte sich keine deutliche Wirkung des Iscador. Hingegen ergab die Vorbehandlung mit Iscador bei Mäusen mit Sarkom 180, die Behandlung von Mäusen mit Ehrlich-Aszites-Karzinom und Adenokarzinom des Kolons und der Mamma sowie vor allem die Behandlung des sehr aggressiven Lewis lung tumors statistisch signifikante Lebensverlängerungen (Abb. 76) und beim Lewis lung tumor oft Tumorremissionen, die die Wirkung des 5-Fluorouracil übertrafen (Abb. 77).

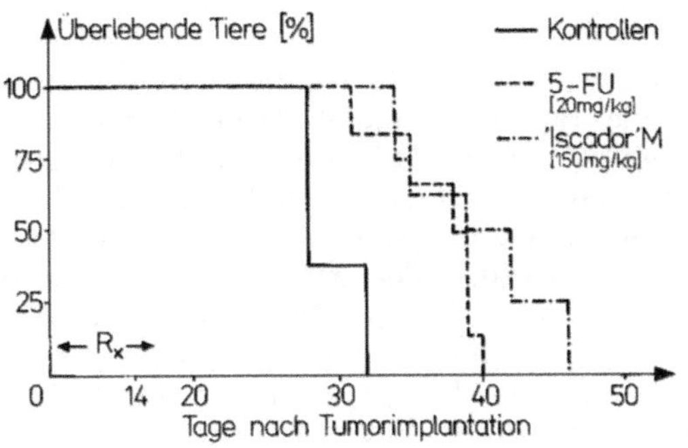

Abb. 76. Effekt von 5-Fluor-Uracil (FU) und Iscador M (M: Mali) auf die Überlebenszeit von BDF_1 weiblichen Mäusen mit subkutan transplantierten Lewis Lungenkarzinom

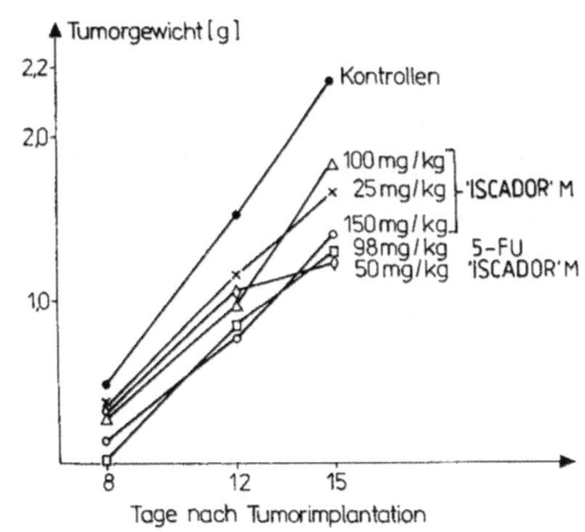

Abb. 77 Effekt von verschiedenen Konzentrationen von Iscador M (M: Mali) und 5-Fluor-Uracil (FU) auf das Tumorgewicht von subkutan transplantierten Lewis Lungenkarzinom bei weiblichen BDF_1-Mäusen

f) Prüfung hinsichtlich histaminfreisetzender Substanzen aus menschlichen basophilen Granulozyten

Die Untersuchungen zur Histaminfreisetzung (HF) bzw. auch zur HFI erfolgten nach der von LICHTENSTEIN et al. (1964) und SEHRT et al. (1977) beschriebenen Methode, wobei zu einer 2-ml-Granulozytensuspension Iscador in unterschiedlichen Konzentrationen gegeben wurde (1 mg, 2,5 mg und 5 mg).
Es wurde sowohl eine histaminfreisetzende Eigenschaft als auch die Hemmung einer durch Allergene induzierten Freisetzung untersucht. Im peripheren Blut kommt Histamin nur in den basophilen Granulozyten vor, deren Anteil etwa 0,5 % der Gesamtleukozytenpopulation beträgt. Sie bilden das Ausgangsmaterial für die Bestimmung der allergeninduzierten Histaminfreisetzung zur In-vitro-Diagnostik des allergischen Asthma bronchiale und stellen darüber hinaus ein ausgezeichnetes System für die Testung antiallergischer, freisetzungshemmender oder umgekehrt freisetzungsinduzierender Eigenschaften von interessierenden Substraten dar, wie im vorliegenden Fall das Iscador. Es konnte gezeigt werden, daß die Kinetik, Biochemie und Morphologie der Degranulation von Rattenmastzellen sich in manchen Aspekten anders verhält als die von basophilen Granulozyten und Mastzellen des Menschen und anderer Spezies (DVORAK et al., 1984). Das bedeutet, daß die Zielzellen der anaphylaktischen Reaktion in ihrer Antwort auf einwirkende Histaminliberatoren oder antiallergische Verbindungen differieren können. Daraus ergaben sich vor der Iscadorprüfung 2 wichtige Konsequenzen für klinische Fragestellungen: Die am Modell der tierischen Zellen gewonnenen Ergebnisse reichen nicht aus, um vorhersagen zu können, ob (a) eine gegebene Substanz beim Menschen als

Tabelle 53 Histaminfreisetzung (HF) aus basophilen Granulozyten von 22 Patienten ohne vorherigen Iscador-Kontakt

Patienten (n)		HF[1] durch Iscador	HF durch Allergene	HF durch Anti-IgE	HF nach Vorinkubation mit Iscador		
					1 mg	2,5 mg	5 mg
		%	%	%	%	%	%
10	M	2	67		32	24	12
	R	0–5	18–90		6–44	3–36	0–34
12	M	2		52	24	10	9
	R	0–5		12–78	4–30	4–24	0–18

M = Medianwert, R = Bereich

[1] Die Histaminfreisetzung wird bezogen auf das gemessene Gesamthistamin der Zellen, abzüglich einer Spontanfreisetzung, die durch den jeweiligen Versuchsansatz bedingt ist (SEHRT et al., 1977).

Histaminreleaser wirkt bzw. eine Releaseraktivität auszuschließen ist und ob (b) gefundene antiallergische Eigenschaften auch an Humanzellen wirksam werden. So war es unumgänglich notwendig, für die entsprechenden Testungen des Iscador humane Leukozytensuspensionen heranzuziehen. Zielzellen der allergischen Reaktionen sind üblicherweise die Mastzellen des Gewebes und die basophilen Granulozyten des peripheren Blutes. Sie zeichnen sich durch eine Reihe gemeinsamer funktioneller Eigenschaften aus, deren wichtigste das Vorhandensein spezifischer Rezeptoren für Antikörper der IgE-Klasse (früher als Reagine bezeichnet) auf der Membran dieser Zellen ist (s. Kap. C. VIII.).

Basophile Granulozyten und Mastzellen verfügen, wie bereits erwähnt, über ein intrazelluläres System für die Bindung und Ablagerung von Histamin, einem der wichtigsten Mediatoren der allergischen Reaktion.

Es wurden 22 Patienten mit insgesamt 192 Untersuchungen ausgewertet, wobei in Histaminfreisetzung, allergeninduzierte Freisetzungshemmung und nichtallergeninduzierte Freisetzungshemmung (Anti-IgE) unterschieden wurde.

In keinem der untersuchten Fälle kam es zu einer Histaminfreisetzung – was aufgrund der Erkenntnisse mit Viscum-Rohextrakten verwundert. Wahrscheinlich gehen die auch von VESTER et al. (1968a) beschriebenen „Allergene“ der Mistel während des Gärungsprozesses des Iscador verloren. Die Rolle der niedermolekularen Toxine, die unspezifisch toxisch und somit histaminfreisetzend wirken müßten, bleibt ungeklärt – es sei denn, sie werden durch die vorhandenen Lektine des Iscador durch Auto-Aggregation (Präzipitation) an einem Zellkontakt gehindert, wie das auch bei der Histaminfreisetzungshemmung durch Lektine der Fall ist (LUTHER, 1982).

Iscador hemmte jedoch in fast allen Proben eine allergeninduzierte HF (Pollen, Schimmel, Hausstaub) bzw. eine anti-IgE-induzierte Histaminfreisetzung (2 Allergiker mit sehr hoher allergeninduzierter HF blieben durch Iscador unbeeinflußt (Tab. 53). Nach den vorliegenden Ergebnissen bewirkt Iscador keine Histaminausschüttung im Blut (über Basophile). Die bekannten Erytheme um den Injektionsort bei Iscador-Injektionen laufen über die Histaminausschüttung der Mastzellen ab und unterscheiden sich offensichtlich von dem Freisetzungsmechanismus aus basophilen Granulozyten bzw. Leukozyten im Blut.

5. Klinische Ergebnisse mit Iscador bei der Behandlung von Tumorerkrankungen

Die 60jährige Erfahrung mit Iscador führte zu den folgenden 3 Indikationsbereichen, deren Resultate nachfolgend dargestellt werden:

a) Prophylaktische Behandlung von Risikopatienten

Zu dieser Gruppe gehören erblich belastete und karzinogenen Einflüssen ausgesetzte

Patienten sowie Patienten mit Präkanzerosen. Hier wird berichtet, daß durch regelmäßig durchgeführte Iscadorbehandlung fast immer die maligne Entartung zu verhindern und in vielen Fällen auch die präkanzeröse Veränderung zur Rückbildung zu bringen ist, wie z. B. Papillomatosen der Blase, gewisse Mammadysplasien und Metaplasien des Portioepithels.
Da die Gruppenbildung gleichartig gelagerter Fälle hier äußerst schwierig ist, beruht die Aussage über die Wirksamkeit bei dieser Indikation auf der eingeschätzten Erfahrung sehr vieler Einzelbeobachtungen (Lukas-Klinik, Arlesheim).

b) Adjuvante Therapie

Sie ist das Hauptanwendungsgebiet der Mistelbehandlung. Bisher wurde die Iscadortherapie mit dieser Indikation in 19 Studien an 9 verschiedenen Lokalisationen in 6 verschiedenen Kliniken geprüft.
Doch zeigen sich hier gewisse Schwierigkeiten von Arbeitsgruppen, die eine noch nicht offiziell anerkannte Methode vertreten. Trotz vieler Probleme in der Aussage bei randomisierten, prospektiven und kontrollierten Studien (Hornung, 1982; Taylor et al., 1984), werden diese von onkologischer Seite heute weiterhin als gültiges Kriterium für die Wirksamkeit eines Medikaments betrachtet. Aus ethischen Gründen ist es den meisten mit Mistelpräparaten arbeitenden Kliniken nicht möglich, ein Präparat, das den Patienten erfahrungsgemäß hilft, bei der Hälfte der Patienten gegen ein Plazebo zu vertauschen.
Die meisten Studien sind folglich retrospektiv ohne Randomisation. Diese Situation schildert Hornung (1982) wie folgt:
„An anthroposophischen Kliniken werden Vergleichsstudien mit Zufallszuteilungen nicht durchgeführt, da man dort keinem Patienten die Misteltherapie vorenthalten möchte. In den anderen Häusern stößt man jedoch weitgehend auf Ablehnung der Misteltherapie, die es nicht einmal wert sei, sich damit ernsthaft auseinanderzusetzen. Zugleich erhebt man den Vorwurf, die Wirksamkeit sei „wissenschaftlich nicht bewiesen“. Hornung (1982) schreibt weiter:
„Wenn ich die vorliegende Literatur zusammenfasse, so komme ich bei vorsichtiger Einschätzung zu folgendem Ergebnis: Eine Verlängerung der Lebenserwartung durch die Mistel ist mit einem hohen Grad von Wahrscheinlichkeit anzunehmen. Hinzu kommt die immer wieder beschriebene Verbesserung der Lebensqualität der Patienten. Daraus ergibt sich, daß der Misteltherapie große Aufmerksamkeit geschenkt werden sollte.“
Die im folgenden Abschnitt gezeigten Therapieerfolge mit Iscador (geordnet nach Krankheitsbildern) schildern den gegenwärtigen Stand, der aus verschiedenen Publikationen zusammengestellt wurde.
Zum **Mammakarzinom** wurde bei einer retrospektiven Studie der Lukas-Klinik, Arlesheim (Leroi, 1977) die Wirkung der adjuvanten Iscadortherapie bei 447 operierten Mammakarzinompatienten der Stadien I und II (TNM-System) bewertet.
319 Patienten erhielten eine regelmäßige, 228 Patienten aus verschiedenen Gründen keine oder nur eine insuffiziente Iscadorbehandlung. Sie dienten als Kontrollgruppe (Abb. 78).

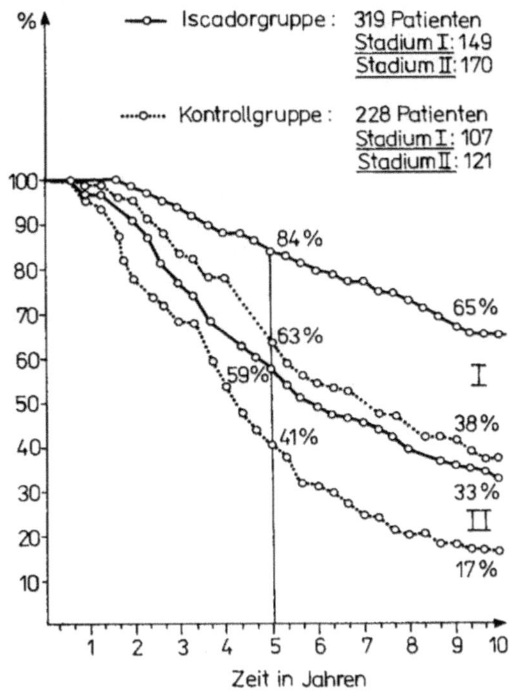

Abb. 78 Adjuvante Behandlung von Patienten mit Mamma-Karzinom, Stadium I und II mit Iscador. Überlebenskurven. Lukas-Klinik, Arlesheim (1963–1977)

Tabelle 54 Art der Behandlung mit Iscador bei einer Studie zur Nachbehandlung des operierten Mammakarzinoms (Lukas-Klinik, Arlesheim)

Gruppe, Stadium	Iscador-Gruppe Stadien I und II 319 Patienten	Kontrollgruppe Stadien I und II 228 Patienten
Radikale Operation	265 (83 %)	214 (94 %)
Einfache Mastektomie	24 (8 %)	7 (3 %)
Teilresektion	30 (9 %)	7 (3 %)
Bestrahlt	189 (59 %)	181 (79 %)
Ovarektomie	13 (4 %)	11 (5 %)
Hormonelle Nachbehandlung	17 (5 %)	8 (4 %)
Zytostatika	28 (9 %)	21 (9 %)

Bei der Iscador-Gruppe handelte es sich um Mammakarzinompatienten der Stadien I und II, die operiert wurden und bei denen histologische Untersuchungen vorlagen. Nicht aufgenommen wurden Doppeltumoren. Die Kontrollgruppe rekrutierte sich aus Iscadorverweigerern (als Grund wurde angenommen: Abraten durch Hausarzt, Abneigung gegen Injektionsbehandlung, fehlende Einsicht in die Notwendigkeit einer Prophylaxe). Die Gruppen waren in bezug auf Stadien, Histologie und Altersverteilung vergleichbar (Tab. 54).

Die postoperative Anwendung von Iscador hat bei dieser Studie zu einer statistisch signifikanten Verbesserung der 5- und 10-Jahres-Überlebensrate beim Stadium I und II geführt. Es liegen Untersuchungen vor, die für konventionell behandelte Gruppen von Patienten mit Mammakarzinom der Stadien I und II eine längere Überlebenszeit als die der genannten Iscadorgruppen ergeben (Meyers, 1973). Vergleiche sollten aber nur innerhalb der Patientengruppen *einer* Klinik vorgenommen werden, um möglichst viele subjektive Kriterien auszuschließen.

Eine kleine, randomisierte Pilotstudie beim operierten Mammakarzinom Stadium III aus dem Ludwig-Boltzmann-Institut für Klinische Onkologie der Stadt Wien-Lainz ergab einen Unterschied zugunsten des Iscador im Vergleich zu einer Gruppe nachbestrahlter Patienten. Alle 10 bestrahlten Patienten sind nach 6 Jahren gestorben, während von den 21 Iscador-Patienten 5 im Durchschnitt $7^1/_2$ Jahre nach der Operation rezidivfrei lebten (Salzer, 1981a, b).

Zum **Magenkarzinom** wurde am Ludwig-Boltzmann-Institut für Klinische Onkologie in Wien von 1974–1979 eine prospektive randomisierte und kontrollierte Studie beim operierten Magenkarzinom der Stadien II und III und ohne Lymphknotenmetastasen durchgeführt (Salzer und Havelec, 1983). Eine adjuvant mit Iscador behandelte Gruppe wurde einer Kontrollgruppe ohne Nachbehandlung gegenübergestellt (Abb. 79).

1968 publizierten Günczler et al. Ergebnisse über eine Nachbehandlung operierter Magenkarzinome mit Iscador. Es handelte sich dabei um 168 Fälle, die in der Zeit von 1958–1962 an der 1. Chirurgischen Abtei-

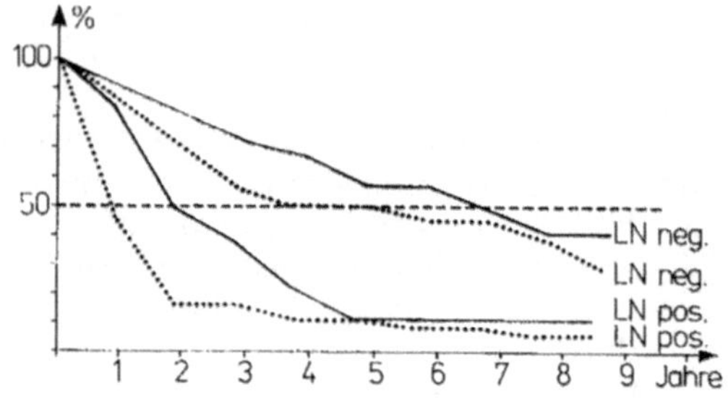

Abb. 79 Überlebenskurven von Patienten mit operiertem Magenkarzinom am Institut für Klinische Onkologie in Wien (1974–1983).
- Lymphknoten – negative Patienten (LN neg. mit Iscadorbehandlung: n = 27, M = 81,7; Kontrollen: n = 38, M = 60,1
- Lymphknoten – positive Patienten (LN pos.) mit Iscador: n = 26, M = 22,5; Kontrollen: n = 37, M = 10,4

M = Mediane Überlebenszeiten in Monaten
———: Iscador, ·······: Kontrollen

Tabelle 55 Überlebensraten in Monaten von mit Iscador behandelten Patienten und Kontrollen (Onkologisches Zentrum der Stadt Wien)

	Medianwerte in Monaten			
	Lymphknoten, positiv		Lymphknoten, negativ	
	Iscador	Kontrolle	Iscador	Kontrolle
1968	20	12	58	45
1982	20	10	65	44

lung des Krankenhauses Wien-Lainz operiert und zum Teil mit Iscador nachbehandelt wurden.

Der Vergleich der Medianwerte der Überlebenszeiten in Monaten bei dieser Studie mit den neueren, randomisierten Ergebnissen (1982) zeigt Tabelle 55.

Die weitgehende Ähnlichkeit der Resultate bei beiden Patientengruppen spricht für die Richtigkeit der Aussage beider Studien und für eine Wirksamkeit der Behandlung.

Die Iscadorbehandlung ergab bei Patienten ohne Befall der regionären Lymphknoten einen kleinen, nicht signifikanten Unterschied zur Kontrollgruppe, bei den lymphknotenpositiven Patienten ist der Unterschied zugunsten der Iscadorbehandlung statistisch signifikant.

Zum **Bronchialkarzinom** wurden von 1969 bis 1971 an der chirurgischen Station des Pulmologischen Zentrums der Stadt Wien 77 Patienten mit Bronchuskarzinomen verschiedener Stadien operiert (Salzer und Havelec, 1978). Die eine Hälfte der Patienten wurde aus der internen Abteilung des Pulmologischen Zentrums überwiesen, die andere Hälfte wurde der chirurgischen Station direkt zugewiesen. Stadieneinteilung und histologische Diagnose wurden für beide Gruppen vom gleichen Pathologen durchgeführt (Abb. 80).

In der statistischen Auswertung (s. Abb. 80) wurden alle resezierten aus dem Krankenhaus entlassenen Patienten aufgenommen. Zur Prüfung der Vergleichbarkeit beider Patientengruppen wurden folgende Einflußgrößen untersucht:

1. Alter
2. Tumorstadium nach dem TNM-System
3. Histologischer Typ

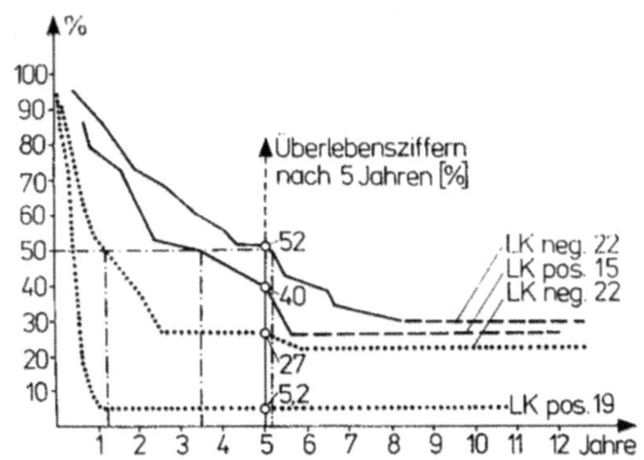

Abb. 80 Bronchialkarzinomstudie (1969 bis 1982). Ergebnisse mit Überlebenskurven von Patienten einer Wiener Klinik.
LK: Lymphknoten, ———: Iscador,
······: Kontrollen

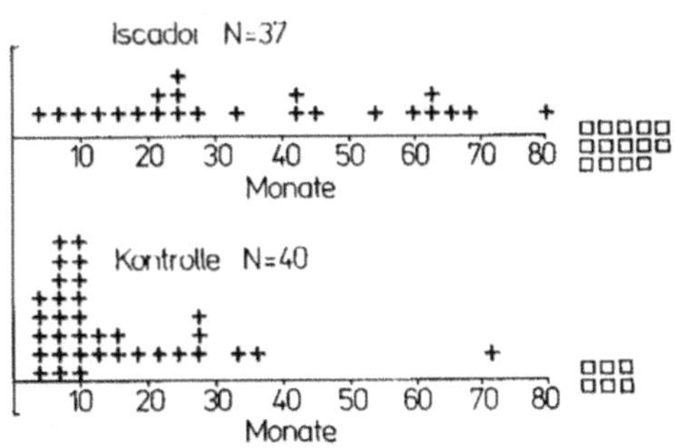

Abb. 81 Bronchialkarzinomstudie. Ergebnisse mit Überlebenszeiten von Patienten einer Wiener Klinik. Zusammenstellung aller Fälle mit operiertem Bronchialkarzinom
+ verstorbene Patienten
□ lebende Patienten

Aus keinem der untersuchten Faktoren ließen sich zwingende Unterschiede zwischen der Iscador- und der Kontrollgruppe erkennen. So erscheint ein Vergleich beider Gruppen hinsichtlich ihrer Überlebenszeit gerechtfertigt, obwohl es sich nicht um eine randomisierte Patientenauswahl handelte.

Nach Aussagen der Untersucher (Statistisches Institut der Universität Wien) sind nach 5jähriger Beobachtungszeit die Unterschiede in den Überlebensquoten statistisch signifikant ($p < 0{,}01$), besonders bei den lymphknotenpositiven Gruppen. Eindrucksvoll erscheint auch die Übersicht der Überlebenszeiten aller 77 Fälle, wie sie in Abb. 81 gezeigt wird.

In einer weiteren randomisierten Pilotstudie (Salzer, 1981a, b) aus der 1. Chirurgischen Abteilung des Krankenhauses Wien-Lainz beim operierten lymphknotennegativen Bronchialkarzinom lebten 6 Jahre nach der Operation von der Iscador-Gruppe 8 von 12 Patienten (66 %), von der Kontrollgruppe 4 von 14 Patienten (28,5 %).

Aufgrund der guten Resultate in der adjuvanten Behandlung des Bronchialkarzinoms in Wien am Boltzmann-Institut wurde dort 1983 eine multizentrische randomisierte Studie zur adjuvanten Iscador-Behandlung begonnen, deren Resultat noch aussteht.

Im Rahmen der sogenannten Problemtumoren nimmt das **Ovarialkarzinom** eine besondere Stellung ein. Frühere Ergebnisse (zwischen 1930 und 1972) zeigten, daß die Sterberate bei dieser Tumorart in den USA auf das $2^1/_2$fache angestiegen ist (Decker, 1973).

Trotz gewisser Erfolge der Chemotherapie rechtfertigt sich aber jede Bemühung um eine Verbesserung der Überlebenschancen. In diesem Sinn wurden aus dem Krankengut der Lukas-Klinik, Arlesheim, die Resultate beim Ovarialkarzinom I und II (FIGO)

Tabelle 56 Überlebensstatistiken bei Ovarialkarzinom, Stadium I und II (Lukas-Klinik, Arlesheim 1981)

Autoren und Institutionen	Art der Behandlung	Anzahl der Patienten Stadium I und II	Stadium I Überlebensrate nach 5 Jahren	n	Stadium II Überlebensrate nach 5 Jahren	n
Annual Report an 45 Kliniken (Inklusive Grenzfälle)	Operation Bestrahlung	2267	a 72 % b 62 %	779 312	a 52 %	207
Radiumhemmet Stockholm, 1977	Zytostatika		c 57 %	108	b–c 37 %	861
Decker (Rochester, 1973)	Operation Bestrahlung Zytostatika	361	74 %	266	46 %	95
Kucera (Wien, 1980)	Operation Bestrahlung	129	45 %	82	19 %	47
Nobel (Freiburg, 1972)	Operation Bestrahlung Zytostatika	49	40 %	20	12 %	29
Sahlgrenska Sjukhuset (Gothenburg, 1977)	Operation Bestrahlung Zytostatika	181	68 %	97	40 %	84
Timm (Hetsingborg, 1973)	Operation Bestrahlung	39	75 %	24	33 %	15
Durchschnitt		3026	67 %	1688	38 %	1338
Lukas-Klinik (Arlesheim, 1981)		49	73 %	31	53 %	18

der Jahre 1968–1981 zusammengestellt (LEROI und HAJTO, 1982). Tabelle 56 zeigt eine Zusammenstellung des Vereins für Krebsforschung, Arlesheim (Schweiz) dieser Ergebnisse mit Resultaten zu Überlebensstatistiken aus anderen Arbeiten im Vergleich (Tab. 56).
Bei einem Vergleich einer zusätzlichen Behandlung mit Iscador (Strahlen und Zytostatika, mit denen Iscador kombiniert

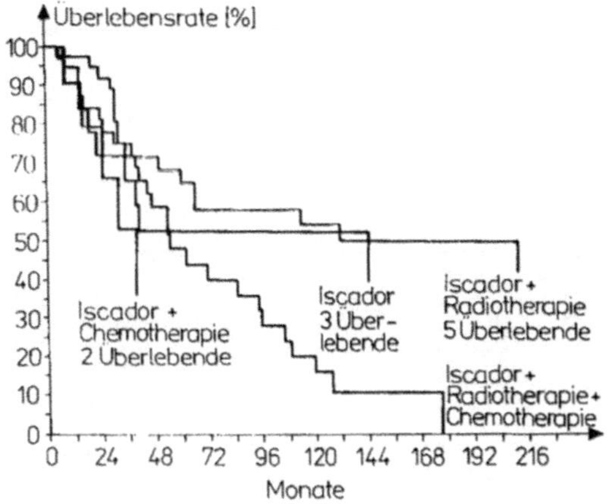

Abb. 82 Überlebenskurven von Patientinnen mit Ovarialkarzinom im Stadium I und II, differenziert nach Therapieform.
(Iscador + Röntgen: n = 31, Iscador allein: n = 18, Iscador + Chemotherapie n = 10, Iscador + Röntgen + Chemotherapie n = 35)

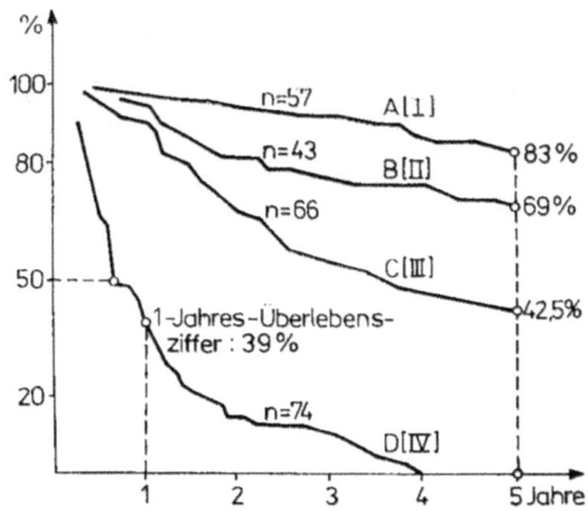

Abb. 83 Kolo-rektale Karzinome. Statistik der Lukas-Klinik, Arlesheim. 240 Patienten in den Stadien I–IV, die postoperativ intensiv mit Iscador behandelt wurden. Operationsjahrgänge von 1962–1983

werden kann) zeigt die Zusammenstellung des Krankengutes der Lukas-Klinik in Arlesheim (Abb. 82), daß im Stadium I und II Iscador allein oder in der Kombination mit Bestrahlung Vorteile gegenüber der zytostatischen Therapie haben kann (SCHREIBER und STUMPF, 1984).
Die Therapieergebnisse bei **kolo-rektalen Karzinomen** sollten besonders beachtet werden, da diese Malignome in den letzten Jahren sehr zunahmen und die Ergebnisse der Chemotherapie dabei wenig ermutigend sind (HARTENSTEIN et al., 1981).
HOFFMANN und HAJTO (1984) untersuchten die Verläufe aller Patienten der Lukas-Klinik mit kolo-rektalen Karzinomen, die ausreichend mit Iscador behandelt wurden. Die Ergebnisse dieser Autoren sind in Abb. 83 zusammengestellt.
In der eben genannten Studie der Lukas-Klinik wurde auf eine Kontrollgruppe verzichtet, da sich vor allem für die früheren Stadien nur wenige Patienten finden ließen, die ungenügend behandelt waren, und diese eine so schlechte Überlebenszeit hatten, daß zusätzliche Faktoren wohl die Prognose verschlechterten. Die Vergleiche waren daher nur mit Angaben aus der Literatur möglich.

	Stadium I	Stadium II	Stadium III
Durchschnitt aus 15 repräsentativen Statistiken der Literatur	74 %	62 %	32 %
Lukas-Klinik 1983	83 %	69 %	42 %

An dem Krankengut von 240 Patienten konnte gezeigt werden, daß die 5-Jahres-Überlebensraten mit adjuvanter Iscador-Behandlung über den Zahlen der Literatur liegen (zit. nach HOFFMANN und HAJTO, 1984).

c) Tumorbehandlung

Bisher wurden etwa 13 Studien bei 8 verschiedenen Lokalisationen an 3 verschiedenen Kliniken für diese Indikation durchgeführt.

Bei der Beurteilung der Tumorbehandlung mit Mistelpräparaten zeigt sich ein grundlegender Unterschied zwischen der antroposophischen Betrachtungsweise und der konventionellen Behandlung, der mit dem Gesamtbild, das sich der Arzt von einer Krankheit macht, in diesem Falle vom Krebs, zusammenhängt. Die antroposophischen Ärzte machen geltend: „Betrachtet man den Tumor als wesentlichen Ausdruck der Krebserkrankung, so ist die Verkleinerung desselben oder sein Verschwinden ein Maß für den Therapieerfolg. Betrachtet man aber die Gesamtsituation des Patienten, seine Befindlichkeit in körperlicher und geistig-seelischer Beziehung, so ist die Verkleinerung des Tumors sekundär und es zählen vor allem die Lebensqualität und die Lebensdauer. So sind langjährige Stillstände des Tumorwachstums bei erhaltener Arbeitsfähigkeit unter Iscador nicht ungewöhnlich, z. B. bei inoperablen Ovarial- und Rektumkarzinomen. Nach rein onkologischen Gesichtspunkten wären solche Verläufe aber ein Mißerfolg."

Spektakuläre Tumorrückgänge, wie man sie unter kombinierter Zytostatikabehandlung z. B. bei malignen Lymphomen, bei Leukämien, beim kleinzelligen Bronchuskarzinom beobachtet, werden unter Iscador selten gesehen. Die Möglichkeiten der Misteltherapie auf dem Gebiet der Tumorbehandlung zeigten sich allgemein in Verlangsamung des Tumorwachstums, Stillstand, aber auch in partiellen und vollständigen Tumorrückbildungen, wobei der große Vorteil das Fehlen allgemein toxischer Nebenwirkungen und die Verbesserung des Allgemeinbefindens sein soll.

Die folgenden Beispiele der Iscador-Behandlung zeigen den gegenwärtigen Kenntnisstand:

Zur **Pleurakarzinose** können die folgenden Erfahrungen mit Iscador genannt werden: Einen wichtigen Nachweis sowohl für die zytostatische als auch für die immunologische Wirksamkeit des Iscador in vivo liefert die Behandlung der Pleuritis carcinomatosa verschiedenen Ursprungs.

Bei 50 Patienten wurden in 92% karzinomatöse Pleuraergüsse mit durchschnittlich 3,3 Punktionen in 18 Tagen zum Verschwinden gebracht (Salzer und Müller, 1978). Inzwischen ist diese Zahl auf über 100 an-

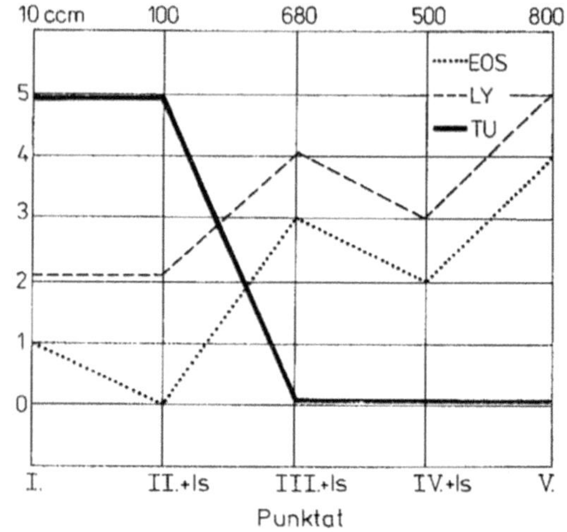

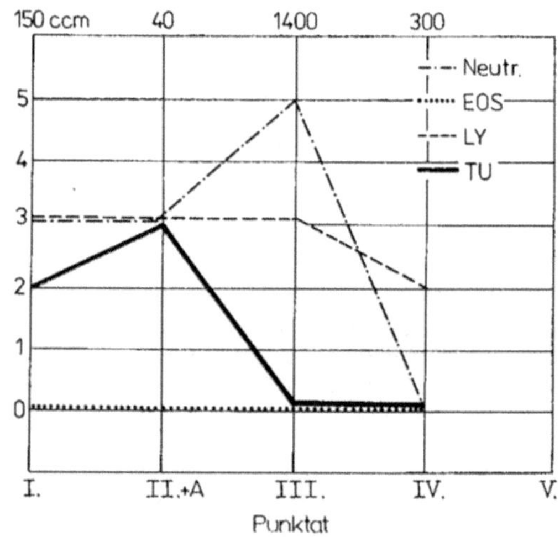

Abb. 84 Zytomorphologische Ergebnisse bei lokaler Behandlung von karzinomatösen Pleuraergüssen. Tu: Tumorzellen: Ly: Lymphozyten, Eos: Eosinophile, Neutro: Neutrophile.
a) Iscador-Instillation (+ Is)
b) Adriblastin-Instillation (+ A)

gestiegen – mit gleichbleibendem Erfolg (Salzer, 1983a). Im Vergleich zu anderen Methoden zeigte diese Behandlung den besten Erfolg. Interessant dabei erscheint der morphologische Nachweis der Wirksamkeit der Iscador-Behandlung (Boeck und Salzer, 1980), wobei berichtet wurde, daß nach der ersten Iscador-Instillation eine deutliche Veränderung im Punktat zu konstatieren ist, indem die Tumorzellen weit-

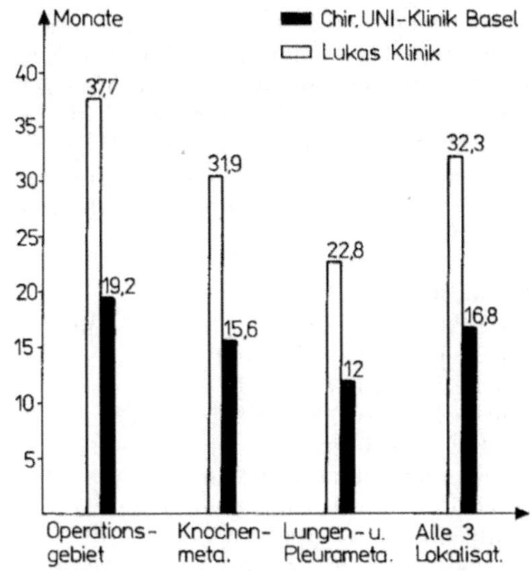

Abb. 85 Metastasierendes Mammakarzinom im Vergleich durchschnittlicher Überlebenszeiten (Mo: Monate, META: Metastasen)

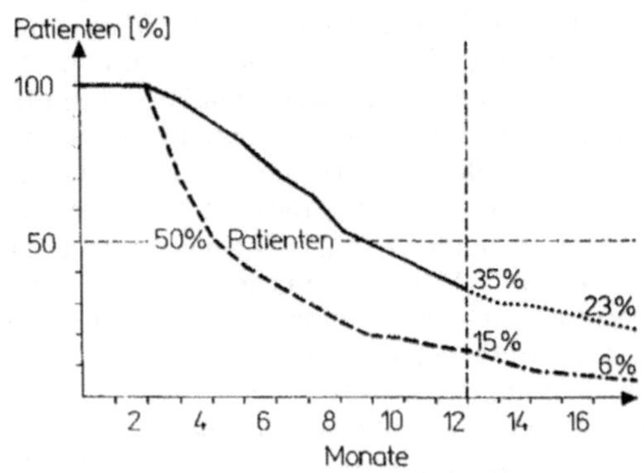

Abb. 86 Patienten mit Lebermetastasen Aus dem Krankengut der Lukas-Klinik Arlesheim, Stichtag 31. 7. 1978

——— 188 Patienten mit genügender Iscadornachbehandlung der Lebermetastasen bei Sitz des Primärtumors in
A. Verdauungstrakt N = 130
B. Mamma N = 15
C. Gynäkol. Lokalisation N = 20
D. Lunge N = 5
E. Primärtumor unbekannt N = 18
Mediane Überlebenszeit seit Tumorentdeckung 9 Monate.

– – – – – 122 Patienten mit ungenügender Iscadornachbehandlung der Lebermetastasen bei Sitz des Primärtumors in
A. Verdauungstrakt N = 83
B. Mamma N = 19
C. Gynäko. Lokalisation N = 11
D. Lunge N = 4
E. Primärtumor unbekannt N = 5
Mediane Überlebenszeit seit Tumorentdeckung 5 Monate.

Alle Patienten sind mindestens 1 Jahr beobachtet.

gehend verschwinden, dagegen eine Anhäufung vor allem von Lymphozyten aber auch Eosinophilen stattfindet. Dies im Gegensatz z. B. zur Instillation von Adriblastin, wo neben dem Verschwinden der Tumorzellen auch die immunologisch wichtigen Lymphozyten und Neutrophilen abfallen (Boeck und Salzer, 1980). Die zytologischen Ergebnisse sind in Abb. 84a, b dargestellt.

Bei der Behandlung von Patienten mit **Mammakarzinom mit Metastasen** konnte am Beispiel einer von Leroi (1980b) publizierten Arbeit gezeigt werden, daß die Überlebenszeit einer größeren Gruppe von Patientinnen mit metastasiertem Mammakarzinom, die in der Lukas-Klinik zwischen 1963 und 1972 behandelt wurden, die einer vergleichbaren Gruppe der Chirurgischen Abteilung der Universitätsklinik Basel von 1952–1965 übertraf (Abb. 85).

Dagegen kann eingewendet werden, daß inzwischen durch die hormonelle und Zytostatika-Behandlung bei Patienten mit metastasiertem Mammakarzinom bessere Erfolge erzielt wurden.

Eine neuere Untersuchung (Hoffmann und Hajto, 1982) zeigt jedoch, daß an der Lukas-Klinik 116 Mammakarzinom-Patientinnen, die nach der Operation mindestens 3 Monate Iscador erhielten, einen signifikanten Unterschied in der medianen Überlebenszeit im Vergleich zu einer unbehandelten Kontrollgruppe der gleichen Klinik hatte (29 Monate gegenüber 17 Monaten).

Lebermetastasen verschiedenen Ursprungs deuten stets auf ein Endstadium der Erkrankung hin, obwohl es den Patienten bei Entdeckung des Tumors häufig noch relativ gut geht.

Solitäre Metastasen können eventuell operativ entfernt werden, bei multiplen sind auch Zytostatika wenig hilfreich. So war es interessant, die Überlebenszeit und -qualität der Lebermetastasenpatienten der Lukas-

Klinik zu erfassen (Hoffmann, 1979). Einer Statistik der Lukas-Klinik folgend waren 188 Patienten mit genügender Iscador-Nachbehandlung mit 122 Patienten, die nur wenige Iscador-Injektionen erhalten hatten, vergleichbar. Die mediane Überlebenszeit 17 Monate nach Tumor-Entdeckung betrug bei den mit Iscador behandelten Patienten 9 Monate, bei den nicht oder ungenügend mit Iscador behandelten 4,4 Monate nach Entdeckung (Abb. 86).

Aus dem Dargestellten geht hervor, daß es durchaus sinnvoll sein kann, Extrakte der Mistel in definierten und standardisierten Präparaten therapeutisch zu verwenden. Gerade das Zusammenspiel der verschiedenen beschriebenen Wirkprinzipien von Mistelinhaltsstoffen könnte ein besonderer Vorteil dieser Krebsheilmittel sein. Deshalb ist angesichts der sich mehrenden experimentellen Ergebnisse zu hoffen, daß durch genauere Kenntnis einzelner Substanzen und ihren Synergismus weitere Fortschritte in der Herstellung der Mistelpräparate erzielt werden können, die zu entsprechenden Verbesserungen der therapeutischen Ergebnisse führen könnten.

6. Weitere Mistelpräparate zur klinischen Anwendung

Mit der Ausbreitung der Iscador-Therapie erwachte auch das Interesse anderer, nicht antroposophischer Gruppen an den Möglichkeiten der Mistel als Krebsheilmittel. So erschien 1938 das Mistelpräparat **Plenosol** der Firma Madaus zur unspezifischen Reizkörpertherapie bei Arthrosen und zur palliativen Karzinomtherapie. Die Dosierung erfolgt in Nekroseeinheiten, zurückgehend auf die Arbeiten von Koch (1938). Die Anwendung erfolgt i.v. bzw. intratumoral. In einer Arbeit von Coeugniet (1985) konnte gezeigt werden, daß bestimmte Plenosolkonzentrationen (0,02–2 NKE) eine Stimulation von menschlichen Lymphozyten (^{3}H-Thymidineinbau) hervorruft, höhere Konzentration die Vitalität der Zellen beeinflussen und Konzentrationen um 0,002 NKE die Leukozytenmigration stimulierten. Über ein sowjetisches Mistelpräparat, **Omelan,** berichtete Chernow (1954).

Später entstanden weitere Präparate anthroposophischer Gruppen. Sie basieren mehr oder weniger auf den inzwischen erarbeiteten experimentellen und klinischen Erfahrungen mit Iscador, die Produzenten gehen aber in bezug auf die Herstellung der Extrakte und die Dosierung eigene Wege.

Im folgenden sollen die wichtigsten Präparate kurz genannt und charakterisiert werden:

Plenosol®:

Extraktum Visci albi e planta recente.

Stärke 0 = 200 NKE in 1 ml

Stärke I = 2000 NKE in 1 ml

Stärke II = 10000 NKE in 1 ml

1 NKE = Wirkstoffmenge, die in der Rückenhaut von Kaninchen bei intrakutaner Injektion von 0,1 ml noch eine deutliche Reaktion hervorruft.

Indikationen: Formenkreis der Arthrosen, insbesondere Kniegelenksarthrosen, inkurables Karzinom, vorwiegend neuraltherapeutische Indikationen.

Das Plenosol der Firma Dr. Madaus (Köln/BRD) geht auf die fundamentalen Arbeiten von Koch (1938) zurück (s. Kap. E. I.), der 1938 in Radebeul bei Dresden die nekrotisierenden Eigenschaften von Viscum-album-Extrakten entdeckte. Das Präparat wird auch heute noch nach dieser Eigenschaft (NKE = Nekroseeinheit) charakterisiert bzw. dosiert.

Omelan®:

Die Entwicklung des sowjetischen Präparates „Omelan" (Omelan = Mistel) geht auf die Arbeiten von Chernov (1954) zurück. Chernov konnte mit dem Mistelextrakt „Omelan" das Wachstum verschiedener Tumorzellinien hemmen (Ehrlich-Aszites-Karzinom, Sarkom 180, Sarkom M1). In einer weiteren Arbeit (Chernov, 1955) wurde mit den aus „Omelan" isolierten Substanzen „Toxomelin" ebenfalls das Wachstum von Brown-Pearce-Tumorzellen gehemmt (wahrscheinlich lektininduziert – siehe auch Kap. C. VII.) während mit „Nekromelin" das Zellwachstum unbeeinflußt blieb bzw. eher zunahm.

Abnoba Viscum®

Abnoba-Viscum-Präparate sind eine Neuentwicklung, die durch die Arbeiten des Carl-Gustav-Carus-Institutes der Gesellschaft zur Förderung der Krebstherapie

e. V. entstanden. Bei der Herstellung von Viscum Abnoba wird in einem besonderen biologischen Verfahren ein Gesamtkomplex aus der Mistelpflanze stabilisiert. Die Dosierung ist vorwiegend homöopathisch (D5 bis D3) und beträgt nur in Ausnahmefällen 1 %. Die Verabreichung erfolgt subkutan.

Helixor®
Die Helixor-Präparate werden nach besonderen Verfahren hergestellt, die vom Verein für Leukämie und Krebstherapie entwickelt und klinisch erprobt wurden. Es handelt sich um Frischpflanzengesamtextrakte aus Viscum album, die subkutan verabreicht werden. Die Dosierung variiert von 1–50 mg. Umfangreiche experimentelle Ergebnisse liegen von der Arbeitsgruppe um MECHELKE vor (Übersicht bei SCHRÖDER, 1982).

Iscusin-Viscum®-Präparate
Die Präparate gingen von einer Initiative des Arztes Karl KÖLLER aus, der eine Anregung Rudolf STEINERS aus dem Jahre 1924 aufgriff und 1958 mit der Entwicklung eines neuen Präparates begann. Das Verfahren ist jetzt auf die Firma Wala übergegangen. Die Dosierung erfolgt in homöopathischen Potenzstufen als subkutane Injektion.

Isorel®
Die Novipharm GmbH in Österreich stellt dieses Präparat nach besonderen Verfahren her. Die Dosierung erfolgt in steigender Konzentration von 1–60 mg als subkutane Injektion.

D. III.
Verwendung von Viscum album in der Homöopathie

Über die Verwendung der Mistel in der Homöopathie finden sich Angaben u. a. bei DINKELAKER (1972), PISCHEL (1973), VOISIN (1978), BERNARD (1981), DINKELAKER und KASS (1982) und GUEGUEN (1984). Nach PISCHEL (1973) können aufgrund der bisherigen Prüfungen und der weiten Erfahrungen in der praktischen (homöopathischen) Mistel-Therapie folgende sichere Wirkrichtungen gegeben werden:

1. Wirkung auf das ZNS: Anwendung bei Neurasthenie, Melancholie
2. Wirkung auf das Gefäßsystem (N.-vagus-Wirkung vordergründig): empfohlen bei allgemeinen Arteriolen- und Kapillar-Spasmen, insbesondere Spasmen am Bronchial-Herz-Kreislauf-System
3. Wirkung auf Muskeln, Gelenke und periphere Nerven, also überall dort, wo infolge des Gefäßspasmus Schmerzen auftreten (Viscum album ist eines der hervorragenden Spasmolytika am Gefäßsystem). Die Mistelextrakte haben einen „ausgeglichenen“ Effekt auf das vegetative Nervensystem – sie sedieren schnell; dann wird auch der Sympathikus neben dem Vagus betroffen. Die Droge stellt in vielen Fällen das „seelische Gleichgewicht“ wieder her. Das hervorragende Therapiegebiet ist und bleibt aber die Spasmolyse. Hierin übertrifft sie, was Dauer der Krampflösung anbetrifft, alle anderen pflanzlichen Entkrampfungsmittel.

E. Die Mistel in der Mythologie, in alten Kräuterbüchern und als Kunstmotiv

E. I.
Geschichte der Mistel und deren Lektine

Die **Geschichte der Mistel** beginnt sehr früh.

Daß sie zu einer der am häufigsten von der Menschheit beschriebenen Pflanze wurde, lag wohl in erster Linie an ihrer besonderen Lebensweise, als immergrüner Halbschmarotzer auf Bäumen, von jedermann gut sichtbar (bei Laubbäumen besonders im Winter), zu wachsen. Daher ist es zu verstehen, daß in den ersten Jahrhunderten unserer Zeitrechnung, in der Wunder und Mystik im Leben der Menschen eine große Rolle spielten, die Mistel als „Wundermittel" helfen sollte. Ihr wurden – medizinisch/pharmakologisch gesehen – sehr viele gute Eigenschaften zugeschrieben. Die meisten ließen sich bei späteren Forschungen nicht bestätigen – einige wurden wohl nicht überprüft und einige beschäftigen die Wissenschaft noch heute.

In der griechischen und germanischen Mythologie z. B. wird die Mistel bereits oft als Heilmittel genannt. So soll sie von Hippokrates (er lebte um 460–377 v. u. Z.) gegen die „Milzsucht" empfohlen worden sein. Um 300 v. u. Z. berichtete Theophrast und um 60 u. Z. Plinius d. Ä. über die Mistel. Wegen der auffälligen Eigenart der Mistel, als seltsame Gastpflanze auf Bäumen und Sträuchern zu wachsen (Schmarotzer), kam ihr schon im Naturmythos der Kelten und Germanen eine zentrale Bedeutung zu. So wird in der jüngeren Edda, im Gesang von den nordischen Göttern, an einer entscheidenden Stelle die Mistel zum Instrument, mit dem Baldur, der Sohn Wotans und Friggas und Gott des Lichtes, der Sonne und der Fruchtbarkeit, getötet wird. Frigga hatte – nach Baldurs Traum von seiner eigenen Tötung – allen Naturwesen den Eid abgenommen, den schönen jugendlichen Gott Baldur zu schonen. Loki, dem die Unverletzlichkeit Baldurs nicht gefiel, bringt durch eine List in Erfahrung, daß die Mistel von Frigga nicht in den Eid einbezogen worden war, weil ihr diese Pflanze zu schwach und zu jung erschien. Er reißt den Mistelzweig aus und mischt einen daraus gefertigten Pfeil (in einer isländischen Sage des 12. Jahrhunderts „Mistilteinn" genannt) unter die Geschosse des blinden Hödur, eines Bruders von Baldur, mit dem dieser auf Lokis heimtückische Anweisung in Baldurs Richtung zielt und den sonst unverwundbaren Bruder tötet. Damit besiegelt Loki den Untergang alles Guten und Gerechten auf der Welt und leitet die Götterdämmerung ein. Im Kern dieses germanischen Mythos spielt die Mistel also eine unheilvolle Rolle.

Aber ihr Charakter im Mythos ist ambivalent: sie galt auch als Wunder- und Heilpflanze. Die im Nibelungenlied erwähnte „Goldene Wünschelrute" war vermutlich ein Mistelzweig, zumal manche Mistelbüsche (besonders an absterbenden Ästen des Wirtsbaumes) eine goldgelbe Färbung annehmen.

Als Heilpflanze, auch „omnia sanatem", d. h. die „Alles-Heilende" genannt, hat die Mistel eine lange Tradition. Als besonders heilkräftig galt von jeher die seltenere Eichen-Mistel. Um ihre Wirksamkeit zu behalten, mußte sie entweder mit einem Pfeil vom Baum her abgeschossen oder mit Steinen heruntergeworfen und mit der linken Hand oder einem Mantel aufgefangen werden, ohne die Erde berührt zu haben.

In der Umgebung von Rennes in der Bretagne glaubte man, die Mistel bringe Unglück, wenn man sie mit einem scharfen

Abb. 87 Kinderring und Babybrosche, französisch

Werkzeug vom Baum trenne; sie gehöre ausgerissen. Während des ganzen Mittelalters galt die Mistel vor allem als heilkräftig gegen die Epilepsie. Noch nach PARACELSUS wird derjenige, der immer eine Eichen-Mistel an der rechten Hand trägt, nie von Epilepsie befallen. In einer Handschrift des 15. Jahrhunderts heißt es darüber: „Wer den aichenmistel hat an der rechten hant in einem fingerlein (Ring), das der Mistel die hant peruert, der siechtage peruert das mensch nimmermehr" (Abb. 87).

Bei Isigny-le-Buat im Département Manche stand noch zu Beginn unseres Jahrhunderts eine sehr alte prächtige Eiche mit vielen Misteln, zu der vor allem epileptisch Erkrankte pilgerten, um Heilung von ihrem Leiden zu erlangen.

Die heidnische Verehrung der Mistel im Jahreslauf deckte sich auch mit den christlichen Feiern der Weihnachts- und Neujahrszeit. Als „immergrünes" pflanzliches Symbol der Wintersonnenwende und des Jahreswechsels ist sie sehr viel älter als der Tannenzweig und Tannenbaum, deren Vorkommen zu Weihnachten sich erst seit dem 16. bzw. 18. Jahrhundert nachweisen läßt und im 19. Jahrhundert durchzusetzen begann. Zusammen mit den Tannenzweigen fällt die Mistel im Elsaß seit dem 16. Jahrhundert auch manchenorts unter das hauptsächlich kirchliche Verbot „dannwedel und Mispelzweig" zur Weihnachtszeit anzuheften (im alemannischen Sprachgebrauch wird die Mistel oft fälschlicherweise Mispel genannt). Wie vom Elsaß aus der Tannenbaum als geschmückter Christ- oder Lichterbaum zur Weihnachtszeit in Frankreich, England, ja in aller Welt seinen Einzug hält, so läßt sich dies umgekehrt für die Mistel feststellen, die in jüngerer Zeit von Frankreich, England und Skandinavien aus nach Deutschland, in andere europäische Länder und bis Amerika vorgedrungen ist.

Nach PLINIUS galt die Mistel auch als Apotropaeon, d. h. als Abwehrschutz gegen böse Geister. Man hängte sie in Haus und Stall und steckte sie auch gegen Blitzgefahr unter das Dach. So findet sich auch in den altgermanischen Siedlungsgebieten Norddeutschlands, um Lübeck und Hamburg, an Giebeln alter Bauernhöfe das Zeichen sog. „Donner- oder Hexenbesen", wie die Mistel im Volksmund bezeichnet wurde. Auch hier steht das Motiv in der Überlieferung des alten Abwehrzaubers (LURKER, 1960). Diese Eigenschaft läßt sich sogar an den der Mistel in der Volkssprache gegebenen Namen ablesen: so heißt sie im Fränkischen u. a. auch „Trudennest", in Tirol „Drudenfuß", was als magisches Zeichen keltischen Ursprungs (Fünfeck, Pentagramm) böse Geister abwehren soll. Bei umgekehrter Stellung ist der sogenannte Drudenfuß dagegen ein Symbol böser Mächte. In Mecklenburg, in Holstein sowie in den Niederlanden ist für die Mistel die Bezeichnung „Maretakken" noch heute gebräuchlich (Mahr = Nachtgespenst/Nachtmahr; Takken = Zacken, Spitze, Zweig). Im französischen Département Nièvre nennt man die Mistel sogar „herbe du serpent" (= Schlangenkraut). Wie oben erwähnt, wurden am Oberrhein und im Elsaß neben Tannenreisern, den „weyhenacht meyen", auch Misteln zur Weihnachtszeit aufgehängt. Sie galten als „Unruhen", deren stete Bewegung feindliche Mächte verscheuchen sollte (TUBEUF, 1923).

Vom Mittelalter bis ins 18. Jahrhundert fehlte die Mistel als Heilmittel gegen die verschiedensten Krankheiten in keinem Kräuterbuch – einige Autoren sollen hier erwähnt werden:

PARACELSUS (1493–1541) empfahl die Mistel gegen Epilepsie – ein immer wieder genanntes Anwendungsgebiet: LONICERUS, 1564; BOCK, 1565; MATTHIOLUS, 1626; HALLER, 1755; COLBATCH, 1776). HECKER (1814) verwendete die Mistel ebenfalls gegen Epilepsie, interessanterweise aber auch bei „konvulsivem Asthma".

Hier ein kurzer Auszug (nach TUBEUF, 1923) aus dem „Kreutterbuch dess Hochgelehrten Andreae Matthioli", „Frankfurt a/Mayn, MDLXXXVI":

„Mistel ist menniglich bekannt. Er wechst auff den Bäumen unnd sonderlich auff dem Eychelbaum, desgleichen auff dem Birn unnd Oepffelbaum ... Diese Beer essen die Vögel, so auff den Bäumen ihre Wohnung haben, beschmeissen darnach mit jrem Kot den Baum ... daher auch der alte Poet Plautus sagt: Trudus exitum sibi cacat, das ist, der Krammetvogel oder Zimmer scheist jhm sein eygen unfall unnd verderbnuss ... Etliche nemmen die Eychen Mistel, so die Erde nicht berührt haben ... gebens zu trinken viertzig Tag nacheinander ... sol ein bewerte unnd gewaltige hülff seyen wider die fallende sucht, welche nicht übel zu glauben ist, denn der Mistel ist so hoch gewürdiget, dass jn die alten Heyden omnia sanantem, das ist heil alle Schäden, genennt haben, hielten nicht allein Mistel, sondern auch den Bäum, darauff er wechst für heylig, wie solchs PLINIUS weitläufftig bezeugt ...".

Und weiter heißt es bei MATTHIOLI:

„Man macht auch noch heut bey Tag Paternoster darauss. Etliche lassens in Silber fassen, henckens unter anderm geschmeidt den jungen Kindern an die Hälse, tragens auch selber in jren Ringen verschlossen als widerstehe es dem fallen siechtagen und wende alle Schäden so durch Unholden unnd Zauberey entspringen. Etliche glauben, wenn man dem Viehe Mistel im Futter gebe, es solle davon zunemmen und feister werden."

Ebenfalls recht häufig wurde die Mistel „gegen allerlei Frauenleiden" empfohlen. Bei den Priestern der Gallier und Britannier, den Druiden, galt, daß Pulver von Mistelzweigen Frauen fruchtbar macht (nach MADAUS, 1938).

Wie hoch die Mistel in der Gunst unserer Vorfahren stand – besonders eine auf alten Eichen wachsende Mistel (wahrscheinlich handelte es sich hierbei jedoch wohl meistens um Loranthus-Arten, siehe Kapitel B) – veranschaulicht sehr eindrucksvoll ein Bericht des Römers PLINIUS (vor 79 n. Chr.) über die Germanen. Alte Eichen wurden ohnehin bei Kelten und Germanen den Göttern geweiht und unter ihnen wurden die Opfer den Göttern dargebracht (s. auch Kap. D. III.).

PLINIUS schreibt in seiner „Historia Naturalis" (vor 79 unserer Zeitrechnung):

„Nicht zu vergessen ist hierbei die hohe Mistelverehrung bei den Galliern. Nichts haben die Druiden – so nennen sie ihre Priester – was ihnen heiliger wäre als die Mistel und der Baum, auf dem sie wächst, zumal wenn es eine Wintereiche ist. Schon an sich suchen sie Haine von Wintereichen auf und sie verrichten keine heilige Handlung ohne deren Blätter, so daß man meinen könnte, ihr Name käme aus dem Griechischen (Drys, die Eiche). Wenigstens betrachten sie alles, was auf dieser wächst, als Himmelsgabe und als ein Zeichen daß dieser Baum von dem Gott selbst auserwählt sei. Man findet die Mistel aber nur sehr selten auf ihr, und wenn man sie findet, wird sie mit großer Feierlichkeit geholt und vor allem am 6. Tage nach Neumond, welcher bei ihnen den Anfang der Monate und Jahre angibt und auch einen Zeitabschnitt von

30 Jahren, weil der Mond schon kräftig genug sei und doch noch nicht die Hälfte seiner Größe erreicht habe. Sie heißen in ihrer Sprache die Mistel die „alles heilende". Nachdem sie unter dem Baume die gehörigen Opfer und Mahlzeiten veranstaltet haben, führen sie zwei weiße Stiere herbei, deren Hörner dann zunächst bekränzt werden. Der Priester, mit weißem Kleide angetan, besteigt den Baum, schneidet mit goldener Sichel die Mistel ab. In einem weißen Mantel wird sie aufgefangen. Dann schlachten sie die Opfertiere mit dem Gebet, die Gottheit möge die Gabe denen günstig werden lassen, welche sie damit beschenkt haben. In den Trank getan, solle sie alle unfruchtbaren Tiere fruchtbar machen und ein Heilmittel gegen alle Gifte sein. So groß ist vielfach der fromme Glauben in unwichtigen Dingen."

An anderer Stelle schrieb PLINIUS:

„Manche glauben, daß sie durch die Beobachtung frommer Gebräuche, und wenn man sie beim Neumonde ohne ein eisernes Gerät von der Eiche sammle, wirksamer werde, daß sie bei der Fallsucht helfen, wenn sie die Erde nicht berührt hat."

Auch TABERNAEMONTANUS (1664) schreibt der Mistel auf einer Eiche gegenüber anderen Wirtsbäumen eine besondere Heilkraft zu:

„Der Mispeln oder Misteln/ werden uns zwey Geschlecht für gestellt. Das erste ist jedermann wol bekandt/ wächst auff den Bäumen mit zähen Aesten/ welche sehr durcheinander verwiret seyn: Seine Blätter seyn dem Buchsbaum gleich/ gewint weisse Beerlein/ welche gar schleimig seyn/ auss welchen man den Vogelleim bereitet. Man findet diesen Mistel auf den Eychbäumen/ Birnbäumen/ Aepffelbäumen/ auff Aspen/ Lindenbäumen/ und anderen Bäumen mehr: Aber der beste soll auff den Eychbäumen wachsen . . . Es meldet Rondeletius und Holetius, daß der Eychenmistel ein sonderliche Krafft und Eygenschafft habe/ wider die Fallendsucht/ und dasselbige nicht von wegen ihres Temperamenci, sondern vielmehr totius substantiae familiaritate . . . Eychenmistel zu Pulver gestoßen/ und den gebärenden Weibern geben/ so in Kindsnöten ligen/ sol ihnen der Geburt bald abhelffen/ mit Wein oder Beyfußwasser eingenommen/ und bewahre die Frucht vor der Fallendsucht . . . Eychenmistel in Wein gesotten/ und darvon getruncken/ soll gut seyn wider die Lungensucht/ Lebersucht und das Blut speyen."

Offensichtlich führten Aberglauben und Mystik im Mittelalter zu einer Sonderstellung der Eichenmistel, die bis heute noch nicht geklärt ist. Auch bereits im Mittelalter wurde die Diskussion darüber kontrovers geführt wie Aufzeichnungen von ZWINGER (1696) und dem englischen Arzt COLBATCH zeigen (1776). ZWINGER schreibt:

„Viel abergläubige Leute halten den Eichenmistel für den besten, welcher auf denjenigen Mittag abgehauen worden, da Sonne und Mond in den Krebs gehen, so alle sieben Jahre einmal geschieht."

COLBATCH (1776) vertritt ähnliche Ansichten, wenn er schreibt:

„Denn wenn man immer nachsaget, was die Alten geträumet haben, so wird die Ungewißheit nicht vermindert, sondern die Fabeln erhalten sich durch die Nachlässigkeit in dem Ansehen der Gewißheit, so wie sich eine Seule durch die Finsternis in dem Ansehen eines Gespenstes erhält."

Über die Epilepsie und ihre Behandlung mit Mistel schreibt COLBATCH:

„Dieses sage ich von dem gemeinen Mistel auf allerley Bäume; denn man hat schon vor vielen Jahrhunderten von der Kraft des Eichenmistels viel Wesen gemacht, ohne des andern zu erwähnen, oder daran zu denken, daß er auch eine heilende Kraft haben könne . . . Da nur der Eichenmistel als eine nützliche Arzney berühmt ist, so war ich anfänglich besorgt, wie ich eine hinlängliche Menge davon erlangen möchte. Denn ich erinnere mich nicht, daß ich jemals auf meinen Reisen dergleichen gesehen habe, und meine Bekannten versichern mich eben dieses. Überhaupt kenne ich nur zwo Personen, die von dieser Seltenheit etwas besitzen . . . Unter den Alten, die davon geschrieben haben, ist Plinius in seiner Geschichte der Natur am weitläufigsten; die übrigen rühmen fast alle den Eichenmistel als ein Mittel wider die fallende Sucht und ähnliche Krankheiten, ohne daß ein einziger anwiese, wie man sich dessen auf eine vernünftige Art bedienen könne . . .

So lange man die Nutzbarkeit des Mistels blos in dem suchte, der auf den Eichen wächst, war sie vor nichts zu achten, weil man diese Art fast garnicht findet. Ich habe 35 Jahre darnach gestrebt, ohne einen einzigen Zweig davon zu sehen, und ich habe bereits gesagt, daß ich nur zwey Personen gekannt, welche dergleichen besessen haben. Wenn aber der gemeine Mistel, den man überall finden kann, vermögend ist, eben so wunderbare Wirkungen zu tun, als man sonst dem Eichenmistel zuschreibt, so verspreche ich mir das große Vergnügen, welches die zu empfinden pflegen, die so glücklich seyen, dem Jahrhundert, darinnen sie leben, besonderen Nutzen zu schaffen, welches ich allezeit eifrig gewünscht habe."

Daß es, entgegen den Annahmen von COLBATCH, dennoch Misteln auf Eichen gibt – wohl aber nicht auf allen Arten und somit nicht in allen Gegenden, wird im Kapitel A. erwähnt.
Neben einer erfolgreichen Anwendung von Mistelextrakten bei Epilepsie wurde die Mistel häufig gegen „Frauenleiden" empfohlen.
LONICERUS (1564) schreibt im 4. Teil seines Kräuterbuches im 114. Kapitel:

„So eine Frau in gefährlichen Kindsnöten liege, soll man ihr gestoßenen Eichenmistel in Wein eingeben, sie werden bald darauf genesen und das Kind vor der fallenden Sucht sein Leben lang behütet sein. Wider diese Krankheit wird er in England auf folgende Weise gebraucht: Man muß nehmen Eichenmistel, sowohl die Blätter als die Beeren und zarten Aestlein, solches gelind in einem Ofen dörren und zu Pulver machen, davon soll man einer großen Person eingeben als dessen auf einen halben Kopfstück liegen kann, den Kindern aber muß man etwas weniger geben, nach eines jeden Stärke und Alter. Man muß es des Morgens und des Abends eingeben in einem dazu bequemen Wasser, als nämlich in Schlüsselblumen- oder Maiblumenwasser und solches drei Tag vor und drei Tag nach dem Vollmond. Dieses soll man etliche Monate nacheinander tun."

Der Abschnitt in diesem Buch schließt mit der Bemerkung: „Es ist damit vielen vornehmen Personen geholfen worden." Gegenüber der Vielzahl von Überlieferungen, in denen die Mistel als Glücksbringer angesehen wird, gibt es aber auch vereinzelte Hinweise auf das Gegenteil, d. h. auf die Mistel als Unglückszeichen. So erwähnt TUBEUF (1923) u. a. folgende Beispiele: „In Hessen-Nassau, in der Leibholzer Gegend, herrscht der Aberglauben, daß eine aufgefundene Mistel der Todesbote für ein Mitglied der Familie des Baumbesitzers sei, das noch im selben Jahr sterben müsse" und in Galizien: „Ein Baum, der Mistel trägt, wird bei der Bevölkerung nicht zum Bauen verwendet, da die Meinung herrscht, daß der Blitz einschlagen könne."
Als man seit dem 19. Jahrhundert auf der Suche nach nationalen Identifikationssymbolen in Deutschland seinen Germanenkult trieb, belebte man in Frankreich im Gegenzug die Gallischen Traditionen. Die Mistel galt unter diesem Aspekt auch als nationales Symbol, da schon PLINIUS von ihrer Verehrung bei den Galliern berichtete. Die medizinische Anwendung der Mistel geht nahtlos über bis in unsere Zeit.
Die heilige Hildegard empfahl Mistelpulver gegen „Engbrüstigkeit", BOHN (1920) als blutstillendes Mittel, z. B. bei Nachblutungen im Wochenbett. Zu diesem Anwendungsgebiet zitiert MADAUS (1938) mehrere befragte Ärzte, die das Mistelpulper ebenfalls erfolgreich als „Frauenmittel" verwendeten.
Auch in den berühmten Schriften des Pfarrers KNEIPP wird Mistel-Tee gegen Frauenleiden empfohlen.
Die **Geschichte der Lektine und Toxine der Mistel** (s. Kap. C.), denen wir heute eine sehr bedeutende Rolle der Wirkungsweise verschiedener Mistelextrakte zuschreiben müssen, ist schnell beschrieben, da diese Inhaltsstoffe erst vor einigen Jahren erkannt und charakterisiert wurden.
Als erster erwähnt KRÜPE (1956) bei einer Aufzählung verschiedener Pflanzen, aus denen agglutinierende Extrakte zu gewinnen sind, auch Viscum album:
KRÜPE schreibt: „Auch wir fanden in den Jahren 1949–1954 z. T. in Übereinstimmung mit J. MUNTER keine blutgruppenaffinen bzw. überhaupt keine Agglutinine – außerhalb der Papilionaceae – bei": es folgt eine Tabelle, als 13. „Loranthaceae: Viscum album (Mistel)".
Auch wenn daraus nicht hervorgeht, ob KRÜPE die Mistel unter „nicht blutgruppenaffin" oder „kein Agglutinin" führt, ist anzunehmen, daß er bei Versuchen mit Mistelextrakten die kräftige Agglutination von Erythrozyten gesehen hat und somit als erster zu nennen ist, der die agglutinierende Eigenschaft von Mistelextrakten erkannte. Viscum album wurde außer in diesem Zitat in dieser Monographie nicht weiter erwähnt.
BIRD und WINGHAM (1973) berichten über En(a-)-Erythrozyten und erwähnen Viscum album lediglich in einer Aufzählung: „Viscum album – S-mistletoe berries" (S steht für stärkere Reaktion mit En(a-)-Zellen; (En(a-) sind Zellen mit reduziertem Zeta-Potential).
Schon vorher beschrieben und charakterisierten VESTER et al. (1965–1968) Proteinfraktionen, die zumindest teilweise Lektine

enthalten haben könnten und in ihrer Charakterisierung Lektinreaktionen gezeigt haben müßten. Lektine werden von VESTER aber nie erwähnt.

PARDOE et al. berichteten dann 1970 über verschiedene „heterophile agglutinins" mit einer sogenannten Breitspektrumspezifität (was sich im wesentlichen auf die Agglutination mit Erythrozyten bezog), erkannten aber die Hemmbarkeit mit Galaktose (galactosyl specificity), 1973 beschrieben LUTHER et al. (1973a) eine schwache Blutgruppenspezifität zu der Blutgruppe B, gekoppelt mit dem Merkmal P-positiv (Anti-B_{VA}) nach Testung einer größeren Anzahl von Blutmustern. Ebenfalls 1973 fanden LUTHER et al. (1973b) eine hohe Spezifität (Agglutinierbarkeit) zu Ehrlich-Aszites-Tumorzellen der Maus und bestätigten die Hemmung durch Galaktose (erste Bezeichnung als Lektin aus Viscum album).

Die Bevorzugung des Blutgruppenmerkmals „B" wird durch die selektive Präzipitation von B Se (Sekretor) gegenüber B_{se} (Nonsekretor) gestützt (LUTHER, 1974a).

LUZIK beschrieb dann 1975 ein Phythämagglutinin aus Viscum album, das er mit Galaktose von einer Agarose eliminierte, und FRANZ et al. (1977) beschreiben erste Reaktionen des Viscum-album-Lektins mit Human-Serumproteinen. ZISKA et al. (1978) finden dann in ersten Versuchen (Dünnschichtchromatographie) ein Molekulargewicht von 115000 und die beiden Untereinheiten von 34000 und 29000. Von LUTHER et al. (1980) wurden genauere Daten zu den Molekulargewichten von Viscum-album-Lektinen sowie zur Struktur des Lektins durch Arbeiten mit analytischen Ultrazentrifugen publiziert, wobei die stabile Struktur des Lektins mit 60000 Dalton (Monomer, über -S-S-Brücken verknüpft) mit den Untereinheiten A (29000) und B (34000) ermittelt wurde. Bei höheren Konzentrationen wurde eine Dissoziation zu einem nicht kovalent gebundenen Lektinkomplex von 120000 Dalton (Dimer) bestimmt (LUTHER et al., 1980).

Während die Strukturaufklärung zu diesem Zeitpunkt abgeschlossen erscheint (die Daten haben bis heute Gültigkeit), erscheinen neue Ergebnisse auf dem Gebiet der Zellbiologie.

Die von LUTHER (1973b, 1974, 1976, 1977) beschriebene hohe Zytotoxizität des Viscum-Lektins bestätigen und präzisieren STIRPE et al. (1980), indem sie die Ursachen der Toxizität in der Hemmung der Proteinsynthese im zellfreien System (Kaninchen-Retikulozyten-Lysat) mit einer $I.D._{50}$ von 2,6 μg/ml und auch an „kompletten" Zellen (BL8L-Zellkulturen) mit einer $I.D._{50}$ von 0,21 μg/ml beschreiben. Diese Ergebnisse konnten erneut präzisiert werden, indem es FRANZ et al. (1982) gelang, die beiden Untereinheiten des Viscum-album-Lektins (A- und B-Kette) zu isolieren. FRANZ et al. (1982) konnten zeigen, daß für die Hemmung der Proteinsynthese die A-Kette in Analogie zu den Ergebnissen mit Ricinus communis (OLSNES und PIHL, 1977) verantwortlich ist. OLSNES et al. (1982) publizierten zur gleichen Zeit die Hemmung der Proteinsynthese sowohl mit dem Monomer als auch mit der A-Kette des Viscum-album-Lektins, das OLSNES et al. als „Viscumin" bezeichneten (s. auch Kap. C. IV.).

Eine erste zusammenfassende Darstellung aller Daten über Lektine und Toxine der Mistel erschien dann in einer Monographie (LUTHER, 1982).

E. II.
Die Mistel als Kunstmotiv

Dem Grimmschen Wörterbuch (1885) entnimmt man, daß die Mistel, „ein gemeingermanisches Wort dunklen Ursprungs" ist. Die Überlieferung lebt auch in der deutschen Dichtung der neueren Zeit weiter (z. B. in Wielands „Amadis"), besonders in der Epoche der Romantik, so in Gedichten von Annette von Droste-Hülshoff, Nikolaus Lenau, Ferdinand Freiligrath, Heinrich Heine, in Victor von Scheffels Erfolgsroman „Ekkehard" (1855) und noch in dem Versepos „Dreizehnlinden" (1878) von Friedrich Wilhelm Weber. In der bildenden Kunst scheint die Mistel – abgesehen von Abbildungen in älteren Kräuter- und Arzneibüchern und in botanischen Schriften – zunächst eine geringe Rolle zu spielen. Eher findet man sie bei Darstellungen volkstümlicher Bräuche, etwa in englischen Illustrationen zum Kuß unter dem Mistelzweig. Menzel greift dieses Motiv in einer

Zeichnung zum 70. Geburtstag Theodor Fontanes (1889) auf.
Mit dem Erwachen des Interesses an der Frühgeschichte der europäischen Völker im Laufe des 19. Jahrhunderts wandte man sich in England, Frankreich, Deutschland und Skandinavien verstärkt den Mythen der Kelten und Germanen zu. In ihnen begegnet man dem Druidenkult mit der Verehrung der Mistel. Auffälligerweise kulminiert die neue Volkstümlichkeit der Mistel in der Zeit des Jugendstils und wird ein beliebtes Dekorationsmotiv in der floralen Strömung des Art Nouveau.
Oberflächlich gesehen, könnte man die Mistel in ihrer kurviglinearen Qualität als gleichrangig mit anderen, in der Ornamentik des Jugendstils bevorzugten Pflanzen und Blumen bezeichnen, so etwa mit den ebenfalls so beliebten Motiven der Seerosen, Schlingpflanzen, Lilien, mit Glyzinien, Türkenbund, Mohn usw. Aber schon bei der Aufzählung dieser Arten wird einem deutlich, daß die gesamte vielfältige Pflanzenwelt des Jugendstils nach zwei Aspekten unterschieden werden muß:

a) nach den formalen Eigenschaften, die dem organisch fließenden Dekorationsprinzip des Jugendstils entgegenkommen, wie Schlingpflanzen, Orchideenblüten usw. und
b) ihrer inhaltlichen Bedeutung nach. Dabei spielt die Tradition der alten europäisch christlichen Pflanzensymbolik eine große Rolle; die Rose, die Lilie, die Nelke und manche anderen Blumen sind seit der Gotik durch ihren christlichen Sinncharakter bekannt und werden auch in dieser Bedeutung vom Jugendstil übernommen.

Man erfaßt im Jugendstil auch den dekorativen Reiz von Gewächsen, die nicht unbedingt in die oben genannten Kategorien fallen, weder ihrer Blütenpracht nach, noch wegen ihres Sinngehaltes, sondern primär aus formalen Gründen wie die flächenhaften Formen der Kastanienblätter, die silbrigen Lamellen des Schillingkrauts (französisch „monnaie du pape") (Hofmann, 1969), Schilf und Seerosen und verschiedene Distelarten. Allerdings kommt der Distel im Bereich des Jugendstilzentrums, der sog. „École de Nancy", als Wappenblume der lothringischen Residenzstadt eine gesonderte Bedeutung zu: die Distel findet sich hier mit dem spätmittelalterlichen Wappenspruch der Stadt Nancy „Qui sý frotte se pique" (Wer mich angreift, sticht sich) (Hofmann, 1972). Diesen heraldischen Sinn des Disteldekors bei zahlreichen Objekten des Nancyer Kunsthandwerks der Gallé, Daum, Majorelle, Prouve etc. darf man also nicht übersehen. Ähnlich steht es mit der Mistel, die auch kein beliebiges Schmuckmotiv darstellt. Sie hat allerdings keinen Bezug wie die Distel zu einem Stadtwappen, oder wie die Rose und Lilie zur christlichen Ikonographie. Die Mistel wurzelt in einer tieferen europäisch-vorchristlichen Schicht. Ihr Auftreten im Jugendstil ist regional auf Landschaften begrenzt, in denen die Mistel einerseits als sogenannte parasitische Pflanze auf Bäumen heute noch vorkommt, in Frankreich, England und Irland, sodann dort, wo sich alte keltische Kultur nachweisen läßt, bis nach Nordspanien. Aber auch im germanischen Bereich, in Norddeutschland und Skandinavien, begegnet uns die Mistel. In diesen europäischen Kulturlandschaften galt sie seit altersher als Heilpflanze und Glücksbringer. So heißt es noch heute in Wales „no mistletoe, no luck" (ohne Mistelzweig kein Glück). Und in ganz England, z. T. auch in Frankreich hat sich der Brauch erhalten, zwischen Weihnachten und Neujahr einen frischen Mistelbusch an der Zimmerdecke aufzuhängen, unter dem die Mädchen, die unter ihm stehen, gehen oder tanzen, geküßt werden dürfen. Auch in Spanien kennt man noch die Mistel als glücksbringende Neujahrspflanze unter dem Namen „aguinaldo".
In Frankreich ist die Neujahrsdevise „au gui l'an neuf" (d. h. mit der Mistel ins Neue Jahr) noch immer lebendig. Sie findet sich als Spruch auf vielen Gefäßen des Art Nouveau, auf Kalenderblättern, Postkarten, Schmuck (Anhängern) etc. Für ihre Eigenschaft als Glücksbringer spricht auch der früher in Siebenbürgen und in der französischen Schweiz beliebte Brauch, daß die Braut einen Kranz trug, in den ein Mistelzweig eingeflochten worden war. Ein alter Spruch besagte auch, daß ein Mädchen bald Braut wird, wenn es eine Mistel auf einem Apfelbaum (Malus) findet (s. auch Kap. A. I.). In alten Sagen spielte besonders

die Hasel-Mistel noch eine Rolle. So hieß es z. B. in Ostpreußen, daß an dem Ort, wo eine Mistel auf einer Weißhasel wächst, ein verborgener Schatz läge (Handwörterbuch des deutschen Aberglaubens, 1934).

In der christlichen Mythologie wurde die Mistel auch als „lignum sanctae crucis", als „Holz des Heiligen Kreuzes" erwähnt, sei es formal wegen der gabeligen Verästelung ihrer Zweige im Vergleich mit dem sogenannten „Gabelkreuz" der Mystik, oder nach einer jüngeren Legende, wonach das Kreuz Christi aus Mistelholz gefertigt sein soll (eine schwer vorstellbare Annahme).

Wie aus einem Handelsbuch der Jahre 1446 bis 1462 hervorgeht (zit. nach TUBEUF, 1923), gab es schon im Mittelalter einen bedeutenden Handel mit „Aichmistlin-Paternostern", d. h. Rosenkränzen aus Eichenmistelholz. Diese spätmittelalterlichen Zeugnisse belegen, daß sich die Kirche des anscheinend schwer ausrottbaren volkstümlichen Wunderglaubens an die Mistel annahm und ihn in ihr christliches Brauchtum integrierte. Ein weiterer Schritt auf diesem Wege läßt sich daran erkennen, daß die Mistel neben dem Christbaum und Tannenzweigen als Weihnachtsschmuck geduldet wird und schließlich sogar in bestimmten Gegenden am Palmsonntag unter die Palmkätzchen gebunden und geweiht wird und weiterhin als Grabschmuck Verwendung findet (TUBEUF, 1923). Weiterhin kann hier nachgelesen werden, daß in Drygallen (dem ehemaligen Ostpreußen) sogar aus dem Holz der Mistel kleine Kreuze geschnitzt und als Amulette getragen wurden. Dieser Vorstellung entsprechen vergoldete, bronzene Kreuzanhänger des französischen Jugendstils, deren drei obere Kreuzenden je zwei Mistelblätter tragen und deren unterer Abschluß in der für die Mistel typischen Pfahlwurzel als Senker ausläuft. Solche Stücke sind anscheinend rar und vielleicht nur für Gegenden Frankreichs charakteristisch, die wie die Bretagne noch bewußt in der keltischen Tradition lebten und daher eigentümliche Synthesen mit den christlichen Symbolen bilden (Abb. 88).

Auf bildlichen Darstellungen kommt die Mistel auch in Verbindung mit anderen immergrünen, symbolträchtigen Pflanzen vor, wie mit der Stechpalme, dem Efeu und der Christrose.

Abb. 88 Bronzener Kreuzanhänger des französischen Jugendstils, dessen drei obere Kreuzenden jeweils aus zwei Mistelblättern gebildet werden

Besonders zur Weihnachts- und zur Neujahrszeit waren solche Dekore auf Glückwunschkarten, Kalenderblättern, Tischdecken, Weihnachtstellern, Bestecken und Schmuckstücken beliebt. Im englischen Bereich finden sich Mistelzweige mit weißen Beeren vielfach kombiniert mit der ebenfalls immergrünen Stechpalme (holly) mit ihren roten Beeren (Abb. 89).

Auch begegnet man hier Verbindungen der Mistel mit dem immergrünen Efeu (engl.: ivy), worauf der Vers anspielt, den Kinder zu Weihnachten in Oxfordshire, von Haus zu Haus ziehend, singen:

„Holly and ivy
Mistletoe bough,
give me an apple
and I'll go now!"

Abb. 89 Englische Neujahrspostkarte
Beispiel der häufig vorgefundenen Kombination Mistel/Stechpalme

Dieser Brauch entspricht dem früher in Frankreich geläufigen, wo Kinder am Silvest- oder am Neujahrstag mit Mistelbüschen umherzogen und um kleine Gaben baten.
Beliebt ist auch die Darstellung von Mistelzweigen zusammen mit der Christrose in der Weihnachtszeit, hauptsächlich auf Postkarten um 1900. Die echte Christrose (Helleborus niger, schwarze Nieswurz genannt) lebt – wie die Mistel – ebenfalls im Gegenrhythmus zur Jahreszeit (Abb. 90). Im Unterschied zur Mistel, die sozusagen im „luftigen Bereich“ angesiedelt ist, gilt die Christrose als stark erdgebundene Pflanze. Im Sommer, wenn andere Blumen blühen, hat sie nur grüne Blätter. Bei Eis und Schnee, „mitten im kalten Winter“, entfaltet sie ihre fünfstrahlige, rundgebogene Blüte. So trägt sie Wachstumskräfte hinüber ins kommende Frühjahr. Die Blüten

Abb. 90 Vase mit Christrose und Silbermontur in Form von Mistelzweigen

verwelken nicht, das Schneeweiß geht vielmehr in ein Rötlich-Violett und schließlich in ein Grün über, d. h. die Blüte lebt als Blatt weiter. Dadurch wurde sie – wie die Mistel (die in England seit der Mitte des 19. Jahrhunderts als „flower of december“ bezeichnet wird) (Lehner, 1960) – zum

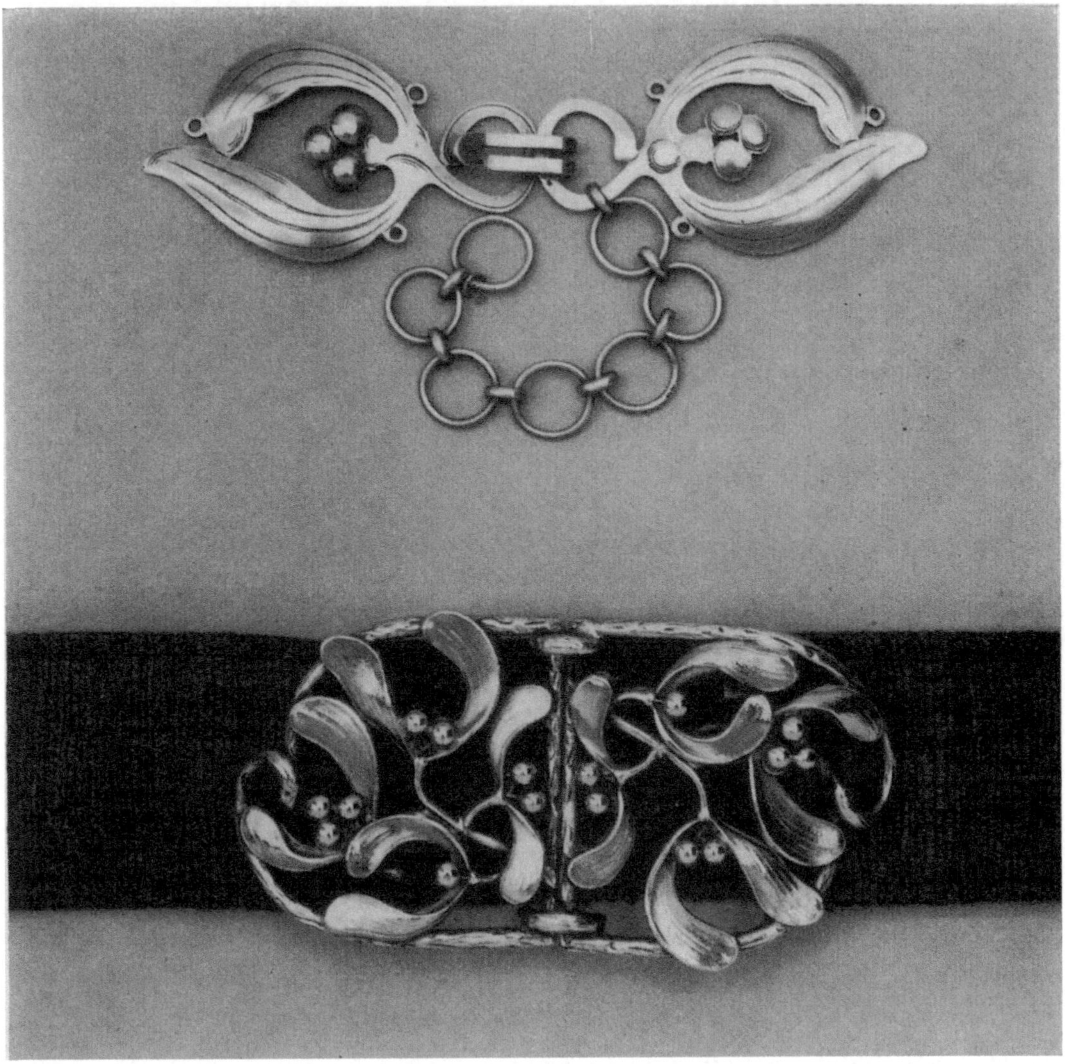

Abb. 91 Zwei silberne Gürtelschließen, französisch. Obere: Art Deco; untere: (teilweise vergoldet) um 1900

Symbol des Kälte und Dunkelheit überdauernden Lebens, ähnlich den anderen wintergrünen Gewächsen wie Lorbeer, Eibe, Wacholder, Tanne, Fichte, Stechpalme und Efeu, die ebenfalls als lebensbewahrende Naturzeichen in Volkskunst und Brauchtum Beachtung finden.

Die bildliche Darstellung der Mistel als Kunstmotiv wurde neben den genannten Argumenten vor allem durch ihren kugeligen Wuchs zu einem dichten grünen Busch mit reich verzweigten kurzen Ästen und den paarweise angeordneten Blättern sowie die perlenartigen weißlichen Beeren zur Winterzeit provoziert.

Die topographischen Schwerpunkte für den Misteldekor im Kunsthandwerk des Jugendstils sind Nancy, Paris, Brüssel, Kopenhagen und London. In diesen Zentren war anscheinend die Bedeutung der Mistel als Symbolträger um die Jahrhundertwende besonders lebendig. Im Rahmen der sog. „École de Nancy", jenes Zusammenschlusses der bedeutendsten Designer und Kunsthandwerker in Nancy um 1901 mit den bekannten Namen von Emile Gallé, den

Abb. 92 Zwei Anhänger mit echten Perlen und eine Brosche, französisch, um 1900

Gebrüdern Daum, Louis Majorelle, Victor Prouve u. a. begegnen uns immer wieder Objekte mit Misteldekor und den Sprüchen „au gui l'an neuf" oder kurz „l'an neuf" (Kalenderdeckblatt von 1896 von V. Prouve, Musée de l'École de Nancy), Jugendstilgläser von E. Gallé und Daum und als Motiv vor allem auf Schmuckstücken (Schmoll gen. Eisenwerth und Schmoll, G. E., 1980). Erinnert sei an den kostbaren Anhänger von P. C. Fabergé (1846–1920) aus transluzidem Emaille im Hessischen Landesmuseum Darmstadt. Hier halten zwei Störche ein rundes zartgelbes Medaillon mit grünen Misteln. Zwischen den Zweigen der Mistel sind rote Buchstaben eingestreut. Sie ergeben die Neujahrsdevise „L'an neuf", also den Hinweis auf die Mistel als Glücksbringer für das neue Jahr.

Eine silberne Pariser Gürtelschließe um das Jahr 1900 zeigt das Motiv der Mistelzweige in kraftvoller Modellierung. Hier, wie öfter, begegnet man in Abweichung von einer streng naturalistischen Darstellung einer stilisierenden Anordnung der vergoldeten Blätterpaare zu fast kelchartiger Umschließung der silberhellen Beeren, die sich in der Natur aber an den Gabelungen der

Abb. 93 Weihnachtslöffel und Gabel (1941). Silber vergoldet und Email; Mitte Weihnachtslöffel Silber (1918), teilweise vergoldet; alle MICHELSEN, Kopenhagen

Zweige finden (Abb. 91). Derlei Abweichungen zugunsten einer ornamentalen Vereinfachung finden sich vielfach. Als kleinere Weihnachts- und Neujahrsgeschenke waren Metallarbeiten in Paris, in ganz Frankreich, aber auch in Belgien, England und Skandinavien besonders beliebt: neben Schmuck (Medaillons, Anhänger, Broschen, Armbänder, Gürtelschließen, Hutnadeln, Ringen, Damenuhren zum Anstecken und als Anhänger an Ketten zu tragen) auch in der Form von Puder- und Schmuckdöschen (heute meist als Pillendöschen antiquarisch vertrieben), Münzdosen, Streichholz- und Zigarettenetuis, Brieföffner, Taschenmesser, Manikürutensilien, Bestecke, Kerzenhalter, Bilderrahmen für Photographien, Krawattennadeln, Knöpfe und Manschettenknöpfe, Briefbeschwerer, Kaminbestecke, Schmuckkämme.

Diese wurden vornehmlich in Silber gearbeitet, manchmal vergoldet oder teilvergoldet, seltener in Gold; in kostbarsten Ausführungen auch mit echten Perlen zur Darstellung der Mistelbeeren verziert (Abb. 92–94).

Besonders in der Pariser Produktion um 1900 und bis etwa 1914 erkennt man ein erstaunlich reiches und phantasievolles Umgehen mit dem Mistelmotiv, das damals alle Bereiche der Kleinkunst durchdrang.

In Silberarbeiten stehen die Kopenhagener Firmen Heimbürger, Nielsen, Michelsen und Jensen dem Pariser Angebot nicht nach. Auch hier erfreut sich die Mistel als symbolische Jugendstilpflanze großer Beliebtheit. Man findet sie in Broschen, auf Armbändern und vor allem an Bestecken. Bei den Bestecken unterscheiden wir im übrigen zwischen dem Motiv der „gebundenen Mistel" und der den Rand des Besteckgriffes

Abb. 94 Diverse Silbergegenstände, auf denen die Mistel in Verbindungen mit einem beblätterten Eichenzweig dargestellt ist

überlappenden „ungebundenen" Mistelblätter (s. SCHMOLL gen. EISENWERTH, 1979).
Im allgemeinen werden die Mistelzweige, -blätter und -beeren, dem nordischen Geschmack entsprechend, weniger zierlich und unruhig als bei den französischen Dekoren gezeichnet. Sie erscheinen in den Kopenhagener Silberarbeiten fester, kräftiger, und wie in Erinnerung an altnordische Band- und Flechtornamente der Wikingerzeit (s. Abb. 93).
In den Jahren von 1912–1920 verschwindet die Mistel als beliebtes Motiv in der angewandten Kunst weitgehend, parallel zum Abebben des Jugendstils. Wenn sie vereinzelt doch noch als Motiv auftritt, fällt (besonders in Edelmetall) die strengere Stilisierung auf: die um 1900 kurvig, lappig und geschwungenen Stengel mit Blättern und Beeren zeigen nunmehr eine fast symmetrisch paarig anmutende Blattanordnung mit gradlinigen Zweigen und Blättern. Sie entsprechen damit mehr der harten und eckigen Formensprache des Art deco mit seiner strengen eckigen Linienführung und auffällig reduzierter Wiedergabe eines Mistelzweiges (s. Abb. 91).
Bezeichnenderweise wählten die Designer des Art deco Mistelvorbilder, die uns in der Natur auch begegnen, mit einer strafferen Linienführung, während im Jugendstil bewegte kurvige Exemplare mit zangenartigen Blätterpaaren bevorzugt wurden.
Abschließend sei noch auf eine Besonderheit innerhalb der Jugenstil-Misteldekore hingewiesen, nämlich auf das seltenere Vorkommen der Eichen-Mistel. Man erinnere sich der Überlieferung aus keltischer Zeit und an die Zuerkennung besonderer Heilkräfte an die auf Eichenbäumen wachsende Mistel (s. Kap. E. I.). So begegnet uns im französischen Jugendstil das Sondermotiv der an einem Eichbaumast wachsenden Mistel. Ein kleines silbernes Streichholzetui, ein silberner Münzbehälter aus Paris sowie ein silbernes Taschenmesser aus Brüssel zeigen deutlich jeweils den mit Eichenblättern geschmückten Ast des Wirtsbaumes, auf dem die Mistel wuchert (s. Abb. 94).

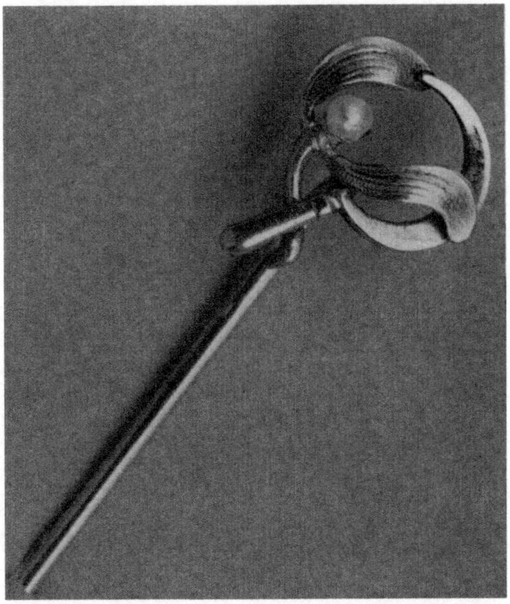

Abb. 95 Krawattennadel, vergoldet mit Perle Mistelblattpaar mit Beere und „goldener Sichel", dem Werkzeug, mit dem die Druiden die Misteln geschnitten haben

Eine silberne Pariser Damen-Ansteckuhr des Jugendstils, von der man nur noch die Abbildung kennt, zeigt eine einmalige Steigerung des Motivs der Eichenmistel. Während das Uhrgehäuse mit Eichenlaub geschmückt ist, wurde die Anhängerbrosche, die viel größer als die Uhr ausfiel, als Mistelbusch gestaltet. Dieser überwuchert im übrigen die dreiviertelkreisförmige goldene Sichel mit ihrem nach unten stehenden Griff, mit der die Druiden die Mistelzweige zu Neujahr vom Baum zu trennen pflegten. Das gleiche Motiv wiederholt im „Kleinen" eine zierliche französische vergoldete Krawattennadel des Jugendstils (Abb. 95). Hier ist in „nuce" der ganze Mistel-Mythos bildhaft dargestellt und zusammengefaßt.
Diese wenigen Beispiele mögen genügen, um die Bedeutung der Mistel in Brauchtum und Kunsthandwerk zu belegen. Weitere Beispiele mit zahlreichen farbigen und Schwarz-weiß-Abbildungen finden sich bei BECKER und SCHMOLL gen. EISENWERTH (1986).

F. ANHANG

Zeittafel der Entdeckung wichtiger Eigenschaften der Mistel und ihr Bezug zu heutigen Erkenntnissen

ca. 440 v. u. Z.: HIPPOKRATES empfiehlt Mistelextrakte gegen die Milzsucht.

ca. 300 v. u. Z.: THEOPHRAST erwähnt die Mistel als Heilmittel.

60 u. Z.: PLINIUS, d. Ä. berichtet über den Mistelkult der Germanen und die Heilkraft der Mistel (s. Kap. E.)

1220: STURLUSON berichtet 1220 in Island, daß in einem Lehrbuch der Skaldendichtung („jüngere Edda") über die germanische Mythologie geschrieben wurde, wonach der blinde Gott Hödur den Sonnengott Baldur mit einem Pfeil mit einer Mistelspitze („mistilteinn") tötete. Es kann vermutet werden, daß das Toxin der Mistel und dessen allein parenterale toxische Wirkung bekannt war.

1530: PARACELSUS empfiehlt Mistelextrakte u. a. gegen Epilepsie („fallende Sucht"), was später oft berichtet (nachgeschrieben?) wurde (LONICERUS, 1564, MATTHIOLI, 1586) oder auch angezweifelt wurde (COLBATCH, 1748).
Daß mit Mistelextrakten eine positive Beeinflussung bei Epilepsie erzielt wurde, wird heute als glaubhaft angenommen.

1814: HECKER schreibt, daß Misteldrogen „konvulsives Asthma" heilen oder günstig beeinflussen können. Mistelextrakte werden auch heute noch in starkem Maße gegen Asthma eingesetzt.
Die Beziehungen Mistelinhaltsstoffe – Asthma ließen sich zumindest in vitro belegen, da wir mit dem Lektin eindeutig die allergeninduzierte Histaminfreisetzung hemmen konnten (siehe auch CLARUS, 1860; NOLLE, 1928; MADAUS, 1938; LUTHER, 1978; SEHRT, 1982).

1860: CLARUS bezeichnet die Misteldroge als schwaches Antispasmodikum.

1907: GAULTHIER beschreibt blutdrucksenkende Eigenschaften von Mistelextrakten (s. Kap. D. I.).

1920: STEINER empfiehlt als erster, speziell zubereitete Mistelextrakte gegen Tumorerkrankungen einzusetzen, die bis heute in Form verschiedener Mistelpräparate (Iscador, Helixor u. a.) gegen Krebs in verschiedenen Ländern der Welt verabreicht werden.

1923: Von TUBEUF erscheint die erste Monographie über die Mistel.

1928: NOLLE erwähnt Beziehungen zwischen Viscumextrakten und dem Atemtrakt und beschreibt eine Schwächung der Atmung durch eine „mittlere" und „große" Dosis von Viscumextrakten.

1931: KOCHMANN bestätigt die blutdrucksenkende Wirkung (GAULTHIER) und nennt als die dafür entscheidende Substanz Acetylcholin.

1938: MADAUS: Nach einer Umfrage bei Ärzten soll Viscum album auch Heuschnupfen günstig beeinflussen.

1938: KOCH erkennt die Nekrosewirkung von Mistelextrakten und beschreibt als erster eine experimentell nachgewiesene Tumorwachstumshemmung bei Mäusen mit Ehrlich-Aszites-Karzinom nach i. p. Injektionen von Viscum-Extrakten.

1938: Koch beschreibt ein „Phytotoxin" der Mistel mit antigenen Eigenschaften. Viele Ergebnisse von Koch sind heute bestätigt.

1948: Winterfeld et al. beschreiben ein herztoxisches „Viscotoxin" als Peptid aus 27 Aminosäuren.

1955: Chernov (in Kiew) findet eine Tumorhemmung und eine Hemmung der Metastasenbildung bei Kaninchen mit Brown-Pearce-Tumoren durch Viscum-album-Rohextrakten.

1956: Krüpe findet als erster die agglutinierenden Eigenschaften von Extrakten aus Viscum album.

1958: Sajner bestimmt Histamin in Extrakten der Mistel und macht dieses für die hypotensive Wirkung der Droge verantwortlich.

1960: Müller meldet wahrscheinlich das erste Patent in bezug auf Mistelinhaltsstoffe an: „ein tumorhemmendes Polysaccharid aus Viscum album".

1964: Vester meldet die Gewinnung eines „tumorhemmenden Proteins aus der Mistel" als Patent an.

1966: Zschiesche findet einen Anstieg der Phagozytoseaktivität im retikulohistiozytären System nach i.v. und i. p. Injektionen des Mistelpräparates Iscador in Mäusen – eine heute vielfach bestätigte Erkenntnis.

1968: Vester et al. beschreiben ein histonähnliches, basisches Protein mit einem Molekulargewicht von 60000 mit 3 Eigenschaften: zytostatisch, zytotoxisch, kanzerostatisch. Fraktionen mit diesen Eigenschaften sollen sich getrennt isolieren lassen.
Er gewinnt bei Kaninchen ein „Anti-Viscum-Toxin" mit einer „gereinigten Proteinfraktion".

1968: Vester et al. beschreiben als erste die Hemmung einer DNA-Proteinsynthese durch Mistelextrakte (Fraktion 16).

1968: Samuelsson et al. beschreiben 2 Toxine aus der Mistel (Oxydationsprodukte des Viscotoxins) mit Molekulargewichten von 4833 und 5123 als basische Proteine. Eine Aminosäuresequenz der Viscotoxine wird angegeben.

1970: Nienhaus et al. finden nach i. p. Injektionen in „Tumor-Mäusen" Milz- und Thymus-Vergrößerungen bis zu 100 %. Das soll prophylaktisch das Angehen von Tumoren verhindern.

1970: Pardoe et al. beschreiben ein heterophiles Agglutinin in Rohextrakten aus nur Mistelbeeren mit β-Galaktosid-Spezifität. Der Extrakt ist nicht mitogen (was später durch Scherbaum (1977) bestätigt wurde). Es wird aber – im Gegensatz zu den Viscum-Lektinen aus Blättern und Ästen – nach 4 Tagen Inkubation mit 2×10^6 Schweinelymphozyten keine Toxizität angegeben.

1973: Luther et al. beschreiben das Lektin der Mistel und finden eine schwache Spezifität zu B-Erythrozyten („Anti-B_{VA}"), verbunden mit dem Merkmal „P", nach Testung einer großen Anzahl von verschiedenen Blutmustern.

1973: Luther et al. finden eine hohe Affinität eines Viscum-Lektins zu Aszites-Tumorzellen von Mäusen sowie die Bestätigung der Galaktosespezifität.

1973: Becker et al. isolieren und charakterisieren Lignine der Mistel.

1973: Samuelsson bestimmt die Aminosäuresequenz von 3 Viscotoxinen und deren Verknüpfung über Disulfidbrücken. Er erkennt, daß diese Toxine nur bei Viscoideae und nicht bei Loranthoideae vorkommen.

1974: Luther beschreibt präzipitierende Eigenschaften mit Viscum-album-Extrakten durch selektive Präzipitation von humanem Speichel der Blutgruppe B (BSe).

1975: Luzik isoliert an Agarose ein Phytoagglutinin aus der Mistel durch Elution mit Galaktose und beschreibt ein Molekulargewicht von 160000.

1975: Leroi berichtet über signifikant höhere 10-Jahre-Überlebensraten von Tumorpatienten, die mit dem Mistelpräparat Iscador behandelt wurden.

1976: Franz et al. beschreiben die Reaktion eines Viscum-Lektins mit IgA, IgM, IgG, Albumin und Transferrin.

1978: Ziska et al. beschreiben das Viscum-Lektin (eluiert mit Galaktose) als Glykoprotein, Molekulargewicht 115000 und 2 Untereinheiten mit einem MG von 34000 und 29000 und Reaktionen mit Komplement, α-2-Makroglobulin und Haptoglobin.

1978: Luther et al. finden eine Bindung des Viscum-Lektins an humanes IgE und auf diesem Wege eine Hemmung der Histaminfreisetzung aus basophilen menschlichen Leukozyten von Patienten mit allergischem Asthma sowie unterschiedliche Präzipitationen mit 32 menschlichen Serumproteinen.

1980: Konopa et al. isolieren Viscotoxine, die ähnlich oder identisch mit den von Samuelsson beschriebenen Viscotoxinen sind. Es wird eine Toxizität gegen menschliche Tumorzell-Linien von 0,2–1,7 μg/ml beschrieben.

1980: Luther et al. finden als stabile Struktur des Viscum-album-Lektins ein MG von 60000 (SDS-PAGE und Gleichgewichtssedimentationskonstanten) mit den Untereinheiten 34500 und 29000, einen isoelektrischen Punkt des Lektins um 6,1 und 11,0% Kohlenhydrate.

1980: Stirpe et al. erkennen die Hemmung der Proteinsynthese durch Viscum-album-Lektin (VAA I) sowohl im zellfreien System als auch an Tumorzellen und beschreiben Ähnlichkeiten zu den Lektinen aus Ricinus communis und Abrus precatorius.

1980: Franz et al. beschreiben die Isolation von 3 Lektinen aus Viscum album:
I: MG = 115000,
II: MG = 60000,
III: MG = 50000

1981: Wagner et al. isolieren als Nucleosid (DNA-Bestandteil) Methylcytosin mit 23,2% aus Viscum album.

1981: Carasco et al. berichten, daß die Viscotoxine (MG ca. 5000) homolog sind zu den als pflanzliche Peptide bekannten Thionen und finden, daß die isolierten Thione für die Hemmung der Proteinsynthese (RNA und DNA) verantwortlich sind.

1982: Sargiacomo et al. stellen fest, daß die toxischen Lektine aus Viscum, Ricinus und Adenia eine unterschiedliche Empfindlichkeit (Zytotoxizität) zu verschiedenen Tumorzellen haben.

1982: Sehrt et al. zeigen, daß außer dem Viscum-album-Lektin auch die Lektine aus Canavalia (Con A), Triticum (WGA), Glycine (SBA) eine allergeninduzierte Histaminfreisetzung (HF) aus basophilen Granulozyten hemmen. VAA hemmte sowohl die HF nach Allergenstimulation als auch die anti-IgE-induzierte Stimulation.

1982: Luther veröffentlicht die erste Monographie über Lektine der Mistel.

1982: Franz et al. isolieren die Untereinheiten aus Viscum-album-Lektin I (VAA I) als A- und B-Kette und zeigen, daß die A-Kette (MG 29000) die zellfreie Proteinsynthese hemmt.

1982: Olsnes et al. isolieren ein Lektin aus Viscum album, das mit „Viscumin" bezeichnet wird und wahrscheinlich identisch mit VAA I ist.

1982: In „The Lancet" wird berichtet, daß Drogen aus Viscum album in England und der „Dritten Welt" gegen Asthma verkauft werden.

Eine Apotheke in Portsmouth/ England soll 30000 Mistelpillen je Woche verkaufen.

1982: Roedig et al. berichten über eine unterstützende Behandlungsmöglichkeit bei Alopecia areata (Dermatose) mit dem Viscum-Präparat Plenosol.

1982: Ribereau-Gayon et al. finden eine fast identisch verlaufende Hemmung von Tumorzellinien (HTC) durch Iscador und gereinigte Viscum-Lektine.

1983: Franz et al. stellen fest, daß das Viscum-Lektin (VAA I) und das Viscotoxin (A 3) immunologisch nicht verwandt sind und dieses Viscotoxin (im Gegensatz zu Konopa und Carasco) nicht die Proteinsynthese im zellfreien System bzw. an Retikulozyten vom Kaninchen hemmt.

1983: Calder und Bernhard geben eine umfassende Monographie über die Biologie der Mistel heraus, ohne auf Lektine, Toxine oder medizinisch-pharmazeutische Aspekte einzugehen.

1984: Hajto berichtet über eine differenzierte Immunmodulation durch das Viscum-Präparat Iscador, wobei auch die Aktivität der LGL (large granular lymphocytes) signifikant gesteigert werden konnte.

1984: Wagner et al. empfehlen eine Qualitätskontrolle von Viscum-Präparaten durch die HPLC-Analyse und nennen unter den zu standardisierenden Substanzen vor allem Lektine.

1985: Metzner et al. erkennen, daß VAA I und die B-Kette den Thymidineinbau in menschliche mononukleare Zellen verringern und daß die A-Kette zwischen 0,1 und 1 μg/ 10^6 Zellen Lymphozyten stimulieren kann.

1985: Sehrt et al. berichten, daß die A-Kette von VAA I die HF nicht hemmt, während die B-Kette wie VAA I kein Histamin freisetzt und die HF hemmt.

1985: Samtleben et al. beschreiben anhand von Elektrophoresen die ersten Isolektine aus VAA.

Literaturverzeichnis

Akatrinai G (1966) Polyploidy and aneuploidy in onion roots treated with physiologically active substances in an extract of mistletoe (Viscum album). Soviet Genet 2: 64–68

Akatrinei G (1969) Biomitotic synchronism effect of physiologically active substances of mistletoe (V. album L.) extract on nuclear division: Binuclearcells, synchronous and asynchronous biomitosis. Soviet Genet 5: 410–414

Alfermann AW (1983) Gewinnung von Arzneistoffen durch pflanzliche Zellkulturen. In: K Dohmen (ed.) Biotechnologie (Vorträge auf der 74. Hauptversammlung MNU in Tübingen, (1983), J B Metzlersche Verlagsbuchhandlung und Carl Poeschel Verlag GmbH, Stuttgart, pp 47–62

Allen AK, Neuberger A (1973) The purification and properties of the Lectin from potato tubers, a hydroxyproline – containing glycoprotein. Biochem J 135: 307–314

Allen HJ, Johnson EAZ (1976) The isolation of lectins on acid-treated agarose. Carbohydrate Research 50: 121–131

Alosi MC, Calvin CL (1985) The ultrastructure of dwarf mistletoe (Arceuthobium ssp.) sinker cells in the region of the host secondary vasculature. Can J Bot 63: 889–898

Ashford D, Alten AK, Neuberger A (1982) The production and properties of an antiserum to potato (Solanum tuberosum) lectin. Biochem J 201: 641–645

Ashwell G, Marell AG (1974) The role of surface carbohydrates in the hepatic recognition of circulation glycoproteins. Adv Enzymol 41: 99–128

Asperg K, Holmea H, Porath J (1968) A non-specific phytohemagglutinin found in Vicia cracca. Biochim Biophys Acta 160: 116–121

Auster F, Schäfer J (Hrsg) (1961) Arzneipflanzen Georg Thieme, Leipzig

Avrameas S, Ternynck T (1969) Vernetzung von Human-IgG mit Glutaraldehyd. Immunhistology 6: 53–66

Axelrod J, Hirata F (1982) Phospholipid methylation and the receptor-induced release of histamine from cells. TIPS 3: 156–158

Bach MK, Brashler JR (1975) Inhibition of IgE and compound 48/80-induced histamine release by lectins. Immunology 29: 371–386

Bajaj YPS (1970) Growth responses of excised embryos of some mistletoes. Z Pflanzenphysiol 63: 408–415

Ball PW (1974) Viscum L. In: Tutin TG et al. (eds) Flora Europea, Vol 1. Cambridge Univ Press, pp 72–73

Ballé S (1960) Contribution a l'étude des Viscum de Madagascar. Lejeunia 11: 1–151

Barlow BA (1964) Classification of the Loranthaceae and Viscaceae. Proc Linn Soc N S W 89: 268–272

Barlow BA (1981) The Loranthaceaus mistletoes in Australia. In: A Keast (ed) Ecological Biogeography of Australia, Vol 1 Junk, The Hague

Barlow BA (1983) Biogeography of Loranthaceae and Viscaceae. In: Calder M, Bernhardt P (ed.) The Biology of Mistletoes Academic Press, Paris San Diego San Francisco Sao Paulo Tokyo Toronto, pp 19–46

Barondes SH (1981) Lectins: Their mutible endogenous cellular functions. Am Rev Biochem 50: 207–231

Bash JA, Teitelbaum D, Seevalsan T, Neefe JR (1983) Immunomodulatory activities of human leucocytes interferon in advanced cancer patients. J Biol Resp Modifiers 2: 57–65

Bate-Smith EC (1962) The phenolic constituents of plants and their taxonomic significance. I. Dicotyledons. J Linn Soc (Bot.) 58: 95–173

Baudino S (1985) Extraits de gui (Viscum album L.) leurs propietés inhibitrices sur quelques systèmes végétaux. Thèse Doctorat. Université Pierre et Marie Curie, Paris 6

Becker H (1973) Untersuchungen an der Mistel (Viscum album L.). Habilitationsschrift der Fakultät für Bio- und Geowissenschaften der Universität (TH) Fridericiana, Karlsruhe

Becker H, Exner J (1980) Vergleichende Untersuchungen von Misteln verschiedener Wirtsbäume anhand der Flavonoide und Phenolcarbonsäuren. Z Pflanzenphysiol 97: 417–428

Becker H, Exner G, Schilling G (1978) Isolierung und Strukturaufklärung von 2′-Hydroxy-4′6′-dimethoxychalkon-4-glukosid aus Viscum album L. Z Naturforsch 33c: 771–773

Becker H, Jurzitza G (1972) Rasterelektronenmikroskopische Untersuchungen über den Anschluß der Mistel (Viscum album) an die Leitungsbahnen des Wirtes. Z Pfl Krankh Pfl Schutz 79: 27–33

Becker H, Nimz H (1974) Untersuchungen des Lignins der Mistel (Viscum album L.) in Abhängigkeit von der jeweiligen Wirtspflanze. Z Pflanzenphysiol 72: 52–63

Becker H, Schmoll gen. Eisenwerth HD (1986) Mistel – Arzneipflanze, Brauchtum, Kunstmotiv im Jugenstil. Wiss. Verlagsges. Stuttgart

Becker H, Schwarz G (1971) In-vitro-Kultur von Viscum album L. Z Pflanzenphysiol 65: 273–278

Behlke J, Luther P, Theise H, Reutgen H (1979) Sedimentations- und Molekulargewichtsuntersuchungen am Viscum-Lektin. Vortrag 3. Tagung „Lektine“. Berlin, 8. 6. 1979

Benbadis A (1968) Culture des cellules isolées: Le problème du conditionnement des milieux de culture. In: Colloques nationaux du Centre National de la Recherche Scientifique (Strasbourg 5–7 mai 1967), Paris

Beretz A, Anton R, Stoclet JC (1978) Flavonoid compounds are potent inhibitors of cyclic AMP phosphodiesterase. Experientia 34: 1054–1055

Bernard H (1981) Traité de médicine homéopathique. Ed. van de Brode, Bruges. Laboratoire Unda Harze. p 604

Bessler W, Goldstein IJ (1973) Phytohämagglutinin purification: a general method involving affinity and gelchromatography. FEBS Lett 34: 58–64

Bhandari NN, Vohra SCA (1983) Embryology and affinities of Viscaceae. In: Calder M, Bernhardt P (eds) The Biology of Mistletoes. Academic Press, Sydney New York London Paris San Diego San Francisco Sao Paulo Tokyo Toronto, pp 69–86

Bhojwani SS, Johri BM (1970) Cytokin-induced shoot bud formation in mature endosperm of Scurrula pulverulenta. Z Pflanzenphysiol 63: 269–275

Bijlsman UG (1927) L'action du Viscum album, gui blanc, sur les organes de la circulation sanguine. Arch Neer Sc Exactes et Nat 6: 142–145

Bird GWG (1958) Erythrocyte agglutinins from plants. Thesis, University of London, London

Bird GWG, Wingham J (1973) The action of seed and other reagents on En(a-)Erythrocytes. Vox Sang 24: 48–57

Bloksma N, Schmiermann P, de Reuver M, van Dijk H, Willers J (1982) Stimulation of humoral and cellular immunity by Viscum preparations. Planta Med 46: 221–227

Bloksma N, van Dijk H, Korst P, Willers JM (1979) Cellular and humoral adjuvant activity of a mistletoe extract. Immunbiol 156: 309–319

Bock H (1565) Kreütterbuch. Rihel J, Straßburg

Böck D (1983) Neue zytomorphologische Ergebnisse bei lokaler Behandlung des karcinomatösen Pleuraergusses. Krebsgeschehen 15: 33–34

Böck D, Salzer G (1980) Morphologischer Nachweis einer Wirksamkeit der Iscadorbehandlung maligner Pleuraergüsse und ihre klinischen Ergebnisse. Krebsgeschehen 12: 49–53

Böyum A (1974) Separation of blood leucocytes, granulocytes and lymphocytes. Tissue Antigens 4: 269–274

Bohn H (1920) Heilwerte heimischer Pflanzen. Zit nach Madaus (1938)

Bojarczuk T (1971) Zywiciele jemioly pospolites (Viscum album L.) w Polsce. Roczn Dendrol Polsk Tow Bot 25: 189

Bonga JM (1971) Formation of holdfasts, callus, embryoids and haustorial cells in the in vitro cultures of dwarf mistletoes Arceuthobium pusillium. Phytomorphology 21: 140–153

Boresch K (1935) Tabulae Biologieae 10: 315–353; 11: 136–191. Zit nach Lamont B (1983)

Bourne HR, Molmon KL, Lichtenstein LM (1971) Histamine augments leukocyte adenosine 3′,5′-monophosphate and blocks antigenic histamine release. Science 173: 743–745

Bourrillon R, Fout J (1968) Purifications et proprietés physico-chimiques d'une phythémagglutinine de Robinia pseudoacacia. Isolement d'un glycopeptide actif. Biochim Biophys Acta 154: 28–39

Brewer JW, Collyard KJ, Lott Jr, E (1974) Analysis of sugars in dwarf mistletoe nectar. Can J Bot 52: 2533–2538

Brossier J (1969) Réflexions sur le qui du sapin. Revue forestière francaise XXI (6): 558–561

Bundesanzeiger (1984) Monographie: Visci albi herba (Mistelkraut) 228 (v. 5. 12. 1984) VIa/24

Burger MM (1968) Isolation of a receptor complex for a tumour specific agglutinin from the neoplastic cell surface. Nature 219: 499–500

Burger MM (1973) Surface changes in transformed cells detected by lectins. Fed Proc 32: 91–101

Burger MM, Goldberg AR (1967) Identification of a tumor specific determinant on neoplastic cell surfaces. Proc Natl Acad Sci USA 57: 359–366

Burger MM, Martin GS (1972) Agglutination of cells transformed by Rous sarcoma virus by wheat germ agglutinin and Concanavalin A. Nature New Biol 237: 9–12

Calder M, Bernhard P (eds) (1983) The Biology of Mistletoes. Academic Press, Sydney New York London

Calvin CL (1967) Anatomy of the endophytic system of the mistletoe Phoradendron flavescens. Bot Gaz 128: 117–137

Carasco L, Vazquez D, Hermandes-Lucas C, Carbonero P, Carcia-Ohnedo F (1981) Thionins: Plant peptides that modify membrane permeability in cultured mammalian cells. Europ J Biochem 116: 185–189

Cervera JM, Villaescusa R (1977) Inventario de los abetares del Valle de Aran affectados por el Muerdago. Rapport du Service de l'I.C.O.N.A. Lerida, pp 41–47

Chernov VA (1954) Die Anwendung von Mistelpräparaten in der experimentellen Chemotherapie von Tumoren (in russischer Sprache). Voprosy Onkologie: 139–150

Chernov VA (1955) Die Wirkung von Mistelpräparaten auf die Metastasierung von Kaninchen-Brown-Pearce-Tumoren (in russ. Sprache). Voprosy Onkologie 14: 38–48

Chikow PS (1979) Atlas of geographical areas and natural reserves of medicinal plants of the USSR. Exerpta Botanica 22: 469

Clarus F (1860) Handbuch der spezifischen Arzneimittellehre, S. 637 (Zit nach Madaus 1938)

Cockcroft S, Gomperts BD (1979) Evidence for a role of phosphatidylinositol turnover in stimulus-secretion coupling. Studies with rat peritoneal mast cells. Biochem J 178: 681–687

Coeugniet E (1985) Viscum-album Extrakt als immunstimulierendes Mittel. Erfahrungsheilkunde 34: 104–109

Cohen L (1963) Studies on the ontogeny of the dwarf mistletoe, Arceuthobium II. Homology of the endophytic system. Amer J Bot 50: 409–417

Colbatch J (1776) Abhandlung von der Mistel und dessen Kraft wider die Epilepsie. Altenburg, Zit nach Tubeuf (1923)

Conrad DH, Wingard JR, Ishizaka T (1983) The interaction of human and rodent IgE with the human basophil IgE receptor. J Immunol 130: 327–333

Crawford AC, Watanabe WK (1916) Zit nach Hegenauer R (1966) J Biol Chem 24: 169

Crawford DJ, Hawksworth FG (1979) Flavonoid chemistry of Arceuthobium (Viscaceae). Brittonia 31: 212–216

Cronquist A (1981) An Integrated system of classification of flowering plants. Columbia University Press, New York

DAC (1979) Deutscher Arzneimittel-Codex (Ergänzungsbuch zum Arzneibuch 1. Ergänzung 1981) Govi-Verlag GmbH, Frankfurt/M. und Deutscher Apotheker-Verlag, Stuttgart, pp 1–3

Dahlgren RMT (1980) A revised system of classification of the Angiosperms. Bot J Linn Soc 80: 91–124

D'Amato F (1952) Polyploidy in the differentiation and function of tissue and cells in plants. Caryologia 4: 311–358

Danser BH (1941) The British-Indian species of Viscum revised and compared with those of South-Eastern Asia, Malaysia and Australia. Blumea 4: 261–318

Decker G (1973) Current concepts in diagnosis: The diagnosis and management of ovarian cancer. Southern Medical Journal 66: 369–374

Delabraze P, Lanier L (1972) Contribution à la lutte chimique contre le Gui (Viscum album L.). European Journal of Forest Pathology 2: 95–103

Deliu C (1974) Aspects de la nutrition minérale chez les plantes hémiparasites. (III) Le contenu en potassium chez certaines plantes hémiparasites et caulinaires (Titel der französischen Zusammenfassung). Stud Univ Babes-Bolyai, Biol 1: 89–94

Diamant B (1980) Intracellular mechanisms leading to mediator release. Advances in Allerg Clin Immun Pergamon, Press, Oxford, pp 163–170

Diaz Celayeta F (1974) Algunas plantas parasites de otros de intres agricola o medicinal. Serie protection vegetal **4: 143**

Dillner ML, Hammarström S, Perlmann P (1975) The lack of mitogenic response of neuraminidase-treated and untreated human blood lymphocytes to bivalent, hexavalent or insouluble Helix pomatia A-haemagglutinin. Exp Cell Res 96: 374–380

Dinkelaker H (1972) Die Mistel: Viscum album. Allg Homöop Ztg 217: 49–60

Dinkelaker H, Kass KA (1982) Die Mistel in der Therapie. Haug Verlag, Heidelberg, p 11, 17

Dossaji SF, Becker H, Exner J (1983) Flavone C-glycosides of Phoradendron tomentosum from different host trees. Phytochemistry 22: 311–312

Douglas WW, Nemeth EF (1982) On the calcium receptor activating exocytosis: inhibitory effects of calmodulin – interacting drugs on rat mast cells. J Physiol Lond 323: 229–244

Dvorak AM, Lett-Brown MA, Thueson DO, Pyne K, Raghuprasad PK, Galli StJ, Grant JA (1984) Histamine releasing activity (HRA). III. HRA induces human basophil histamine release by provoking noncytotoxic granule exocytosis. Clin Immunol and Immunopathology 32: 142–150

Ebel J (1984) Induction of Phytoalexin synthesis in plants following microbiol infection of treatment with elicitors. In: D.C. Ory Rt, Rittig FR (eds) Bioregulators, chemistry and uses. ACS Symposium Series 2 St. American Chemical Society, Washington, pp 257–271

Eckert R, Pfüller U, Kindt A, Reichelt E, Franz H (1985) Histaminrezeptor-tragende Lymphozyten. III. Suppression von Immunreaktionen nach Abtöten Histaminrezeptortragender Lymphozyten durch ein Konjugat aus Histamin und der A-Kette des Mistellektins I. Biomed Biochim Acta 44: 1239–1245

Ehleringer JR, Schulze E-D, Ziegler H, Lange OL, Faguhar GD, Cowar IR (1985) Xylem-tapping mistletoes: Water or nutrient parasites. Science 227: 1479–1481

Ennis M, Truneh A, Pearce FL (1981) Lectin-induced histamine secretion from isolated rat and guinea pig mast cells. Biochem Pharmacol 30: 2179–2181

Eremin O (1980) NK cell activity in the blood, tumour-draining-lymph-nodes and primary tumours of women with mammary carcinoma. In: Herbermann RB Natural cell-mediated immunity against tumours. Academic Press, New York

Ersson B, Asberg K, Porath J (1973) The phytohemagglutinin from sunn hemp seeds (Crotolaria juncea). Purification by biospecific chromatography. Biochim biophys acta 310: 446–452

Etzler ME, Kabat EA (1970) Purification and characterisation of a Lectin (plant haemagglutinin) with blood group A specificity from Dolichos biflorus. Biochemistry 9: 869–877

Ezeamuzie IC, Assem ESK (1983) A study of histamine release from human basophils and lung mast cells by products of lymphocyte stimulation. Agents & Act 13: 222–230

Farchmin F, Reutgen H, Bernhardt C, Luther P (1980) Schnelles Isolierungsverfahren für Viscum album Lektin an glutaraldehydstabilisierten Erythrozyten. Kriminalistik 39: 81–88

Felder WM (1979) Maratak (Viscum album) op hazelaar (Corylus avellana) te hartes bij vijlen Natur historisch. Maandblad 68:79

Fellmer CH, Fellmer KE (1966) Nachbehandlung bestrahlter Genitalkarzinome mit dem Viscum-album-Präparat „Iscador". Krebsarzt 21: 174–185

Feuer SM, Kuijt J (1982) Fine structure of mistletoe pollen. IV. Eurasian and Australian Viscum L. (Viscaceae). Amer J Bot 69: 1–12

Feuchtinger T (1979) Ergebnisse der Internistischen Therapie des malignen Melanoms (Stadium 2 und 3) mit Iscador. Krebsgeschehen Vol 14, Verlag f Medizin Dr. E Fischer, Heidelberg

Fischer JT (1983) Water relations of mistletoes and their hosts. In: Calder M, Bernhardt P (eds.) The Biology of Mistletoes. Academic Press, Sydney New York London San Siego San Francisco Sao Paulo Tokyo Toronto, pp 161–184

Fodstad O, Kvalheim G, Godal A, Lotsberg J, Andal S, Hørst H, Pihl A (1984) Phase 1 Study of the Plant Protein Ricin. Cancer Res 44: 862–865

Franz H (1985a) Biological activities of mistletoe lectin I (ML 1) and its A- and B-chains. A review. In: Bøg Hansen TC, Breborowicz J Lectins. Biology, Biochemistry, Clinical Biochemistry. Walter de Gruyter, Berlin New York Vol IV, pp 463–472

Franz H (1985b) Inhaltsstoffe der Mistel (Viscum album) als potentielle Arzneimittel. Pharmazie 40: 97–104

Franz H, Haustein B, Luther P, Kuropka U, Kindt A (1977) Isolierung und Charakterisierung von Inhaltsstoffen der Mistel (Viscum album L.) I. Affinitätschromatographie an fixierten Plasmaproteinen. Acta biol med germ 36: 113–117

Franz H, Kindt A, Bergmann P, Pfüller U, Ziska P (1985) Structure of mistletoe lectin I and function of its A- and B-chains. In: Bøg Hansen TC, Breborowicz J Lectins. Biology, Biochemistry, Clinical Biochemistry. Walter de Gruyter, Berlin New York Vol IV

Franz H, Kindt A, Eifler R, Ziska P, Benndorf R, Junghahn I (1983) Differences in toxicity and antigenicity between mistletoe lectin I and Viscotoxin A 3. Biomed biochim Acta 42: K 21–K 25

Franz H, Kindt A, Ziska P, Bielka H, Benndorf R, Venker L (1982) The toxic A-chain of mistletoe Lectin I: Isolation and its effect on cell-free protein synthesis. Acta biol med germ Bd. 41: 9–16

Franz H, Ziska P (1981) Isolation of lectins with different specificities using immobilized immunoglobulin. In: Bøg Hansen TC (ed) Lectins. Biology, Biochemistry, Clinical Biochemistry. Walter de Gruyter, Berlin New York

Franz H, Ziska P, Kindt A (1981) Isolation and properties of three lectins from mistletoe (Viscum album L.). Biochem J 195: 481–484

Freeland RO (1943) The american mistletoe with respect to chlorophyll and photosynthesis. Plant Physiol 18: 299–302

Freudenberg K, (1968) in: Constitution and biosynthesis of lignin, p. 113. In: Freudenberg K, Neish AC (eds), Springer Berlin Heidelberg New York

Frochot H, Delabraze P (1979) Efficacité d'herbicides du groupe des aryloxyacides sur le Gui du sapin. Proc 10th COLUMA conference 2: 798–804

Frochot H, Lanier L (1980) Implantation artificielle de gui (Viscum album L.) sur différentes provenances de sapin pectine (Abies alba Miller). Annales de Sciences forestières 37: 2

Frochot H, Pitsch M, Wehrlein L (1978) Différences de sensibilité au gui (Viscum album L.) de quelques clones de peuplier (Populus sp.) 103 Congrès national des sociétés savantes. Nancy, 1978, Sciences fasc I: 371–380

Frochot H, Sallé G (1980) Modalités de dissemination et d'implantation du gui. Revue Forestière Francaise 32: 505–519

Frohne D, Pfänder HJ (1982) Giftpflanzen. Wissensch Verlagsgesellschaft mbH, Stuttgart pp 155–156

Funke H (1939) Beiträge zur Kenntnis von Keimung und Bau der Mistel. Bot Centralbl Beihefte, Abt. A. Morph. u. Physiol. d. Pflanzen 59: 235–274

Gäumann E (1951) Pflanzliche Infektionslehre, 2. Aufl. Birkhäuser Verlag, Basel

Galbraith W, Goldstein IJ (1972) Phytohemagglutinin of the lima bean (Phaseolus lunatus). Isolation, characterization and interaction with type A blood group substances. Biochemistry 11: 3976–3984

Gandoger (1885) Flora europea, Tom. II. Paris, p. 41 Zit. nach Wangerin (1937)

Gaulthier R (1907) Action physiologique et therapeutique du gui. Gazette des Hopitaux Nr. 119

Gaulthier R (1910) Arch int Pharmakodyn Therap 20: 96–116

GAULTHIER R (1938) Le gui de chêne. Aesculape 28: 89–94

GAULTHIER R, CHEVALIEL J (1907) Action physiologique du gui (Viscum album). C R Acad Sc Paris 145: 941–942

GAULTHIER R, CHEVALIER J (1908) Sur l'action physiologique des extraits de gui. Chem Zentr Bl 1: 210

GLATZEL G (1982) Ökophysiologische Untersuchungen zum Mineralstoff- und Wasserhaushalt mistelbefallener Eichenbestände und daraus ableitbare Hinweise für Bekämpfungsmaßnahmen. In: Mayer H (ed.) Die Eichenmistel im Weinviertel. Forschungsbericht Univ. Bodenkultur, Wien pp 41–87

GLATZEL G (1983) Mineral nutrition and water relations of hemiparasitic mistletoes: a question of partitioning. Experiments with Loranthus europeus on Quercus petraea and Quercus robur. Oecologia (Berlin) 56: 193–201

GOLD ER, BALDING P (1975) Receptor-specific proteins, plant and animal lectins. American Elsevier Publishing Comp Inc, New York

GOLDSTEIN IJ, ETZLER ME (1983) Chemical taxonomy, molecular biology and function of plant lectins. Alan R Liss, Inc, New York

GRAZI G, URECH K (1981) Einige morphologische Merkmale der Mistelbeere (Viscum album L.) und deren taxonomische Bedeutung. Beitr Biol Pflanzen 56: 293–306

GRAZI G, URECH K (1983) La susceptibilité des chênes, des ormes et des mélèzes au qui (Viscum album L.).Revue Scientifique du Bourbonnais: 6–12

GRAZI G, URECH K (1985) Hyperparasitismus von Viscum album auf Loranthus europeus als mögliches Bekämpfungsmittel gegen die Eichenmistelplage. Beitr Biol Pflanzen 60 (im Druck)

GRAZI G, ZEMP M (1985) Über den Ginster, Genista cinerea, als Sammelwirt für Laubholzmistel (Viscum album ssp. album) und Kiefernmistel (Viscum album ssp. austriacum). 8. Symposium Morphologie, Anatomie und Systematik, Hamburg 3–7 März.

GUEGUEN J-H (1984) Le Gui. Etude historique, symbolique, botanique, pharmacologique et thérapeutique. Thèse doctorat en médecine. Diplome d'état. Université de Bretagne Occidentale, Faculté de Médecine, Brest, pp 263–291

GÜNCZLER M, OSIKA CH, SALZER G (1968) Ergebnisse von Resektion und Nachbehandlung beim Magenkarzinom. Wiener Klin Wochenschrift 80: 105–106

GÜNCZLER M, SALZER G (1962) Erfahrungen mit der eingeschränkten Radikaloperation und Iscador-Nachbehandlung beim Brustdrüsenkarzinom. Krebsarzt 17: 188–207

GÜNCZLER M, SALZER G (1969) Iscadortherapie in der Nachbehandlung operierter Karzinome, Österr Ärztezeitung 24:2290

GUINIER Ph (1934) Les domages causés par le gui. Annales de l'Ecole nationale des Eaux et Forêts de la Station de recherches et experiences C (2): 221–231

HÄRTEL O (1937) Über den Wasserhaushalt von Viscum album L. Ber Dtsch Bot Ges 55: 310–321

HAGER A (1967) Untersuchungen über die lichtinduzierten reversiblen Xanthophyllumwandlungen an Chlorella und Spinacea. Planta 74: 148–172

HAJTO T, LANZREIN Ch (1983) Frequency of large granular lymphocytes in peripheral blood of healthy persons and brast cancer patients. Cancer Immunol Immunother 16: 65–66

HAJTO T, LANZREIN CH (1986) Natural killer and antibody dependent cell – mediated cytotoxicity activities and large granular lymphocyte frequencies in Viscum album treated breast cancer patients. Oncology 43: 93–97

HALLER H VON (1755) Medicin Lexicon S. 1328. Zit nach Madaus (1938)

Handwörterbuch des Deutschen Aberglaubens (1934/35) Bd. IV, Leipzig, p. 390

HARBORNE JB (1973) Flavonoids as systematic markers in the angiosperms. In: Bendz G, Santesson J (eds.) Chemistry in botanical classification, Nobel 25. Academic Press, New York London

HARMS H (1973a) Beitrag zur Kenntnis der Mistel in Nordwest-Deutschland. Osnabrücker Nat W Mitt 2: 105

HARMS H (1973b) Die Mistel und ihre Verbreitung in Ostwestfalen. Mitt Dtsch Dendrol Ges 66: 69

HARTENSTEIN R, ERHARD H, POSSINGER K (1981) Gegenwärtiger Stand der Chemotherapie des Magen- und kolorektalen Karzinoms. Onkologie 4: 101–107

Harvey J, Colin-Jones DG (1981) Mistletoe hepatitis. Br Med J 282: 186–187

Hassauer W, Gutsch J, Burkhardt R (1979) Welche Erfolgsaussichten bietet die Iscadortherapie beim fortgeschrittenen Ovarialkarzinom? Onkologie Bd. 2 Nr. 1

Havas L (1937) Effects of colducin and of Viscum album preparations upon germination of seeds and grouth of seedlings, Nature 138: 371–372

Havas L (1936) Second Intern. Congr. Cancer, Brüssels p. 436

Hawksworth FG (1983) Mistletoes as Forest Parasites. In: Calder M, Bernhardt P (ed) The Biology of Mistletoes. Academic Press, Sydney New York London, p 317–333

Hawksworth FG, Scharpf RF (1984) Spread of European Mistletoe (Viscum album L.) in California. The Golden Bough. A newsletter to foster the biosystematics of Loranthaceae and Viscaceae 4: 2

Hayes CE, Goldstein IJ (1974) An α-D-galactosylbinding lectin from Bandeiraea simplicifolia seeds. Isolation by affinity chromatography and characterization. J Biol Chem 249: 1904–1914

Hecker AF (1814) Practische Arzneimittellehre. Erfurt, Zit nach Madaus (1938)

Hegenauer R (1966) Chemotaxonomie der Pflanzen. IV. Dicotyledonae. Daphniphyllaceae-Lythraceae. Birkhäuser Verlag, Basel und Stuttgart, pp 429–438

Hegi G (1981) Illustrierte Flora von Mitteleuropa III, 1, Wagenitz G, Hrsg. Verlag Paul Parey, Berlin, pp 309–321

Heinricher E (1919) Ein Versuch, Samen, allenfalls Pflanzen aus der Kreuzung einer Laubholzmistel mit der Tannenmistel zu gewinnen. Ber Dtsch Bot Ges 37

Heinricher E (1929) Allmähliches Immunwerden gegen Mistelbefall. Planta 7: 165–173

Helferich B, Kleinschmidt T (1959) über die Hemmung der β-D-Glucosidase des Süßmandel-Emulsins durch Mistelextrakt. Z physiol Chemie 315: 34–36

Hoffmann J (1979) Die Iscadorbehandlung bei Lebermetastasen. Krebsgeschehen 6: 172–175

Hoffmann J, Hajto T (1982) Iscadorbehandlung beim metastasierenden Mammakarzinom. Krebsgeschehen 3: 70–75

Hoffmann J, Hajto T (1984) Die Iscadorbehandlung der kolorektalen Tumoren. Krebsgeschehen 6: 150–153

Hofmann HD (Schmoll g. E.) (1969) Zum Jahreswechsel: „au gui l'an neuf". Die Mistel als glücksbringendes Zeichen im französisch-lothringischen Jugendstil. Saarheimat, Zeitschr f Kultur, Landschaft, Volkstum (Saarbrücken) 13 (12): 314

Hofmann HD (Schmoll g. E.) (1972) Galle avant Gallé. Zum keramischen Frühwerk des Gründers der „Ecole de Nancy". Festschrift Luitpold Dussler. München 1972, p 441, 452, u. Abb. 4, 5, 35

Hofstetter M (1985) HPLC-Charakterisierung von Lektinen der Mistel (Viscum album L.) und Verbreitung der Pflanze in der Schweiz. Diss. ETH Nr. 7798, Zürich

Hook WA, Brown H, Oppenheim JJ (1974) Histamine release from human leucocytes by concanavalin A and other mitogens. Proc Soc Exp Biol Med 147: 659–663

Hook WA, Siraganian RP, Wahl SM (1975) Complement induced histamine release from human basophils. Generation of activity in human serum. J Immunol 114: 1185–1190

Horak O (1974) Vergleichende Mineralstoff-Analysen an einigen Loranthaceen und deren Wirtspflanzen. Z Pflanzenphysiol 73: 461–466

Horejsi V, Ticha m, Kocourek J (1977) Studies of lectins XXXII. Application of affinity electrophoresis to the study of the interaction of lectins and their derivatives with sugars. Biochim Biophys Acta 499: 301–308

Hornung J (1982a) Ist unser Konzept der Arzneiprüfung richtig? Ärztl Praxis 34: 2051–2052

Hornung J (1982b) Misteltherapie bei Krebs: Wirksam oder nicht? Ärztl Praxis 34: 2077–2078

Houfek J (1973) Rozsireni jemli (Viscum L.) v Cescoslovensku. Zprazy Ceskolovenske Botanicke Spolecnosti 8: 210

Hull RJ, Leonhard A (1964a) Physiological aspects of parasitism in mistletoe (Arceuthobium and Phoradendron). I. The carbohydrate nutrition of mistletoe. Plant Physiol 39: 996–1007

Hull RJ, Leonhard OA (1964b) Physiological aspects of parasitism in mistletoes (Arceuthobium and Phoradendron) II. The photosynthetic capacity of mistletoe. Plant Physiol 39: 1008–1017

Humbert H (1959) Origines présumées et affinités de la flore de Madagascar. Mem Inst Sci Madagascar Ser B Biol Veg 9: 149–187

Ishizaka T (1982a) Biochemical analysis of triggering signals induced by bridging of IgE receptors. Federation Proc 41: 17–21

Ishizaka T (1982b) IgE and mechanisms of IgE-mediated hypersensitivity. Ann Allergy 48: 313–319

Ishizaka T, Ishizaka K, Johansson GO, Bennich H (1969) Histamine release from human leucocytes by anti-IgE-Antibodies. J Immunol 102: 884–892

Iversen J (1944) Viscum, Hedera and Ilex as climate indicators. Geol Fören Stockholm Förh 66: 463–483 (zitiert bei Straka, 1981)

Jadin M, Astruc A (1913) J Pharm Chim 7: 155–161; Zit. nach Lamont B (1983)

Jarisch A (1939) Die Pharmakologie der Mistel. Klin Wschr 18: 145–147

Jarisch A, Richter H (1940) Zur Frage der Wirkstoffe in der Mistel. Naun Schm Arch exper Pathol Pharmakol: 195, 89–92

Jeramillo AE (1980) Wound periderm formation in Juniperus occidentalis in response to Arcenthobium campylopodium. Can J Bot: 58, 400–403

Jermyn MA (1975) Precipitation reactions between components of plant tissue extracts. Austr J Plant Physiol: 2, 533–542

Jordan E (1985) Chemische und immunologische Untersuchungen von Polysacchariden und anderen hochmolekularen Inhaltsstoffen aus Viscum album L. Dissertation, Fakultät für Chemie und Pharmazie, München

Jordan E, Wagner H (1984) Polysaccharides of Viscum album L. Abstracts of the XIIth Intern Carboh Symp, Utrecht

Jost O, Kling L (1974) Das Vorkommen der Mistel (Viscum album) im Landkreis Fulda. Jahrb Landkr Fulda, p 100

Karcher HL (1982) Krebsforschung auf neuen Wegen: Lektine attackieren Tumorzellen. Bericht über das III. Symposium on Lectins in cell biology and medicine. Hamburg 20./21. 11. 1981. Selecta: 564–577

Kazimierczak W, Diamant B (1978) Mechanisms of histamine release in anaphylactic and anaphylactoid reactions. Progr Allergy 24: 285–365

Keiff U (1956) Le gui en Alsace. Son étude botanique, écologique, économique et thérapeutique. Imprimerie des Dernières Nouvelles, Strasbourg

Kennerly DA, Sullivan TJ, Sylwester P, Parker CW (1979) Diacylglycerol metabolism in mast cells: a potential role in membrane fusion and arachidonic acid release. J exper Med 150: 1039–1044

Khwaja TA, Dias CB, Papoian T, Pentecost S (1981) Studies on cytotoxic and immunologic effects of Viscum album (Mistletoe). Proc Am Assoc Cancer Res 22: 253

Khwaja TA, Dias CB, Papoian T, Pertecost S (1983) Experimental basis for the use of Iscador in cancer treatment. New drugs in cancer chemotherapy. In: Spitzy KH, Karrer K (1983) Proc 13th Int longr Chemotherapy, Vienna

Khwaja TA, Varven JC, Pentecost S, Pande H (1980) Isolation of biologically active alkaloids from Korean mistletoe Viscum album, coloratum. Experientia 36: 599–600

Kindt A, Ziska P (1979) Zur Trennung der Untereinheiten des Lektins aus Viscum album. Vortrag 3. Arbeitstagung ,,Lektine“, Berlin

Knutson DM (1983) Physiology of mistletoe parasitism and disease responses in the host. In: Calder M, Bernhardt P (eds) The Biology of Misteltoe. Academic Press, Sydney NewYork London Paris San Diego San Francisco Sao Paulo Tokyo Toronto, pp 295–316

Koch PE (1938a) Experimentelle Untersuchungen über lokale Beeinflussung von Impfgeschwülsten. Z Krebsforsch 47: 325–331

Kock FE (1938b) Untersuchungen über entzündungs- und nekroseerzeugende Wirkung von Viscum album. Z ges exp Med 103: 740–748

Kochmann (1931) Arch f exp Path 161: (Zit nach Madaus 1938)

Kocourek J, Horejsi V (1983) A note on the recent discussion on definition of the term ,,lectin“. In: Bøg Hansen TC, Spengler GA (eds) Lectins. Biology, Biochemistry, Clinical Biochemistry, S. 3–6

Köhler G, Milstein C (1975) Continuous cultures of fused cells secreting antibody of predefined specificity. Nature 256: 495–497

Köhler W, Kmonicek A, Kühnemund O, Luther P, Prokop O, Zurek A (1973) Antikörperähnliche Substanzen in Polystictus perennis (Dauerporling). Acta biol med germ 31: 121

Köttgen E (1977) Lektine. Struktur, Funktion und analytischer Einsatz in biologischen Systemen. Klin Wschr 55: 359–373

Köttgen E, Gerok W (1979) Lektine. Die Medizinische Welt 30: 20–29

Kolberg J (1978) Isolation and partial characterization of a mitogenic lectin from Lathyrus odoratus seeds. Acta path microbiol scand Sect C 86: 99–107

Konopa J, Woynarowski JM, Lewandowska-Gamieniak I (1980) Isolation of Viscotoxins. Cytotoxic basic polypeptides from Viscum album L. Hoppe-Seyler's Z Physiol Chem 361: 1525–1533

Kraft J (1972) Mistelns utbreching och framid in malasid. Lustgarden 53: 63

Kraft J (1977) Misteln, Viscum album, och ekmisten, Loranthus europeus. Skanes Natur 7

Kramer H, Bergmann Ch (1979) Untersuchungen zum Einsatz der Mikromodifikation des Lymphozytentransformationstestes bei Patienten mit Lungenkrankheiten. Z Erkr Atm-Org 153: 150–162

Kretovic VL, Evstisneeva ZG, Aseeva KB (1965) Ammonia assimilation by parasitic plants. Izv Akad Nauk S.S.S.R. Cser Biol 6: 87–876

Krüpe M (1956) Blutgruppenspezifische pflanzliche Eiweißkörper (Phytoagglutinine). Enke, Stuttgart

Krzaczek T (1976) Pharmacobotanical studies of the subspecies Viscum album L. II. Saccharides. Ann., Univ Mariae Curie-Sklodowska, Sect. D 32; ref. C. A. 88 56442a

Kubat K (1974) Viscum album in böhmischen Mittelgebirge. Zprazy Cescolovenske Botanicke Spolecnosti 9: 29

Kuijt J (1969) The Mistletoes. In: The biology of parasitic flowering plants. Univ. of California Press, Berkeley, Los Angeles, pp 13–52

Kuroda H, Higuchi T (1976) Characterization and biosynthesis of mistletoe lignin. Phytochemistry 15: 1511–1514

Lamont B (1982) Gas content of berries of the Australian mistletoe Amyema preissii and their effect of maturity, viscin, temperature and carbon dioxide on germination. J exp Bot 33, 790–798

Lamont B (1983) Mineral nutrition of mistletoes. In: Calder M, Bernhardt P (eds.) The Academic Press, Sydney New York London San Diego San Francisco Sao Paulo Tokyo Toronto, pp 185–204

Lamont BB, Southall KJ (1982) Distribution of mineral nutrients between the mistletoe, Amyema preissii, and its host, Acacia acuminata. Ann Bot 49: 721–725

Lansman JB, Cochrane DE (1980) Wheat germ agglutinin stimulates exocytotic histamine secretion from rat mast cells in the absence of extra-cellular calcium. Biochem Pharmacol 29: 455–458

Launay J (1950) Le passage des colorants entre le gui et son hôte. C R Acad Sci, Paris, Ser. D. 230: 767–769

Lawson D, Fewtrell C, Raff MC (1978) Localized mast cell degranulation induced by concanavalin A-sepharose beads. Implications for the Ca^{2+} hypothesis of stimulus-secretion coupling. J Cell Biol 79: 394–400

Lehner E, Lehner L (1960) Folklore and symbolism of flowers, plants and trees. New York, p 121

Leprince M (1907) Contribution à l'ètude chimique du gui (Viscum album). Compt Rend Acad Sci Paris 237: 1761

Leroi R (1977) Nachbehandlung des operierten Mammakarzinoms mit Viscum album. Helv chir Acta 44: 403–414

Leroi R (1978) Viscum album therapie of cancer. Brit Homeopathic J 67: 167–184

Leroi R (1980a) Klinische Erfahrungen mit dem Mistelpräparat Iscador. In: Wolf O (Hrsg) Die Mistel in der Krebsbehandlung, 2. Aufl. Vittorio Klostermann, Frankfurt/M. S. 55–84

Leroi R (1980b) Erfahrungen über die Wirksamkeit von Mistelpräparaten bei der Krebserkrankung. Physikal Med und Rehabilitation 5: 250–263

Leroi R (1984) Nichttoxische Tumortherapie am Beispiel der Mistel. In: Denck H und Karrer K (Hrsg) Chirurgische Onkologie. Verlag Chemie GmbH, Weinheim, S. 255–265

Leroi R, Hajto T (1982) Die Iscadortherapie beim Ovarialkarzinom. Krebsgeschehen 2 38–44

Lett-Brown MA, Thueson DO, Plank DE, Daffy L, Grant JA (1984) Histamine-releasing activity. V. Characterization and purification using high-performance liquid chromatography. Cellular Immunology 87: 445–451

Lichtenstein LM, Gillespie E (1973) Inhibition of histamine release by histamine controlled by H_2 receptor. Nature 244: 287–288

Lichtenstein LM, Osler AG (1964) Studies on the mechanism of hypersensitivity phenomena. IX. Histamine release from human leucocytes by ragweed pollen antigen. J exp Med 120: 507–530

Lis H, Lotan R, Sharon N (1974) Synthesis and use of affinity chromatography columns for the purification of plant lectins. Ann NY Acad Sci 234: 232–238

Lis H, Sharon N (1977) Lectins: Their chemistry and application to immunology. In: The antigens, Vol 4 Academic Press, New York, S. 429

Lonicerus (1564) Kreuterbuch, p. 133 (Zit nach Madaus 1938)

Loo SW (1946) Cultivation of excised stem tips of dodder in vitro. Amer J Bot 33: 295–300

Lotan P, Sharon N (1978) Plant (Arachis hypogaea) agglutinin. In: Methods in Enzymology, Vol L Academic Press, New York, S. 361

Lurker M (1960) Der Baum in Glauben und Kunst. In: Studien zur Deutschen Kunstgeschichte, Baden-Baden Straßburg 328: 101

Luther P (1974a) Ein präzipitierendes Anti-B aus Viscum album L. Dt Gesundh Wesen 29: 1487–1488

Luther P (1974b) Blutgruppensubstanzen und antikörperähnliche Verbindungen bei Insekten und Pflanzen. Thesis, Humboldt Universität, Berlin

Luther P, Mehnert H (1974c) Zum serologischen Verhalten einiger handelsüblicher Präparate aus Viscum album L., insbesondere des Iscador®, in bezug auf menschliche Blutzellen und Aszites-Tumorzellen von Mäusen. Acta biol med germ 33: 351–357

Luther P (1976) Zur Agglutination von menschlichen Erythrozyten und Aszites-Tumorzellen der Maus durch Extrakte aus der Mistel (Viscum album). Acta biol med germ 35: 123–126

Luther P (1980) Reinigung, Charakterisierung und Bedeutung des Lektins aus Viscum album L. sowie Anwendungsmöglichkeiten in der klinischen und experimentellen Medizin. Thesis, Humboldt-Universität, Berlin

Luther P (1982) Lektin und Toxin der Mistel. Zwischen Aberglaube und moderner Forschung. Akademie-Verlag, Berlin

Luther P, Adamczyk B, Bergmann K-Ch (1979) Nachweis von Virus-Neuraminidase und Anti-Neuraminidase durch Lektine (Lektin-Neuraminidase-Test). Dt Gesundh Wesen 34: 1858–1862

Luther P, Bergmann K-Ch, Oxford J (1984) An investigation of antigenic drift of neuraminidases of influenza A (H_1N_1) viruses. J Hyg Cambr 92: 223–229

Luther P, Franz H, Haustein B, Bergmann K-Ch (1977) Isolierung und Charakterisierung von Inhaltsstoffen der Mistel (Viscum album L.) II. Wirkung von agglutinierenden und zytotoxischen Fraktionen auf Mäuse-Aszites-Tumorzellen. Acta biol med germ 36: 119–125

Luther P, Mehnert WH, Graffi A, Prokop O (1973) Reaktionen einiger antikörperähnlicher Substanzen aus Insekten (Protektine) und Pflanzen (Lektine) mit Aszites-Tumorzellen. Acta biol med germ 31: K11–K18

Luther P, Prokop O, Köhler W, Kühnemund O (1972) Ein neues heterophiles Agglutinin „Anti A_{AS}" in Raupen und Puppen von Agrotis segetum (Schiff). Z Immun Forsch 144: 88–95

Luther P, Prokop O, Köhler W (1973) Ein heterophiles Anti-B („Anti-B_{VA}") aus Extrakten von Viscum album L. Z Immun Forsch 146: 29–35

Luther P, Samtleben R (1984) Short biography of Viscum album lectins: Preparation, characterization and nomenclature. The golden bough 5: 5–6

Luther P, Samtleben R, Sehrt I, Kramer H, Reutgen H (1984) Bericht einer Auftragsforschung zur Prüfung immunologischer und biochemischer Eigenschaften des zur Tumorbekämpfung eingesetzten Präparates „Iscador®" für den Verein für Krebsforschung Arlesheim (Schweiz). Berlin, 25. 7. 1984

Luther P, Sehrt I, Bergmann K-Ch, Reutgen H (1978) Allergie und Lektine. Wechselwirkung zwischen IgE-vermittelter Histaminfreisetzung und Glycoproteinen aus Viscum album L. (Mistel). Acta biol med germ 37: 1623–1628

Luther P, Theise H, Chatterjee B, Karduck D, Uhlenbruck G (1980) The lectin from Viscum album L.: Isolation, characterization, properties and structure. It J Biochem 11: 429–435

Lutomski J (1985) Die Bewertung einer hypertensiven Wirkung der Mistelpräparate des Kneipp-Heilmittelwerks. Institut für Heilpflanzenforschung (Poznan)

Lutsch G, Noll F, Ziska P, Kindt A, Franz H (1984) Electronmicroscopic investigation on the structure of lectin I from Viscum album L. FEBS Letters 170: 335–338

Luzik MD (1975) Die Antigengeschwulsteigenschaften des PHA der Mistel (Viscum album). Diprovidi AN SSR Sec B 541–544

Madaus G (1932) Zur wissenschaftlichen Grundlegung der Signaturlehre. Biol Heilkunst 13: 649–652

Madaus G (1938) Lehrbuch der biologischen Heilmittel Bd. III. Georg Thieme, Leipzig

Magro AM, Bennich H (1977) Concanavalin A induced histamine release from human basophils in vitro. Immunology 33: 51–58

Majewski A, Bentele W (1963) Über Zusatzbehandlung beim weiblichen Genitalkarzinom. Zentralblatt für Gynäkologie 85: 696–700

Mangenot G, Rebitte J, Rouchier A (1948) Sur le mucilage du gui. C R Acad Sci Paris 227: 439–441

Markowska R, Szmajda P (1971) Materialy do Wystepowania jemioly pospolites (Viscum album L.) na serenie poznania. Badan Fizjogr. Pol Zachod B 24: 267

Mathé G, Schneider M, Amiel JL, Cattan A, Schwarzenberg L, Berno M (1963) Stimulation de la neutrophilie par un extrait polysaccharidique de „Viscum album". Son utilisation thérapeutique dans les neutropénies. Rev Fr Etudes Clin Biol 8: 1017–1020

Matsumoto I, Osawa T (1969) Purification and characterisation of an anti-H(o) phytohemagglutinin of Ulex europaeus. Biophys Acta 194: 180–187

Matthiolus PA (1626) Kreutterbuch. Von Misteln. Cap. 68, pp 277c–278a Reprint (o. J.) Kölbl, Grünwald

May CHD, Lyman M, Alberto R, Cheng J (1970) Procedures for immunochemical study of histamine release from leukocytes with small volume of blood. J Allergy 46: 12–20

Mechelke F (1976) Sex-correlated complex heterozygoty in Viscum album L. Naturwissenschaften 63: 390–391

Melchior H (1921) Über den anatomischen Bau der Saugorgane von Viscum album L. In: Haberlandt, G (ed) Beitr. z. Allg. Bot. 2: 55–87

Mellstrand ST, Samuelsson G (1973) Phoratoxin, a toxic protein from the mistletoe Phoradendron tomentosum subsp. mocrophyllum (Loranthaceae). Improvements in the isolation procedure and further studies on the properties. Europ J Biochem 32: 143–147

Metzger H, Goetze A, Kanellopoulos G, Holowka D, Fewtrell C (1982) Structure of the high-affinity mast cell receptor for IgE. Federation Proc 41: 8–11

Metzner G, Augsten K, Franz H, Kindt A (1985a) Wirkung von Mistellektin I auf Leukozyten und Trombozyten. Vortrag: 9. Arbeitstagung „Lektine", 7. 6. 1985, Berlin

Metzner G, Franz H, Kindt A, Fahlbusch B, Süss J (1985b) The in vitro activity of lectin I from mistletoe (ML I) and its isolated A and B chains of functions of macrophages and polymorphonuclear cells. Immunobiol 169: 461–471

Meyers MH (1973) Breast cancer survival over three decades. In: Recent results in cancer research, S. 91, Springer, Berlin Heidelberg New York

Micker A (1923) Riesige Ausdehnung eines Mistelbusches, Mtt Dtsch Dendrolog Ges 33: 228

Miquel F (1856) Viscaceae. Fl Ind Bot 1: 803–804

Montfort C, Müller L (1951) Grundsätzliches zur Lebensrhythmik der Mistel (Viscum album L.) im jährlichen Längenzuwachs und in der Blattgestaltung. Ber Deut Botan Ges 64: 297–303

Müller J (1962) Verfahren zur Gewinnung eines Arzneimittels. Deutsches Patentamt, Auslegeschrift 11 30 112 der Ciba AG, Basel

Müller L (1952) Morphologische und biochemische Untersuchungen an der Mistel, Viscum album L. Dissertation, Frankfurt/M.

Munteanu-Deliu C (1974) Stud. Univ. Babes-Bolyai 1: 59–65 Zit nach Lamont B (1983)

Munter J (1949) Studies on the occurrence of hemagglutinins in seeds. Ann med exp biol Fenn 27: 12–19

Murashige T, Skoog F (1962) A revised medium for rapid growth and bio-assays with tobacco tissue cultures. Physiol Plant 15: 473–497

Nag KN, Johri BM (1970) Effects of cytokinins and injury on the formation of shoot buds by leaves of Dendrophthoea falcata. Planta 90: 360–364

Newman RA, Uhlenbruck G (1977) Investigation into the occurrence and structure of lectin receptors in human and bovine erythrocyte, milk-fat globule and lymphocyte plasma-membrane glycoproteins. Europ J Biochem 76: 149–155

Newman RA, Uhlenbruck G, Schumacher K, Mill A, v. Karduck D (1978) Interaction of peanut agglutinin with human Lymphocytes. Binding properties and topology of the receptor site. Z Immun Forsch 154: 451–462

Nicoloff T (1923) Contribution à la physiologie de la nutrition des parasites végétaux supérieurs. Revue gén Bot 35: 545–552

Nienhaus J, Stoll M, Bester F (1970) Thymus stimulation and cancer prophylaxis by Viscum proteins. Experientia 26: 524–525

Nikaido T, Ohmoto T, Noguchi H, Kinoshita T, Saitoh H, Sankawa U (1981) Inhibitors of cyclic AMP phosphodiesterase in medicinla plants. Planta Med 43: 18–23

Nimz H, Lüdemann H-D, Becker H (1974) Kohlenstoff-13-Kernresonanzspektren von Ligninen, 4. Die Lignine der europäischen Mistel (Viscum album L.). Z Pflanzenphysiol 73: 226–233

Nolle H (1928) Zurnal experimentalnoj biol i medic 9: 266 (Zit nach Madaus 1938)

Novogrodsky A, Rubin AL, Stensel KH (1977) Selective suppression of human peripheral blood lymphozytes by periodate, galactoseoxidase, soybeanagglutinin and peanut agglutinin: Differential effects of adherent cells. J Immunol 118: 852–857

Nowak TP, Barondse SH (1975) Agglutinin from Limulus polyphemus. Purification with formalinized horse erythrocytes as the affinity adsorbent. Biochim Biophys Acta 393: 115 bis 121

Ohta N, Yagishita K (1970) Isolation and structure of new flavonoids, flavoyardorinin-A, flavoyadorimin-B and homoflavoyadorinin-B in the leaves of Viscum album var. coloratum epiphysic on Pyrus communis. Agr Biol Chem 34: 900–907

Okumura Y, Sakurai A (1973) Chemical studies on the mistletoe. II. The structure of viscumamid, a new cyclic peptide isolated from Viscum album Linn. var. coloratum Ohwi. Bull chem soc Jpn 46: 2190–2193

Olsnes S (1978a) Ricin and Ricinus agglutinin, toxin lectins from castor bean. Methods in Enzymology. Vol L Complex Carbohydrates. Academic Press, New York

Olsnes S (1978b) Toxic and nontoxic lectins from Abrus. Methods in Enzymology. Vol L Complex Carbohydrates. Academic Press, New York

Olsnes S, Pihl A (1976) In: The specifity and action of animal, bacterial and plant toxins. In: Cuatrecasas P (Hrsg) Receptors and recognition. Series B, Chapman and Hall, London

Olsnes S, Pihl A (1977) In: Cuatrecasas P (Hrsg) Receptors and Recognition. Series B 1: 129–173. Chapman and Hall, London

Olsnes S, Refsens K, Christensen TB, Pihl A (1975) Studies on the structure and properties of the lectins from Abrus precatorius and Ricinus communis. Biochim Biophys Acta 405: 1–10

Olsnes S, Stirpe F, Sandwig K, Pihl A (1982) Isolation and characterization of viscumin, a toxic lectin from Viscum album L. (Mistletoe). J Biol Chem 257: 13263–13270

Olson T, Samuelsson G (1970) Purification of Viscotoxin Aox2 from the european mistletoe (Viscum album L.) by chromatography on DEAE Cellulose. Acta chem Scand 24: 720–721

Olson T, Samuelsson G (1972) The amino acid sequence of Viscotoxin A 2 from the European Mistletoe (Viscum album L, Loranthaceae). Acta chem Scand 26: 585–595

Ozenda P, Capdepon M (1979) L'apparei. haustorial des Phanérogames parasites. Rev gén Bot 86: 235–298

Paine LA (1950) The susceptibility of pear trees to penetration and toxic damage by mistletoe. Phytopathol Z 17: 305–327

Paracelsus (um 1520) Sämtl. Werke, Bd. 2: 619 (Zit nach Madaus 1938)

Pardoe GI, Bird GWG, Uhlenbruck G, Sprenger I, Heggen M (1970) Heterophile agglutinins with a broad-spectrum specificity. VI. The nature of cell surface receptors for the agglutinins present in seeds of Amaranthus caudatus, Maclura aurantica, Datura stramonium, Viscum album, Phaseolus vulgaris and Molucella leavis. Z Immun Forsch 140: 374–394

Pardoe GI, Uhlenbruck G, Anstee DJ, Reifenberg U (1970) On the specificity of broad spectrum agglutinins. III Heterophile agglutinins associated with anti-B-like specificity. Z Immun Forsch 139: 468–478

Pardoe GJ, Uhlenbruck G,, Bird GWG (1970) Studies on some heterophile receptors of the Burkitt EB 2 lymphoma cell. Immunology 18: 73–80

Perring F (1973) Mistletoe. In: Green PS (ed) Plants: wild and cultivated. p 139

Peter-Contesse J (1930) Du Gui. Journal forestier suisse 10: 217–223; 11: 247–259

Peter-Contesse J (1937) Influence du gui sur la production de bois de service. Journal forestier suisse 7: 145–153

Peters SP, Kagey-Sobotka A, MacGlashan, jr., DW, Siegel MI, Lichtenstein LM (1982) The modulation of human basophil histamine release by products of the 5-lipoxygenase pathway. J Immunol 129: 797–803

Philips LG, Bretting H, Kabat EA (1976) Galactose inhibitable mitogen for human lymphoxytes from sponge Axinelle polypodes. J Immunol 117: 1226–1229

Pipkova J, Horejsi V, Kocourek J (1978) Studies on lectins. 34. S-Glycosyl-polyacrylamide gels for affinity chromatography of lectins. Biochim Biophys Acta 541: 515–520

Pischel W (1973) 9. Reihe Santalales, Fam. Loranthaceae Viscum album. In: Leeser O (Hrsg.) Lehrbuch der Homöopathie. K. F. Haug Verlag, Heidelberg, pp. 458–468

Plagnat F (1950) Le gui du sapin. Annales de l'Ecole nationale des Eaux et Forêts XII: 155–231

Plinius GP Secundus (der Ältere 23–27 n Chr.) Historia Naturalis, Liter XVI 95 (Zit nach Tubeuf 1923)

Podder SK, Surolia A, Bachhawat BK (1974) On the specificity of carbohydrate-lectin recognition. The interaction of a lectin from Ricinus communis beans with simple saccharides and Concanavalin A. Eur J Biochem 44: 151–160

Pora A, Pop E, Rosca D, Rachu A (1957) Der Einfluß der Wirtspflanze auf den Gehalt an hypotensiven und herzwirksamen Prinzipien der Mistel (Viscum album L.). Pharmazie 12: 528–538

Poretz RD, Riss H, Timbartlake JW, Chien SU (1974) Purification and properties of the hemagglutinin from Sophora japanica. Biochemistry 12: 250–256

Pourtet J (1961) La culture du peuplier. Baillières et fils, Paris, 2e ed.

Preston AP (1977), Effects of mistletoe (Viscum album) on young apple trees. Hort Res 17: 33–38

Prokop O, Graffi A, Hoffmann F, Schnitzler S (1968) Untersuchungen über die Nachweisbarkeit von N-Acetyl-Galaktosamin bei menschlichen Tumoren und eventuelle medizinische Konsequenzen aus den Befunden. Dt Gesundh Wesen 23: 1926–1931

Prokop O, Graffi A, Luther P, Gauwerky C, Uhlenbruck G (1974) Anmerkungen zur Analyse der spezifischen Antigenität der Tumorzellen mittels Protektinen und Lektinen. Dt Gesundh Wesen 29: 2328–2333

Prokop O, Schlesinger D, Rackwitz A (1965) Über eine thermostabile „antibody like substance" (Anti A-hel) bei Helix pomatia und deren Herkunft. Z Immun Allergie-Forsch 129: 402–408

Prokop O, Uhlenbruck G (1966) Lehrbuch der menschlichen Blut- und Serumgruppen. Thieme, Leipzig

Prokop O, Uhlenbruck G, Steinhausen G, Rackwitz A (1974) Zur Erkennung von T-transformierten Erythrozyten mit Hilfe heterophiler Agglutinine. Acta biol med germ 33: 259–266

Rao PS (1957) A revision of the Indo-Malayan species of Viscum Linn. J Indian Bot Soc 36: 113–168

Rao PS, Rangaswamy NS (1971) Morphogenic studies in tissue culture of the parasite Santalum album L. Biol Plant (Praha) 13: 200–206

Reisner J, Kirkpatrick D, Dupont B, Kapoor N, Pollack M, Good R, O'Reiley R (1981) Transplantation for acute leukaemia with HLA-A and B nonidentical parenteral marrow cells, fractionated with soybean agglutinin and sheep red blood cells. The Lancet 15: 327–331

Rentea R, Lyon E, Hunter R (1981) Biologic properties of Iscador: A Viscum album preparation. 1. Hyperplasia of the thymic cortex and accelerated regeneration of hematopoietic cells following x-irradiation. Laboratory Investigation 44: 43–48

Reutgen H, Leijh PCJ, van Zwert Th, van Furth R (1986) Zur Wirkung von Viscum album Agglutinin (VAA I) auf den Killing-Vorgang bei Phagozyten (im Druck)

Reutgen H, Luther P, Bernhardt C, Pokorny J (1984a) Preparation and characterization of 125 J-Viscum album lectin for detecting specific receptors on cell surfaces. 16th FEBS-Meeting Moscow USSR 25.–30. 6. 1984 (Abstracts of posters: 16/045)

Reutgen H, Luther P, Bernhardt C, Pokorny J (1984b) Application of ^{125}J-labelled Viscum album lectin for characterization of cell surfaces. Interlec 6, Poznan, 2–6 Sept (abstracts)

Ribéreau-Gayon G, Jung ML, Baudino S, Sallé G, Beck JP (1986) Effects of mistletoe (Viscum album L.) extracts on cultured tumor cells. Experientia 42: 594–596

Ribéreau-Gayon G, Jung ML, Beck JP (1984) Effects of Iscador, an antitumor agent prepared from mistletoe (Viscum album L.), on cells in culture. 1st European Conference on Advances in Antitumor Agents Milano, Mai 1984, Poster

Roedig E, Hahn G (1982) Die Alopecia areata und ihre unterstützende Behandlungsmöglichkeit mit Plenosol. Z Allg Med 58: 1252–1254

Rote Liste (1985) Verzeichnis von Fertigarzneimitteln der Mitglieder des Bundesverbandes der Pharmazeutischen Industrie e. V. Edit Cantor, Aulendorf/Württ. Bundesverband der Pharmazeutischen Industrie Hrsg.

Sälägenu N, Galan-Fabian D (1961) Investigations on the nutrition of European mistletoe (Engl. Übersetzung des Titels durch die Verff.; Orig. in russisch) Fiziol Rast 8: 547–554

Sajner J, Veris O (1957) Histaminwirkungen von Mistelinfusionen. Pharmazie 12: 84

Sajner J, Veris O (1958) Über das Vorkommen von Histamin in Viscum album. Pharmazie 13: 170

Sakurai A, Okumura Y (1971) Chemical stuf dies on the mistletoe. I. The constituents o- Viscum album Linn. var. coloratum Ohwi epiphyting to Celtis sinensis Pers. var. japonica Nakai. Reports of Faculty of Science, Shizuoka University 6: 63–69

Sakurai A, Okumura Y (1979) Synthesis of viscumamide and its analogs. Bull chem Soc Jpn 52: 540–543

Sallé G (1975) Etude cytologique cytochimique et histoautoradiographique du Viscum album L. (Loranthacées). I. La graine, sa germination et les modalités de la fixation sur l'hôte. Rev Cyt Biol Végét 38: 1–110

Sallé G (1976a) Le phloème des cordons corticaux du Viscum album L. (Loranthacées). Protoplasma 87: 17–25

Sallé G (1976b) Etude cytologique et cytochimique de l'extrémité des cordons corticaux du Viscum album. Mise en évidende d'une secretion mucilagineuse. Protoplasma 90: 283–295

Sallé G (1978) Nuclear DNA metabolism in the tip of the cortical strands of Viscum album L. Ann Bot 42: 1171–1176

Sallé G (1979a) The endophytic system of Viscum album: Its anatomy, ultrastructure and relations with the host tissues. Proc 2nd Symposium on Parasitic Weeds, North Carolina, State University Raleigh (USA), pp 115–128

Sallé G (1979b) Le système endophytique du Viscum album: anatomie et fonctionnement des suçoirs secondaires. Can J Bot 57: 435–449

Sallé G (1980) Effets d'un extrait de gui (Viscum album L.) sur la croissance des racines de lentille (Lens culinaris L.) I. Effets physiologiques. Planta Med 38: 43–49

Sallé G (1983) Germination and establishment of Viscum album L. In: Calder M, Bernhardt P (eds.) The Biology of mistletoes. Academic Press, Sydney New York London Paris San Diego San Francisco Sao Paulo Tokyo Toronto, pp 145–159

Sallé G, Armillotta A, Frochot H (1984) Mechanisms of resistance of four cultivars of poplar against Viscum album L. Proceedings of the 3rd International Symposium on Parasitic Weeds, International Center for Agricultural Research in the Dry Areas (ICARDA), Aleppo, Syrien, pp 22–30

Salzer G (1981a) Phytotherapie am Beispiel der Mistelbehandlung maligner Tumoren. Österr Ärztezeitung 36: 380

Salzer G (1981b) Adjuvante Misteltherapie bei Krebserkrankung. Erfahrungen aus dem Ludwig-Boltzmann-Institut für Klinische Onkologie Z für Allgemeinmedizin 57: 323–327

Salzer G (1983) Lokalbehandlung der Pleurakarzinose. Krebsgeschehen 2: 52–53

Salzer G, Havelec L (1978) Rezidivprophylaxe bei operierten Bronchuskarzinompatienten mit dem Mistelpräparat Iscador. Onkologie 1: 264–267

Salzer G, Havelec L (1983) Adjuvante Iscadorbehandlung nach operiertem Magenkarzinom. Ergebnisse einer randomisierten Studie. Krebsgeschehen 15: 106–110

Salzer G, Mueller H (1978) Die lokale Behandlung maligner Pleuraergüsse mit dem Mistelpräparat Iscador. Praxis und Klinik der Pneumologie 32: 683–748

Samuelsson B (1982) Die Leukotriene, superaktive, an Allergie und Entzündung beteiligte Wirkstoffe. Angew Chem 94: 881–889

Samuelsson G (1958) Phytochemical and pharmacological studies on Viscum album L. I. Viscotoxin, its isolation and properties. Svensk Farm Tidskr 62: 169–174

Samuelsson G (1961) Phytochemical and pharmacological studies on Viscum album L. V. Further improvements in the isolation methods for Viscotoxin. Studies on Viscotoxin from Viscum album growing on Tilia cordata Mill. Svensk Farm Tidskr 65: 481–494

Samuelsson G (1969) Phytochemical and pharmacological studies on Viscum album L. III. Isolation of a hypotensive substance: γ-aminobutyric acid. Svensk Farm Tidskr 63: 545–553

Samuelsson G (1973) Mistletoe toxins. Syst Zool 22: 566–569

Samuelsson G (1974) Small proteins of pharmacological and toxicological interest from plants of the family Loranthaceae (mistletoes). Proc intern Worksh Hormones and Proteins Upsala

Samuelsson G, Lakshman, Jayawardene A (1974) Isolation and characterization of viscotoxin 1-Ps from Viscum album L. ssp austriacum (Wiesb.) Vollmann, growing on Pinus silvestris. Acta Pharmaceutica Sueciea 11: 175–184

Samuelsson G, Pettersson B (1970) Separation of viscotoxins from the european mistletoe, Viscum album L. (Loranthaceae) by chromatography on sulfoethyl sephadex. Acta chem Scand 8: 2751–2756

Samuelsson G, Seger L, Olson T (1968) The amino acid sequence of oxidized Viscotoxin A 3 from the European mistletoe (Viscum album L, Loranthaceae). Acta chem Scand 22: 2624–2642

Samtleben R, Kiefer M, Luther P (1984) Biochemical properties of the different isolectins of Viscum album. 16th FEBS-Meeting, Moskau 25. 6.

Samtleben R, Kiefer M, Luther P (1985) Characterization of the different lectins from Viscum album (mistletoe) and their structural relationships with the agglutinins from Abrus precatorius and Ricinus communis. In: Bøg Hansen TC, Breborowicz J.: Lectins, Biology, Biochemistry, Clinical Biochemistry. Vol IV, S. 617–626

Schacht H (1854) zitiert bei von Tubeuf (1923, p. 610)

Scherbaum I, Drössler K, Ziska P, Franz H (1978) Zur Einwirkung des Lektins aus Viscum album auf Lymphozyten- und Makrophagen-Zellkulturen. Allergie und Immunol 24: 208

Schindler H (1955) Inhaltsstoffe und Prüfungsmethoden homöopathisch verwendeter Arzneipflanzen. Editio Cantor, Aulendorf

Schirrmacher V, Altevogt P, Fogel M, Dennis J, Waller CA, Barz D, Schwarz R, Cheingsong-Popov R, Springer G, Robinson PJ, Nebe T, Brosmer W, Vladovsky I, Pawelitz N, Zimmermann H-P, Uhlenbruck G (1983) Invasion and metastases. Karger, Basel

Schirrmacher V, Bosslet K (1980) Tumor metastasis and cell-mediated immunity in a model system in DBA 2 mice. 10. Immunoselectin of tumor variants differing in tumor antigen expression and metastatic capacity. Int J Cancer 25: 781–788

Schirrmacher V, Bosslet K, Shantz G, Clauer K, Hübsch D (1979) Tumor metastasis and cell-mediated immunity in a model system in DBA 2 mice. 5. Antigenic differences between a metastasing variant and the parenteral tumor line revealed by cytotoxic T-lymphocytes. Int J Cancer 23: 246–252

Schirrmacher V, Jacobs W (1979) Tumor metastases and cell-mediated immunity in a model system in DBA 2 mice. 8. Expression and shedding of Fc-receptors on metastatic tumor cell variants. J Supramolecular Structure 11: 105–111

Schirrmacher V, Shantz G, Clauer K, Komitowski D, Zimmermann H-P, Lohmann-Matthes ML (1972) Tumor metastases and cell-mediated immunity in a model system in DBA 2 mice. 2. Tumor invasiveness in vitro and metastasis formation in vivo. Int J Cancer 23: 233–244

Schmidt DO, Buschmann H, Prokop O, Uhlenbruck G (1967) Hel, ein neues Blutgruppenantigen beim Schwein. Z Immun Allergie-Forsch 133: 54–60

Schmidt DO, Uhlenbruck G (1972) Ein genetisch determiniertes Blutgruppenmerkmal beim Schaf. Z Allergie Forsch 143: 406–408

Schmoll gen. Eisenwerth HD (1979) Das Mistelmotiv im Kunsthandwerk des Jugendstils. Bemerkungen zu seiner formalen und symbolischen Bedeutung. In: Ausstellungskatalog „Silber des Jugendstils". Museum Villa Stuck. Prestel Verlag, München

Schmoll gen. Eisenwerth JA, Schmoll gen. Eisenwerth HD (1980/81) Nancy 1900 – Jugendstil in Lothringen zwischen Historismus und Art Deco. Ausstellungskatalog Münchner Stadtmuseum. Mainz Murnau Abb. S. 136, Kat. Nr. 408, 426, 427, 428, 523. Zabern Verlag

Schnitzler S (1977) Hämagglutinine aus Wirbellosen unter besonderer Berücksichtigung des Anti-A_{HP}. In: Perlick E, Plenert W, Prokop O, Stobbe H (Hrsg) Fortschritte der Hämatologie. Johann Ambrosius Barth, Leipzig, S. 51–184

Schnitzler S (1978) Lektine – insbesondere Anti-A_{HP}- und Tumorforschung. Krebsgeschehen 6: 152–154

Schnitzler S, Prokop O (1978) Rätselhafte Lektine. Wissenschaft und Forschung 28: 271–274

Schnitzler S, Steinhauser G, Renner H. Groschalski G (1980) Zur Wirkungsweise von Protaminsulfat bei der Histaminsekretion von Rattenmastzellen. Acta biol med germ 39: 1037–1044

Schreiber K, Stumpf C (1984) Iscador in der postoperativen Therapie des Ovarialkarzinoms. Ergebnisse 24jähriger Therapie. Erfahrungsheilkunde 33: 349–358

Schröder G (1982) Einfluß eines Extraktes aus Viscum album L. auf Induktion, Wachstum, DNS- und Histongehalt von Crown-Gall-Tumoren. Dissertation, Fakultät II – Biologie, Universität Hohenheim

Schumacher F (1918) Die Insekten der Mistel und verwandter Loranthaceen. Naturw Z f Forst- u Landw 195–238

Schulze ED, Ehleringer JR (1984) The effect of nitrogen supply on growth and water – use efficiency of xylem – tapping mistletoes. Planta 162: 268–275

Schulze ED, Turner NC, Glatzel G (1984) Carbon, water and nutrient relations of two mistletoes and their hosts: A hypothesis. Plant, Cell and Environment 7: 293–299

Sela BA, Wang JL, Edelmann GM (1975) Isolation of lectins of different specificities on a single affinity adsorbent. J Biol Chem 250: 7535–7542

Sehrt I, Bergmann K-Ch, Dehnert I, Christ R (1977) Allergeninduzierte Histaminfreisetzung zur In-vitro-Diagnostik des atopischen extrinsic-Asthmas. Dtsch Gesund Wesen 32: 303–307

Sehrt I, Luther P (1982) Effect of viscum lectin on histamine release from human leucocytes. In: Bøg Hansen (eds.) Lectins. Biology, Biochemistry, Clinical Biochemistry. Walter de Gruyter, Berlin New York Vol II: 45–56

Sehrt I, Luther P, Franz H, Kindt A, Samtleben R (1985) Effect of toxic lectins on histamine release from human basophil granulocytes. In: Bøg Hansen TC, Breborowicz J (eds) Lectins. Biology, Biochemistry, Clinical Biochemistry. Walter de Gruyter, Berlin-New York. Vol IV, S. 53–62

Seybold A, Egle K (1937) Lichtfeld und Blattfarbstoffe I. Planta 26: 491–515

Shannon LM (1983) Structural properties of legume lectins. In: Goldstein J and Etzler ME (eds) Chemical taxonomy, molecular biology and function of plant lectins. Alan R Liss, Luc. New York

Sharif A, Brochier J, Bourrillon R (1977) Specific activation of human T-lymphocytes by Robinia pseudoacacia seed lectin. Cell immunol 31: 302

Sharif A, Lethibichthuy J, Brochier J, Goussault Y, Bourrillon R (1978) Activation of human B-lymphocytes by Robinia pseudoacacia lectin in the presence of T-cells. Immunology 35: 643–649

Sharon N (1980) Lectins. Scientific American 246: 108–119 und 243: 80–97

Sharon N (1982) Lectins: used for cell-separation. Biotechnics. News about advanced biochemicals for life science research. 1: 1–6

Shore PA, Burkhalter A, Cohn VH (1959) A method for the fluorometric assay of histamine in tissues. J Pharmacol 127: 182–186

Singer O (1958) Ein Beitrag zur Kenntnis der Mistel. Pharmazie 13: 781–783

Singer O (1959) Ein Beitrag zur Geschichte der medizinischen Verwendung der Mistel (Viscum album) und ihr Vorkommen auf der Eiche. Pharmazie 14: 104–110

Siraganian RP, Stragenian PA (1975) Mechanism of action of concanavalin A on human basophils. J Immunol 114: 886–893

Siraganian PA, Straganian RP (1974) Basophil activation by Concanavalin A: characteristics of the reaction. J Immunol 112: 2117–2125

Sittler L (1970) Weihnachtslicht und Weihnachtsfreude aus dem Elsaß. Freiburg Colmar Paris

Skalicky W (1974) Pozmamky rozsireni jemli (Viscum L.). Zprazy Ceskolovenske Botanicke Spolecnosti 9: 32

Skre O (1979) The regional distribution of vascular plants on Scandinavia with requirements for high summer temperatures. Norw J Bot Zf 285

Smith PL, Gledhill D (1983) Anatomy of the Endophyte of Viscum alvum L. Botanical Journal of the Linnean Society 87: 29–55

Smolik HW (1956) Tausend Wunder auf stillen Wegen. Ein Jahreszeitenbuch. Stuttgart, p 28

Steiner R (1920) Geisteswissenschaften und Medizin. 20 Vorträge Dornach 21. 3.–9. 4. 1920 Letzte Auflage 1976: 246–262

Steiner R (1965) Physiologisch-Therapeutisches auf Grundlage der Geisteswissenschaften. Dornach 1965: 285–288

Steward FC, Caplin SM (1951) A tissue culture from potato tuber, the synergistic action of 2,4-D and coconut milk. Science 113: 518

Stillmark H (1888) Über Ricin, ein giftiges Ferment aus den Samen von Ricinus communis L. und einigen anderen Euphorbiaceen. Thesis, Dorpat

Stillmark H (1889) Über Ricin. Arb Pharmakol Inst Dorpat 3: 59–64

Stirpe F, Legg RF, Onyon LJ, Ziska P, Franz H (1980) Inhibition of protein synthesis by a toxic lectin from Viscum album L. (mistletoe). Biochem J 190: 843–845

Stirpe F, Sandvig K, Olsnes S, Pihl A (1982) Action of Viscumin, a toxic lectin from mistletoe on cells in culture. J Biol Chem 257: 13271–13277

Stopp F (1961) Unsere Misteln. A Ziemsen Verlag, Lutherstadt-Wittenberg

Straka H (1981) In: Hegi G Illustrierte Flora von Mitteleuropa III, 1 Wagenitz G (Hrsg) Verlag Paul Parey, Berlin, pp 499–500

Sturluson S (1220) in „Jüngere Edda" (Zit nach Tubeuf, 1923)

Süss J, Bakacs C, Balazs C (1982) The phagocytosis capacity assay: a new radiometric phagozytosis test for clinical use. J Immunol Meth 53: 69–75

Sullivan TJ, Greene WS, Parker ChW (1975) Concanavalin A-induced histamine release from normal rat mast cells. J Immunol 115: 278–282

Szymanowsky J (1973) Niektore stanowiska jemioly (Viscum album L) w Polske. Roszn Dendrol Polsk Tow Bot 27: 169

Tabernaemontanus (1664) (Zit nach Tubeuf, 1923)

Taguchi M, Sakurai A, Okomura Y (1973) Chemical studies on the mistletoe. III. The isolation of syringaresinol from Viscum album L. var. coloratum Ohwi. Reports Fac Sci Shizuoka Univ 8: 31–35

Tainter FH (1970) Wound periderm formation in Larix laricina in response to Arceuthobium pusillum. Phytopathology 60: 555–556

Tainter FH, French DW (1971) The role of wound periderm in the resistance of eastern larch and jack pine to dwarf mistletoe. Can J Bot 49: 501–504

Taylor KM (1984) Physician's reasons for not entering eligible patients in a randomised clinical trial of surgery for breast cancer. New Engl J Med 310: 1363–1367

Terao T, Irimura T, Osawa T (1975) Purification and characterization of a hemagglutinin from Arachis hypogaea. Hoppe-Seyler's Z Physiol Chem 356: 1685–1692

Thoday D (1951) The haustorial system of Viscum album. J Exper Bot 2: 1–19

Thoday D (1956) Modes of union and interaction between parasite and host in the Loranthaceae. I. Viscoideae, not including Phoradendreae. Roy. Soc., London, Proc B 145: 531–548

Thoday D (1958) Modes of union and interaction between parasite and host in the Loranthaceae. III. Further observations on Viscum and Korthalsella. Roy. Soc. London, Proc B 148: 188–206

Thueson DO, Speck LS, Lett-Brown MA, Grant JA (1979) Histamine-releasing activity (H.R.A.): Production by mitogen – or antigen-stimulated human mononuclear cells. J Immunol 123: 626–632

Tobiska J (1964) Die Phythämagglutinine. Hämatologie und Bluttransfusionswesen, Bd. 3. Akademie-Verlag, Berlin

Tomita M, Kurokowa T, Onozaki K, Ichiki N, Osawa T, Ukita T (1972) Purification of galactose-binding phytoagglutinins and phytotoxins by affinity column chromatography using sepharose. Experientia 28: 84–85

Troels-Smith J (1960) Ivy, misteltoe and elm. Climate indicators – fodder plants. Geological survey of Denmark IV, 4, 4, pp 32

Tronchet J (1972) L'Equipment flavonique „de surface" de sujets de Viscum album L., developpes sur six hotes differents. Ann Sci Univ Besonçon Bot: 13, 1

Tubeuf Frh. von K (1923) Monographie der Mistel. R. Oldenburg, München Berlin

Tung R, Kagey-Sobotka A, Plaut M, Lichtenstein LM (1982) H_2-antihistamines augment antigen-induced release from human basophils in vitro. J Immunol 129: 2113–2115

Tympner KD, Klose PK, Janka G, Liegel D (1976) Einfluß intravenös verträglicher Immunglobuline auf die Phagozytose-Leistung der Granulozyten in vitro. Münch Med Wschr 8: 251–252

Uhlenbruck G (1981a) Immunotoxine: ein neuer Weg zur Krebsbehandlung? Ärztliche Praxis XXXIII: 1844–1846

Uhlenbruck G (1981b) Lektine, Toxine und Immunotoxine. Naturwissenschaften 68: 606 bis 612

Uhlenbruck G (1983) Liver lectins: Mediators for metastases? Experientia 39: 1314

Uhlenbruck G, Pardoe GI, Bird GWG (1969) On the specificity of lectins with a broad agglutinin spectrum. 2. Studies on the nature of the T-antigen and the specific receptors for the lectin of Arachis hypogaea (ground-nut). Z Immun Forsch 138: 423–433

Uhlenbruck G, Schumacher K, Steinhausen G, von Mil A (1977) Über eine neue Gruppe mitogen wirkender Lektine aus Invertebraten. Aktuelle Probleme der Inneren Medizin. Verlag Schattauer FK, Stuttgart-New York

Uhlenbruck G, Steinhausen G (1977) Tridacnins: Symbiosis-profit or defense purpose? Developmental and Comp Immunol 1: 183–192

Uhlenbruck G, Steinhausen G, Schwick HC (1977) A new marker for neuraminidase treated human serum glycoproteins from the haemolymph of Tridacna maxima (Röding). J Clin Chem Clin Biochem 15: 21–26

Uhlenbruck G, Vaith P, Karduck D, Haupt H, Müller WEG (1979) Anti galactan lectins. In: Peters H (ed.) Protides of biological fluids. 27th Coll 1979, B 5: Lectins in separation of proteins. Pergamon Press, Oxford New York, S. 595–598

Uvnäs B, Åborg C-H, Bergendorff A (1970) Storage of histamine in mast cells. Evidence for an ionic binding of histamine to protein carboxyls in the granule heparin-protein complex. Acta physiol scand 78 suppl: 1–26

Vester F (1964) Gewinnung eines kanzerostatischen Proteins. Patentschrift Beleg. 64 6095 vom 4. 4. 1963

Vester F (1965) Aminoacid pattern and malignant growth. Biochem Biophys Acta 104: 98–103

Vester F (1977) Über die kanzerostatischen und immunogenen Eigenschaften von Mistelproteinen. Krebsgeschehen 5: 106–114

VESTER F, BOHNE L, EL FOLY M (1968b) Zur Kenntnis der Inhaltsstoffe von Viscum album. IV. Biologisches Verhalten einzelner Proteinfraktionen. Hoppe-Seyler's Z Physiol Chem 349: 495–511

VESTER F, MAI W (1960) Zur Kenntnis der Inhaltsstoffe von Viscum album. I: Freie Aminosäuren. Z Physiol Chem 322: 273–279

VESTER F, SCHWEIGER A, SEEL A, STOLL M (1968c) Die Hemmwirkung basischer Proteine aus Viscum album auf die RNA-Synthese in Yoshida-Aszites. Hoppe-Seyler's Z Physiol Chem 349: 865–866

VESTER F, SEEL A, STOLL M, MÜLLER JM (1968a) Zur Kenntnis der Inhaltsstoffe aus Viscum album. III. Isolierung und Reinigung cancerostatischer Proteinfraktionen. Hoppe-Seyler's Z Physiol Chem 349: 125–147

VOISIN H (1978) Matière médicale du practicien homépathe. Maloine, Paris, p 1216

WAGNER I, CAPESIUS I (1981) Determination of 5-methylcytosine from plant DNA by high-performance liquid chromatography. Biochim Biophys Acta 654: 52–56

WAGNER H, FEIL B, BLADT S (1984) Viscum album – die Mistel. Analyse und Standardisierung von Arzneidrogen und Phytopräparaten durch Hochleistungsflüssigkeitschromatographie (HPLC) und andere chromatographische Verfahren (III). Dtsch Apoth Ztg 124: 1429–1432

WAGNER H, FEIL B, SELIGMANN O, PETRIČIČ J, KOLOGJERA Z (1986) Phenylpropanes and ligmans of Viscum album L. Cardioactive Drugs V. Planta Med 102–104

WAGNER H, HEUR YH, OBERMEIER A, TITTEL G, BLADT S (1982) Die DC- und HPLC-Analyse der Eleutherococcus Droge. Planta Med 44: 193–198

WALLDEN B (1961) Misteln vid dess Nordgräns. Svensk Bot Tidskr 55 (3): 427–549

WANGERIN K (1937) Loranthaceae. In: Wangerin W, Schröter C (eds.) Lebensgeschichte der Blütenpflanzen Mitteleuropas. Verlagsbuchhandlung Eugen Ulmer, Stuttgart, Band II. 1. Abt., pp 954–1231

WEBER K, OSBORN M (1969) The reliability of the molecular weight determinations by dodecyl sulfate-polyacrylamide gel electrophoresis. J Biol Chem 244: 4406–4412

WESTER DH (1921) zitiert nach Hegenauer R (1966) Rec Trav Chim Pays Bas 40: 707

WHITE EP (1944) Alkaloids of the Leguminosae – VIII–XIII. N Zealand J Technol 25B: 140

WICHTL M (1984) Mistelkraut, Visci herba, Herba Visci. In: Wichtl M (Hrsg) Teedrogen Wiss. Verlagsges. mbH, Stuttgart, pp 235–237

WIENS D, TÖLKEN HR (1979) Viscaceae. Flora of southern Africa 10: 43–59

WIESNER J (1897) Über die Ruheperiode und über einige Keimungsbedingungen der Samen von Viscum album. Ber Dtsch Bot Ges 15: 503–516

WIESNER J (1894) Pflanzenphysiologische Mitteilungen aus Buitzenzorg. Vergleichende physiologische Studien über die Keimung europäischer und tropischer Arten von Viscum und Loranthus. Sitzb. Akad. Wiss. Wien Math.-Naturw. Kl. 1. Abt. 103: 401–437

WINSLOW ChM, ACSTEN KF (1982) Enzymatic regulation of mast cell activation and secretion by adenylate cyclase and cyclic AMP-dependent protein kinases. Federation Proc 41: 22–29

WINTERFELD K (1938) Über zwei therapeutisch wirksame Stoffe der nordischen Mistel. Scientia Pharmaceutica 9: 105–107

WINTERFELD K (1942) Über die Inhaltsstoffe der Mistel. Pharmaz Ind 9: 37–41

WINTERFELD K (1952) Die Wirkstoffe der Mistel (Viscum album L.). Pharmazie 7: 693–694

WINTERFELD K, BIJL LH (1948) Viscotoxin, ein neuer Inhaltsstoff der Mistel (Viscum album L.). Liebigs Ann Chem 561: 107–115

WINTERFELD K, DÖRLE E (1942) Über die Wirkstoffe der Mistel (Viscum album L.). (2. Mitteilung) Arch Pharm 280: 23–36

WINTERFELD K, KRONENTHALER A (1942) Zur Chemie des blutdrucksenkenden Bestandteiles der Mistel. Arch Pharm 280: 103–115

WINTERFELD K, LEINER M (1956) Zur Kenntnis des Viscotoxins. Naunyn-Schmiedeberg Arch Pharmakol 289: 358–364

WINTERFELD K, SELAWRY OS, GRUNTHAL M, SCHWARZ MR (1963) Zur Kenntnis des tumorhemmenden Prinzips der Mistel (Viscum album L.) Arzneim Forsch 13: 29–33

WOYNAROWSKI M, KONOPA J (1980) Interaction betwen DNA and Viscotoxins. Cytotoxic basis polypeptides from Viscum album L. Hoppe-Seyler's Z Physiol Chem 361: 1535 bis 1545

Yariv J, Kalb AJ, Katchalski E (1967) Isolation of on L-fucose binding protein from Lotus tetragonolobus seed. Nature 215: 890–891

Young NM (1974) The effects of maleylation on the properties of Concanavalin A. Biochim Biophys Acta 336: 46–52

Zipf HF (1949) Zur Pharmakologie des Viscotoxins. Klin Wschr 27: 643–645

Zipf HF (1950) Arch exp Path Pharmak 209: 165, Zit nach: Auster F, Schäfer J (eds) (1961) Arzneipflanzen. Georg Thieme, Leipzig

Ziska P, Eifler R, Franz H (1979) Chemical modification studies on the D-galacto-pyranosyl binding lectin from the mistletoe Viscum album L. Acta biol med germ 38: 1361–1363

Ziska P, Franz H (1981) Studies on the interaction of the mistletoe lectin I with carbohydrates Experientia 37: 219

Ziska P, Franz H (1985) Determination of lectin contents in commercial mistletoe preparations for cancer therapy using the ELISA technic. In: Bøg Hansen TC (Hrsg) Lectins. Biology Biochemistry Clinical Biochemistry, Walter de Gruyter, Berlin New York. Vol IV

Ziska P, Franz H, Kindt A (1978) The lectin from Viscum album L., purification by biospecific affinity chromatography. Experientia 34: 123–124

Zschiesche W (1966) Die Wirkung von Iscador auf die Phagocytoseaktivität des reticulohistiocytären Systems. Monatsschrift d. Dt. Akad. d. Wissenschaften, Berlin 8: 10

Zwinger TH (1696) Neues, vollkommenes Kräuterbuch. Zit nach Singer (1959)

Sachwortverzeichnis

GPSR Compliance

The European Union's (EU) General Product Safety Regulation (GPSR) is a set of rules that requires consumer products to be safe and our obligations to ensure this.

If you have any concerns about our products, you can contact us on ProductSafety@springernature.com

In case Publisher is established outside the EU, the EU authorized representative is:

Springer Nature Customer Service Center GmbH
Europaplatz 3
69115 Heidelberg, Germany

Batch number: 10683525

Printed by Printforce, the Netherlands